全国建设行业职业教育任务引领型规划教材

建筑工程计量与计价

刘合森　主　编

李海宁　侯庆梅　副主编

白泽旭　赵春红　主　审

中国建筑工业出版社

图书在版编目（CIP）数据

建筑工程计量与计价/刘合森主编. —北京：中国建筑工业出版社，2018.9

全国建设行业职业教育任务引领型规划教材

ISBN 978-7-112-22667-2

Ⅰ.①建… Ⅱ.①刘… Ⅲ.①建筑工程-计量-职业教育-教材 ②建筑造价-职业教育-教材 Ⅳ.①TU723.3

中国版本图书馆 CIP 数据核字（2018）第 206159 号

本书根据《山东省中等职业学校工程造价专业教学指导方案（试行）》、建筑工程施工专业等专业教学要求编写，强调实用性和操作性。本书主要针对最新的 2016 山东省建筑工程消耗量定额进行编写。本书详细介绍"建设工程计量与计价"的定额要求及计算说明，并且针对不同内容进行知识点的定额应用。本书包括计量与计价基础知识部分，含 4 个项目，16 个任务；建筑工程计量与计价部分，包括 11 个项目，33 个任务。

本书可作为职业院校建筑工程施工专业、工程造价等专业教材，也可作为建筑企业造价员上岗培训用书。

为更好地支持本课程的教学，我们向使用本教材的教师提供教学课件，有需求者请发送邮件至 cabpkejian@126.com 免费索取。

责任编辑：张　晶　吴越恺
责任校对：党　蕾

全国建设行业职业教育任务引领型规划教材

建筑工程计量与计价

刘合森　主　编
李海宁　侯庆梅　副主编
白泽旭　赵春红　主　审

*

中国建筑工业出版社出版、发行（北京海淀三里河路 9 号）
各地新华书店、建筑书店经销
北京红光制版公司制版
北京建筑工业印刷厂印刷

*

开本：787×1092 毫米　1/16　印张：13¾　插页：10　字数：349 千字
2018 年 11 月第一版　2020 年 1 月第二次印刷
定价：35.00 元（赠课件）
ISBN 978-7-112-22667-2
（32786）

前　　言

本教材根据山东省教育厅制定的《山东省中等职业学校工程造价专业教学指导方案（试行）》，并结合我国工程造价专业和建筑施工技术专业领域技能型紧缺人才需求的实际情况，借鉴国内外先进的职业教育理念、模式和方法，并参照相关的国家职业标准和行业的职业技能鉴定规范及中级技术工人等级考核标准，采用基于工作过程的项目式教学的编写体例，对建筑工程计量与计价的教学内容和教学方法进行了大胆的改革。

本教材是由从事多年中等职业教学工作的一线骨干教师和学科带头人通过企业调研，对建筑工程造价及工程施工岗位职业能力进行分析，研究总结建筑工程造价人才培养方案，并在企业、行业专家参与下编写而成。

本书坚持"以服务为宗旨，以就业为导向"的办学思想，突出了职业技能教育的特色。根据职业院校工程造价专业的人才培养目标、教学计划、建筑工程计量与计价课程的教学特点和要求，并按照国家颁布的有关最新规范、最新标准编写而成。本书共分两个模块，模块 1 为"计量与计价基础知识"；模块 2 为"建筑工程计量与计价"。模块 1 主要内容包括建筑工程计量与计价的基本原理；建筑工程费用项目组成和计算方法；工程类别划分标准、费率和费用计算程序；建筑面积和基数的计算五部分；模块 2 主要内容包括土石方工程；地基处理与边坡支护工程；桩基础工程等内容。模块 2 完全是按照新定额的规则进行编制。本书结合职业教育的特点，立足基本理论的阐述，注重实际能力的培养，将"案例教学法"的思想贯穿于整个教材的编写过程中，具有"实用性""系统性"和"先进性"的特色。本书难易适中，由浅入深，层层深入，引导学生自主学习，理论联系实际，使学生能够真正掌握定额规定及相关要求，为以后的就业打下坚实的基础。

本教材编写团队的教师和专家有：青岛市房地产职业中等专业学校刘合森（编写项目 6）；青岛市房地产职业中等专业学校李海宁（编写项目 3）；青岛市房地产职业中等专业学校侯庆梅（编写项目 7、项目 8 及任务 5.3）；青岛市房地产职业中等专业学校张玮玮（编写项目 2）；淄博建筑工程学校任波远（编写任务 5.1、任务 5.2）；青岛市房地产职业中等专业学校岳丽（项目 13～项目 15）；青岛市房地产职业中等专业学校王洁（编写项目 9）青岛市房地产职业中等专业学校孙华（编写项目 1、项目 4）；青岛市房地产职业中等专业学校侯晓青（编写项目 10～项目 12）。青岛市房地产职业中等专业学校刘合森为本教材主编，统筹教材编写分工并负责全书统稿。青岛市工程建设标准造价管理站白泽旭、山东城市建设职业学院赵春红为本教材主审，为本教材的编写提出了很多中肯的意见，在此表示感谢。

鉴于编者水平有限，书中不妥之处在所难免，恳请各位读者、同仁多提宝贵意见，以便教材在修订时更加完善。

编者
2018 年 7 月

目录
CONTENTS

模块 1
计量与计价
基础知识

项目 1

建筑工程计量与
计价的基本原理

任务 1.1　基本建设概述

1. 基本建设的概念

基本建设是指国民经济各部门固定资产的再生产，即人们使用各种施工机具对各种建筑材料、机械设备等进行建造和安装，使之成为固定资产的全过程。其中包括生产性和非生产性固定资产的新建、改建、扩建、恢复工程及与之相关的其他工作（如征用土地、勘察、设计、培训生产职工等）。实质上，基本建设是形成新的固定资产的经济活动，是实现社会扩大再生产的重要手段。

固定资产是指在社会再生产过程中，使用一年以上，单位价值在规定限额以上的主要劳动资料或其他物资资料。

2. 基本建设的内容

（1）建筑工程

建筑工程包括永久性和临时性的建筑物、设备基础的建造；电气、给水排水、暖通等设备的安装；建筑场地的清理、平整、排水；竣工后的清理、绿化以及水利、铁路、公路、桥梁等的建设。

（2）设备安装工程

设备安装工程包括生产、起重、运输、医疗、实验等各种机械设备的安装、装配工程；与设备相连的工作台、梯子等装备设施的安装；附属于被安装的管线

2

敷设和设备的绝缘、保温、涂装等，以及为测定安装质量对单个设备进行的试运行工作。

（3）设备购置

设备购置包括各种机械设备、电气设备、工具、器具的购置。

（4）勘察与设计工作

勘察与设计工作包括地质勘探、地形测量及工程设计等方面的工作。

（5）其他基本建设工作

其他基本建设工作，包括上述内容以外的如筹建机构、征收土地、建设场地原有建筑物拆迁赔偿、青苗补偿、迁坟移户、建设单位日常清理、工人培训以及生产准备等其他基本建设工作。

3. 基本建设程序

基本建设程序是指工程项目从策划、评估、决策、设计、施工到竣工验收、投入生产或交付使用的整个建设过程中，各项工作必须遵循的先后工作次序。基本建设程序的主要阶段包括：投资决策、设计、施工、竣工验收、项目后评价。具体工作程序如下：

（1）投资决策阶段

1）提出项目建议书

项目建议书是要求建设某一具体项目的建议文件，其作用是推荐一个拟建项目。内容包括：

① 建设项目提出的必要性和依据。

② 产品方案、拟建规模和建设地点的初步设想。

③ 资源情况、建设条件、协作关系等方面的初步分析，对需要引进技术和进口设备的项目，还要做出引进国别、厂商的初步分析和比较。

④ 投资估算和资金筹措的设想。

⑤ 项目进度安排。

⑥ 经济效益和社会效益的估算。

⑦ 环境影响的初步评价。

建设单位根据国民经济中长期发展计划和行业、地区的发展规划，提出需做可行性研究的项目建议书，报上级主管部门。

2）进行可行性研究

可行性研究是对工程项目在技术上是否可行和经济上是否合理进行科学的分析和论证。

① 进行市场研究，以解决项目建设的必要性问题。

② 进行工艺技术方案的研究，以解决项目建设的经济合理性问题。

③ 进行财务和经济分析，以解决项目建设的经济合理性问题。

可行性研究报告批准后，不得随意修改和变更。

3）选择建设地点

建设地点的选择，要按隶属关系，由主管部门组织勘察设计等单位和所在部

3

门共同进行。根据可行性研究报告的有关要求，必须进行多方案比较，慎重选择建设地点。

① 工程地质、水文地质等自然条件是否可靠。

② 建设时所需水电、运输条件是否落实。

③ 项目建成投产后，能源、材料等是否具备，同时对生产人员的生活条件、生产环境也要全面考虑。

（2）设计阶段

设计阶段是基本建设程序的关键阶段，该阶段也是合理控制投资的关键。设计文件是建设计划的具体化，是组织施工的依据。

设计阶段有三阶段和两阶段之分：对技术复杂且缺乏经验的项目，经主管部门指定按三阶段设计，包括初步设计（编制初步设计概算）、技术设计（编制修正概算）、施工图设计（编制施工图预算）；一般项目采用两阶段设计，包括初步设计和施工图设计。

（3）施工阶段

施工阶段是基本建设程序的实施阶段，对建筑安装工程施工企业，这一阶段的生产周期最长、资源消耗最多。

1）立项报建（建设准备），筹建单位开展各项建设准备工作。

① 向计划主管部门申请办理《固定资产投资许可证》。

② 进行征地、拆迁、"五通一平"（给水、排水、供电、电信、道路、场地）工作。办理《建设用地批准书》《建设用地规划许可证》。

③ 委托施工招标投标与监理单位。

④ 向建设主管部门申请办理《建设工程规划许可证》《施工许可证》。

2）施工准备。建设单位进行设备采购、招标投标；施工单位建设施工项目经理部。

3）组织施工。施工单位严格按照施工图纸和施工组织设计进行施工，严格执行《建筑工程施工质量验收统一标准》和《建设工程质量管理条例》。

（4）竣工验收阶段

1）生产准备工作。建设项目竣工之前，在全面施工的同时，建设单位要做投产前的各项生产准备工作，以保证及时投产，并尽快达到生产能力。主要内容包括：组建管理机构，招收和培训工人，落实原材料来源等。

2）竣工验收及交付使用。当工程项目按照设计文件的规定内容和施工图样的要求全部建完后，具备投产的使用条件，不论新建、扩建、改建、迁建，建设单位都要及时组织验收。施工单位编制工程结算，建设单位编制竣工决算。

（5）项目后评价阶段

项目后评价是工程项目竣工投产运营一段时间后在对项目的立项决策、设计施工、竣工投产、生产运营等全过程进行系统评价的一种技术经济活动。评价的基本内容：效益后评价（经济效益、环境效益、社会效益）、过程后评价。

基本建设程序各阶段中的主要工作，会因为工程类型的不同而有所差异，但都必须遵循基本建设活动的客观规律：先勘察后设计、先设计后施工、先验收后使用，只有这样，才能使每一个基本建设项目都取得较好的经济效益。

任务 1.2　建筑产品的特点

建筑产品的生产同其他工业产品的生产相比较，其共同性是将生产要素投入生产过程，此后在生产上的阶段性和连续性，组织上的专业化、协作化和联合化都是基本一致的。但是，建筑商品的生产又具有与一般商品不同的特点，具体表现在四个方面。

（1）建筑产品的固定性

在建筑商品的建造过程中，只能在建造地点固定地使用，而无法转移。这种一经建造完成就在特定空间固定的属性，就是建筑商品的固定性。产品的固定性决定了生产的流动性，劳动者不但要在施工工程各个部位移动工作，而且随着施工任务的完成又将转向另一个新的工程。产品的固定性，使工程建设地点的气象、工程地质、水文地质和技术经济条件直接影响工程的设计、施工和成本。

（2）建筑产品的单件性

建筑产品的固定性，导致了建筑产品必须单件设计、单件施工、单独定价。建筑产品是根据它们各自的功能和建设单位的特定要求单独设计的。因此，建筑产品形式多样、各具特色，每项工程都有不同的规模、结构、造型、等级和装饰，需要选用不同的材料和设备。即使是用途相同的建设工程，技术水平、建筑等级和建筑标准也有差别，导致工程造价的千差万别。由于建造地点和设计的不同，必须采用不同的施工方法，单独组织施工。因此，每个工程项目的劳动力、材料、施工机械和动力燃料消耗各不相同，工程成本会有很大差异，必须单独定价。

（3）工程建设露天作业

由于建筑产品的固定性和体型庞大的特点，决定了建筑产品露天作业多。因为体型庞大的建筑产品不可能在工厂、车间内直接进行施工，即使建筑产品生产达到了高度的工业化水平的时候，也只能在工厂内生产部分构件或配件，仍然需要在施工现场内进行总装配后才能形成最终建筑产品。露天作业受自然条件、季节性影响较大，这会引起产品设计的某些内容和施工方法的变动，也会造成防雨、防寒等费用的增加，影响到工程的造价。

（4）建筑产品生产周期长

建筑产品生产过程要经过勘察、设计、施工、安装等很多环节，涉及面广，协作关系复杂，施工企业建造建筑产品时，要进行多工种综合作业，工序繁多，往往长期大量地投入人力、物力、财力，因而建筑产品生产周期长、占用流动资金大。并且建筑产品的价格受时间的制约，周期长，不确定因素多，价格变化大，如材料设备价格的调整，国家经济体制改革出现新的费用项目等，都会直接影响建筑产品的价格。

综上所述，建筑产品的特点决定了建筑产品不宜简单地规定统一价格，只能就各个项目，通过特殊的程序（编制投资估算、工程概预算，确定合同价、结算价，最后编制竣工决算等）来计算工程造价。

任务 1.3　建筑工程项目的划分

要对建设项目的投资费用计量与计价，就必须对建设项目进行科学合理的划分，将它分解为若干简单、便于计算的部分。根据我国现行有关规定，一个基本建设项目由大到小可以逐层分解为：建设项目、单项工程、单位工程、分部工程、分项工程等项目。

1）建设项目

建设项目又称投资项目，是指具有经过有关部门批准的立项文件和设计任务书，由一个或若干个单项工程所组成的，在经济上实行独立核算，在行政上具有独立组织形式，实行统一管理的基本建设单位。例如：一个学校、工厂、机关单位等。

2）单项工程

单项工程又称工程项目，是建设项目的组成部分，是指具有独立的设计文件，竣工后可独立发挥生产能力和使用功能的工程。如工业建设项目中的各个生产车间、辅助车间、仓库等；民用建设项目中如学校的教学楼、办公楼、图书馆、宿舍楼、餐厅等分别都是一个单项工程。

3）单位工程

单位工程是单项工程的组成部分，是指具有独立的设计文件，可以独立组织施工和单独成为核算对象，但建成后不能独立发挥其生产能力和使用功能的项目。如建筑工程中的一般土建工程、装饰装修工程、给水排水工程、电气照明工程、弱电工程、采暖通风空调工程、煤气管道工程、园林绿化工程等。

4）分部工程

分部工程是单位工程的组成部分，是指在一个单位工程中，按照工程部位、工种以及使用的材料进一步划分的工程。如土建工程中的土石方工程、桩基础、砌筑、混凝土及钢筋、屋面及防水、金属结构制作及安装、门窗及木结构工程等。

5）分项工程

分项工程是分部工程的组成部分，是工程造价计算的基本要素和工程计价最基本的计量单位，是按照不同的施工方法、不同材料和规格对分部工程进一步划分的工程。如砌筑工程中的砖墙、砌块墙，门窗工程中的木门窗、铝合金门窗等。

下面以一所学校作为建设项目来进行项目分解，如图 1-1 所示。

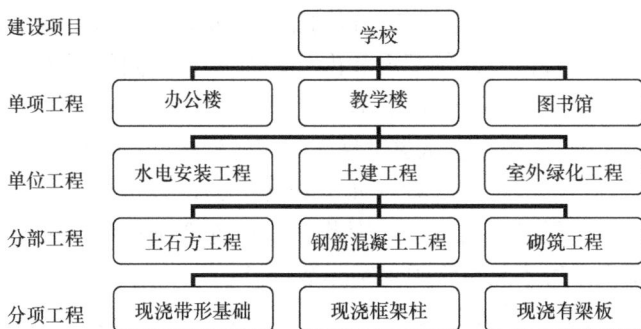

图 1-1　建设项目分解图示

任务 1.4　工程造价的基本理论

1. 工程造价的含义及特点

（1）工程造价的含义

工程造价就是工程的建设价格，是指为完成一个工程的建设，预期或实际所需的全部费用总和。工程造价有以下两种含义：

1）工程投资费用是指广义的工程造价。从业主（投资者）角度来定义，工程造价是指建设一项工程预期开支或实际开支的全部固定资产投资费用。投资者选定一个投资项目，为了获取预期效益，需要通过项目评估来做决策，并进行设计招标、工程招标，直至竣工验收等一系列的投资管理活动。在整个投资活动中所支付的全部费用形成了固定资产，而这些费用就构成了工程造价。

2）工程建造价格是指狭义的工程造价。从承发包角度来定义，工程造价是指为建成一项工程，预计或实际在土地、设备、技术劳务以及承包等市场上，通过招标投标等交易方式所形成的建筑安装工程的价格和建设工程总价格。这里招标投标的标的不仅仅是建设项目，也可以是单项工程，还可以是建设工程中的某个阶段，如可行性研究、设计、施工阶段等。

3）两种含义的区别：两者最主要的区别在于投资者和承包商在市场追求的经济利益不同，因而管理的性质和目标不同。投资者追求的是降低工程造价，而承包商关注的则是获取更多的利润，因此承包商追求的是较高的工程造价。但两种含义的工程造价都要受经济规律的影响和调节，二者之间的矛盾是市场竞争体制和利益风险机制的必然反映。

（2）工程造价的特点

1）大额性。任何一项工程，不仅实物形体庞大，而且造价昂贵，投资额高达几百万元、几千万元甚至上亿元。工程造价的大额性关系到各方面的重大经济利益，同时还会对社会宏观经济产生重大影响。

2) 单个性。任何一项工程都有各自的用途、功能、规模，因而，对各个工程的结构、造型、平面布置、设备配置和内外装饰都有不同的要求。工程内容和实物形态的个体差异决定了工程造价的单个性。

3) 动态性。任何一项工程从决策到竣工交付使用，都要经历一个较长的建设周期，在此期间，很多不可控因素（如工程变更、设备材料价格波动、费率、利率变动）都会引起工程造价的变动，因此，工程造价在整个建设期中处于动态变化中，直至竣工决算后才能最终确定实际造价。

4) 层次性。造价的层次性取决于工程的层次性。一个建设项目包含若干个单项工程，而一个单项工程又由若干个单位工程组成，与此相适应，工程造价也有三个层次：建设项目总造价、单项工程造价和单位工程造价。

5) 兼容性。工程造价的兼容性表现在工程造价构成因素的广泛性和复杂性。一项工程往往包含很多工程内容，不同工程内容的组合、兼容就可以适应不同的工程要求。工程造价是由多种费用和不同工程内容的费用组合而成的，具有很强的兼容性。

2. 建筑工程计价模式

建筑工程计价模式分为定额计价模式和清单计价模式两种。

（1）定额计价模式

1）定额计价模式的概念

定额计价模式是我国传统的计价模式，在招标投标时，不论是作为招标标底，还是投标报价，其招标人和投标人都需要按国家规定的统一的工程量计算规则计算工程数量，然后按建设行政主管部门颁布的预算定额计算人工、材料、机械的费用，再按有关费用标准记取其他费用，汇总后得到的工程造价。

用这种方法计算和确定工程造价过程简单、快速、比较准确，也有利于工程造价管理部门的管理。但预算定额中工、料、机的消耗量是根据"社会平均水平"综合测定的，费用标准是根据不同地区平均测算的，因此企业采用这种模式报价时就会表现为平均主义，企业不能结合项目具体情况、自身技术优势、管理水平和材料采购渠道价格进行自主报价，不能充分调动企业加强管理的积极性，也不能充分体现市场公平竞争的基本原则。

2）定额的含义

定，就是规定；额，就是额度。从广义上说，定额是以一定标准规定的额度。

建筑工程预算定额：在正常合理的施工组织和施工条件下，完成规定计量单位质量合格的建筑产品，所需人工、材料、机械台班的消耗量标准。建筑工程预算定额是按照目前建筑施工企业的施工机械装备程度，以合理的施工工期、施工工艺、劳动组织为基础编制的，是编制地区单位估价表的基础。建筑工程预算定额反映的是社会平均消耗水平。

建筑工程预算定额反映的是消耗量，不是价格；单位估价表反映的是价格，它是将预算定额中的人工、材料、机械台班消耗量指标，即"三量"，分别乘以相应地区的人工工资单价、材料预算价格、机械台班单价，即"三价"，计算出人工费、材料费和机械费，即"三费"，"三费"汇总之和就是基价。为了编制预算的方便，各地区通常将预算定额和单位估价表合并起来编制，使预算定额和地区单位估价表融为一体。

定额所反映的资源消耗量的大小称为定额水平，定额水平反映当时的生产力发展水平。一般来说，生产力发展水平高，则生产效率高，生产过程中的消耗就少，定额所规定的资源消耗量就相应降低，称为定额水平高；反之，生产力发展水平低，则生产效率低，生产过程中的消耗就多，定额所规定的资源消耗量就相应提高，称为定额水平低。目前施工定额水平为平均先进水平，预算定额为社会平均水平。

3）定额的分类

① 按生产因素的分类

A. 劳动消耗定额 。劳动消耗定额简称劳动定额（或人工定额），是指在正常的生产技术和生产组织条件下，完成单位合格产品所规定的劳动消耗量标准。

B. 材料消耗定额。材料消耗定额指在节约和合理使用材料的条件下，生产单位合格产品所必须消耗的一定品种、规格的材料、半产品、配件、水、电、燃料等的数量标准。

C. 机械台班消耗定额。机械消耗定额是规定了在正常施工条件下，合理地组织生产与合理地利用某种机械完成单位合格产品所必需的机械台班消耗标准，或在单位时间内机械完成的产品数量。

劳动定额、材料消耗定额、机械使用台班定额反映了社会平均必需消耗的水平，它是制定各种实用性定额的基础，因此也称为基础定额。

② 按编制程序和用途分类

A. 施工定额。施工定额是以同一性质的施工过程为测定对象，表示某一施工过程中的人工、主要材料和机械消耗量。它以工序定额为基础综合而成，在施工企业中，用来编制班组作业计划，签发工程任务单，限额领料卡以及结算计件工资或超额奖励，材料节约奖等。施工定额是企业内部经济核算的依据，也是编制预算定额的基础。

施工定额中，只有劳动定额部分比较完整，目前还没有一套全国统一的包括人工、材料、机械的完整的施工定额。材料消耗定额和机械使用定额都是直接在预算定额中开始表现完整。

B. 预算定额。预算定额是以工程中的分项工程，即在施工图纸上和工程实体上都可以区分开的产品为测定对象，其内容包括人工、材料和机械台班使用量等三个部分。经过计价后，可编制单位估价表。它是编制施工图预算（设计预算）的依据，也是编制概算定额、概算指标的基础。预算定额在施工企业被广泛用于编制施工准备计划，编制工程材料预算，确定工程造价，考核企业内部各类经济指标等。因此，预算定额是用途最广泛的一种定额。

C. 概算定额。概算定额是预算定额的合并与归纳，用于在初步设计深度条件下，编制设计概算，控制设计项目总造价，评定投资效果和优化设计方案。

D. 概算指标。概算指标是在概算定额的基础上进一步综合扩大，以 100m² 建筑面积为单位，构筑物以座为单位，规定所需人工、材料及机械台班消耗数量及资金的定额指标。

E. 投资估算指标。投资估算指标，是在编制项目建议书可行性研究报告和编制设计任务书阶段进行投资估算、计算投资需要量时使用的一种定额。它具有较强的综合性、概括性，往往以独立的单项工程或完整的工程项目为计算对象。它的概略程度与可行性研究阶段相适应。它的主要作用是为项目决策和投资控制提供依据，是一种扩大的技术经济指标。投资估算指标虽然往往根据历史的预、决算资料和价格变动等资料编制，但其编制基础仍离不开预算定额、概算定额。

③ 按照投资的费用性质分类

按照投资的费用性质，把建设工程定额分为建筑工程定额、设备安装工程定额、建筑安装工程费用定额、工器具定额与工程建设其他费用定额。

A. 建筑工程定额。建筑工程定额是在正常施工条件下，完成单位合格产品所必须消耗的劳动力、材料、机械台班的数量标准。这种量的规定，反映出完成建设工程中的某项合格产品与各种生产消耗之间特定的数量关系。建筑工程定额是根据国家一定时期的管理体系和管理制度，根据定额的不同用途和适用范围，由国家指定的机构按照一定程序编制的，并按照规定的程序审批和颁发执行。

B. 设备安装工程定额。设备安装工程定额是设备安装工程的施工定额、预算定额、概算定额与概算指标的统称。设备安装工程是对需要安装的设备进行定位、组合、校正、调试等工作的工程。在工业项目中，机械设备安装和电气设备安装占有很重要的地位。在非生产性的建设项目中，由于城市生活和城市设施的日益现代化，设备安装工程也在不断增加，所以设备安装工程定额也是工程建设定额中的重要部分。

C. 建筑安装工程费用定额。建筑安装工程费用定额是建筑安装工程造价的重要计价依据，一般以某个或某几个变量为计算基础，确定专项费用计算标准的经济文件，包括措施费费用定额、间接费定额。

a. 措施费费用定额，是指为完成工程项目施工，发生于该工程施工前和施工过程中非工程实体项目的费用。包括环境保护费、文明施工费、安全施工费、临时设施费、夜间施工费、二次搬运费、大型机械设备进出场及安拆费、混凝土、钢筋混凝土模板及支架费、脚手架费。它是编制施工图预算和概算的依据。

b. 间接费定额，是指与建筑工安装施工生产的个别产品无关，而为企业生产全部产品所必需，为维持施工企业的经营管理活动所必需发生的各项费用开支标准。由于间接费中许多费用的发生和施工任务的大小没有直接关系，因此，通过间接费定额管理，有效控制间接费的发生是十分必要的。

D. 工器具购置费用定额。工器具购置费定额是为新建或扩建项目投产运转首次配置的工具、器具数量标准。工具和器具，是指按照有关规定不够固定资产标准而起劳动手段作用的工具、器具和生产用家具，如翻砂用模型、工具箱、计量器、容器、仪器等。

E. 工程建设其他费用定额。工程建设其他费用定额是独立于建筑安装工程、设备和工器具购置之外的其他费用开支的标准。工程建设的其他费用的发生与整个项目的建设密切相关。一般占项目总投资的 10% 左右。

④ 按编制单位和执行范围分类

按编制单位和执行范围可分为：全国统一定额、行业统一定额、地区统一定额、企业定额和补充定额。

A. 全国统一定额。全国统一定额由国家建设行政主管部门，综合全国工程建设中技术和施工组织管理的情况编制，并在全国范围内执行的定额。

B. 行业统一定额。行业统一定额是考虑各行业部门专业工程技术特点，以及施工生产与管理水平编制的。一般只在本行业和相同专业性质的范围内使用。

C. 地区统一定额。地区统一定额包括省、自治区、直辖市定额。地区统一定额主要是考虑地区特点和全国统一定额水平做适当调整和补充编制的。

D. 企业定额。企业定额是指施工企业考虑本企业具体情况，参照国家、部门或地区定额水平制定的定额。企业定额只在企业内部使用，是企业管理水平的一个标志。

E. 补充定额。补充定额是指随着设计、施工技术的发展，现行定额不能满足需要的情况下，为了补充缺陷所编制的定额。补充定额只能在制定的范围内使用，可以作为以后修订定额的基础。

4）定额计价模式下建筑工程计价文件的编制方法

编制方法通常有两种：单价法和实物法。

① 单价法

又称工料单价法或预算单价法，是根据建筑安装工程施工图设计文件和预算定额，按分部分项工程顺序，先算出分项工程量，然后再乘以对应的定额单价，求出分项工程直接工程费。将分项工程直接工程费汇总为单位工程直接工程费，直接工程费汇总后另加措施费、间接费、利润和税金等，生成施工图预算造价。

编制步骤如图 1-2 所示。

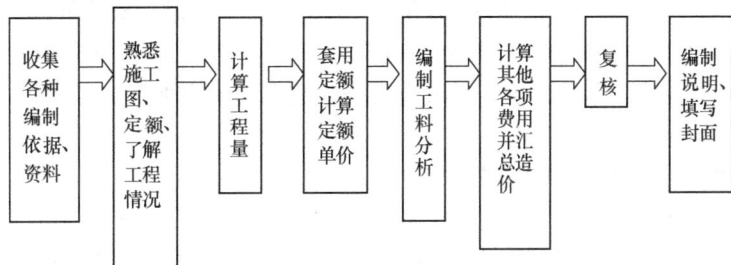

收集各种编制依据、资料 → 熟悉施工图、定额、了解工程情况 → 计算工程量 → 套用定额计算定额单价 → 编制工料分析 → 计算其他各项费用并汇总造价 → 复核 → 编制说明、填写封面

图 1-2 单价法编制单位工程计价文件的步骤

计算公式：

$$单位工程直接工程费 = \Sigma(分项工程量 \times 预算定额单价)$$

② 实物法

就是根据施工图计算的各分项工程量分别乘以地区定额中人工、材料、施工机械台班的定额消耗量，分类汇总得出该单位工程所需的全部人工、材料、施工机械台班消耗数量，然后再乘以当时当地人工工日单价、各种材料单价、施工机械台班单价，求出相应的人工费、材料费、机械使用费，再加上措施费，就可以求出该工程的直接费。间接费、利润及税金等费用计取方法与单价法相同。

编制步骤如图 1-3 所示。

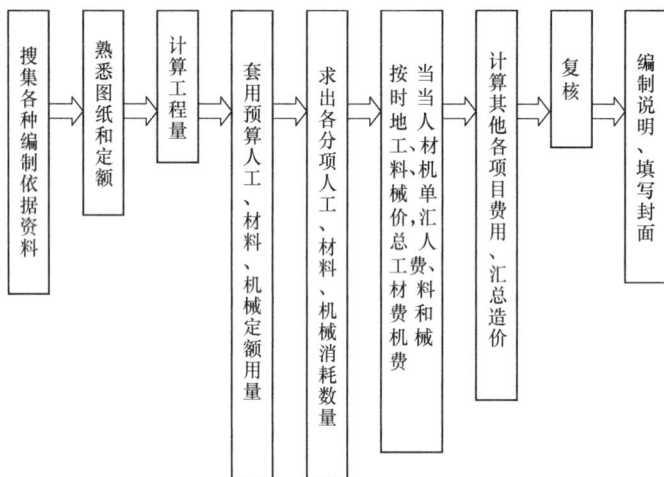

搜集各种编制依据资料 → 熟悉图纸和定额 → 计算工程量 → 套用预算人工、材料、机械定额用量 → 求出各分项人工、材料、机械消耗数量 → 按当时当地人工、材料、机械单价，汇总工费、材料费和机械费 → 计算其他各项目费用、汇总造价 → 复核 → 编制说明、填写封面

图 1-3　实物法编制单位工程计价文件的步骤

计算公式：

$$\begin{aligned} \text{单位工程} \atop \text{直接工程费} =& \Sigma \left({\text{分项} \atop \text{工程量}} \times {\text{人工} \atop \text{定额用量}} \times {\text{当时当地人工} \atop \text{工资单价}} \right) \\ &\times \Sigma \left({\text{分项} \atop \text{工程量}} \times {\text{材料} \atop \text{定额用量}} \times {\text{当时当地材料} \atop \text{预算单价}} \right) \\ &+ \Sigma \left({\text{分项} \atop \text{工程量}} \times {\text{施工机械} \atop \text{定额用量}} \times {\text{当时当地} \atop \text{机械台班单价}} \right) \end{aligned}$$

实物法的优点是能比较及时地将反映各种材料、人工、机械的当时当地市场单价计入预算价格，不需调价，反映当时当地的工程价格水平。

（2）工程量清单计价模式

1）工程量清单计价模式的概念

工程量清单计价模式，是建设工程招标投标中，按照国家统一的《建设工程工程量清单计价规范》GB 50500—2013，招标人或其委托的有资质的咨询机构编制反映工程实体消耗和措施消耗的工程量清单，并作为招标文件的一部分提供给投标人，由投标人依据工程量清单，根据各种渠道所获得的工程造价信息和经验数据，结合企业定额自主报价的计价方式。

采用工程量清单计价，能够反映出承建企业的工程个别成本，有利于企业自主报价和公平竞争；同时，实行工程量清单计价，工程量清单作为招标文件和合同文件的重要组成部分，对于规范招标人计价行为，在技术上避免招标中弄虚作假和暗箱操作及保证工程款的支付结算都会起到重要作用。

目前我国建设工程造价实行"双轨制"计价管理办法，即定额计价法和工程量清单计价方法同时实行。工程量清单计价作为一种市场价格的形成机制，主要在工程招标投标和结算阶段使用。

2）工程量清单计价的方法

① 工程量清单。工程量清单是指载明建设工程的分部分项工程项目、措施项目、其他项目的名称和相应数量以及规费项目和税金项目等内容的明细清单。

② 工程量清单计价。工程量清单计价是指投标人完成由招标人提供的工程量清单所需的全部费用，包括分部分项工程费、措施项目费、其他项目费、规费和税金。

工程量清单计价应采用综合单价，综合单价指完成一个规定清单项目或措施清单项目所需的人工费、材料费和工程设备费、施工机械使用费和企业管理费及利润，以及一定范围内的风险费用。

③ 工程量清单计价的特点

A. 提供了一个平等的竞争条件。

B. 满足竞争的需要。

C. 有利于工程款的拨付和工程造价的最终确定。

D. 有利于实现风险的合理分担。

E. 有利于业主对投资的控制。

（3）定额计价与工程量清单计价的区别与联系

1）区别

① 两种模式的最大差别在于体现了我国建设市场发展过程中的不同定价阶段。定额计价模式更多地反映了国家定价或国家指导价阶段；清单计价模式则反映了市场定价阶段。

② 两种模式的主要计价依据及其性质不同。定额计价模式的主要计价依据为国家、省、有关专业部门制定的各种定额，清单计价模式的主要计价依据为"清单计价规范"。

③ 编制工程量的主体不同。在定额计价方法中，建设工程的工程量分别由招标人和投标人分别按图计算。而在清单计价方法中，工程量由招标人统一计算或委托有关工程造价咨询资质单位统一计算。

④ 单价与报价的组成不同。定额计价法的单价包括人工费、材料费、机械台班费，而清单计价方法采用综合单价形式，综合单价包括人工费、材料费、机械使用费、管理费、利润，并考虑风险因素。

⑤ 适用阶段不同。工程定额主要用于在项目建设前期各阶段对于建设投资的预测和估计，在工程建设交易阶段，工程定额通常只能作为建设产品价格形成的辅助依据，而工程量清单计价依据主要适用于合同价格形成以及后续的合同价格管理阶段。

⑥ 合同价格的调整方式不同。定额计价方法形成的合同其价格的主要调整方式有：变更签证、定额解释、政策性调整。而工程量清单计价方法在一般情况下单价是相对固定下来的。

⑦ 工程量清单计价把施工措施性消耗单列并纳入了竞争的范畴。相关工程量清单计价规范的工程量计算规则的编制原则一般是以工程实体的净尺寸计算，也没有包含工程量合理损耗，这一特点也就是定额计价的工程量计算规则与工程量清单计价规范的工程量计算规则的本质区别。

2）联系

①"计价规范"中清单项目的设置，参考了全国统一定额的项目划分，注意使清单计价项目设置与定额计价项目的衔接，以便于推广工程量清单计价模式的使用。

②"计量规范"附录中的"工程内容"基本上取自原定额项目（或子目）设置的工作内容，它是综合单价的组价内容。

③ 工程量清单计价，企业需要根据自己的企业实际消耗成本报价，在目前多数企业没有企业定额的情况下，现行全国统一定额或各地区建设主管部门发布的预算定额（或消耗量定额）可作为重要参考。

项 目 习 题

一、填空题

1. 基本建设程序的主要阶段包括：（　　　　）、（　　　　）、（　　　）、（　　　）和（　　　）。

2. 设计阶段有三阶段和两阶段之分：对技术复杂且缺乏经验的项目，经主管部门指定按三阶段设计，包括（　　　　　）、（　　　　　）和（　　　　　）；一般项目采用两阶段设计，包括（　　　　　）和（　　　　）。

3. 建筑产品的特点包括：（　　　　　　）、（　　　　　　）、（　　　　　）和（　　　　　　　）。

4. 一个基本建设项目由大到小可以逐层分解为：（　　　　　）、（　　　　　）、（　　　　　）、（　　　　　）和（　　　　　）五部分。

5. 工程造价的特点包括：（　　　　　）、（　　　　　）、（　　　　　）、（　　　　　）和（　　　　　）。

6. 建筑工程计价模式分为（　　　　　　）和（　　　　　　）两种。

7. 定额按生产因素可以分为：（　　　　　　　）、（　　　　　　）和（　　　　　）。

8. 定额计价模式下建筑工程计价文件的编制方法包括：（　　　　　）和（　　　　　）。

9. 定额计价法的单价包括（　　　　　）、（　　　　　）和（　　　　　）。

10. 清单计价方法采用（　　　　　）形式。

11. 综合单价包括（　　　　）、（　　　　　）、（　　　　　）、（　　　　　）

和(　　　　　　　)，并考虑风险因素。

二、简答题

1. 什么是基本建设？

2. 工程造价的两种含义是什么？二者有什么区别？

3. 什么是定额计价模式？什么是工程量清单计价模式？

4. 简述定额计价与工程量清单计价的区别与联系。

建筑工程费用项目组成和计算方法

任务 2.1　建筑工程费用项目组成（按费用构成要素划分）

　　建筑工程费按照费用构成要素划分：由人工费、材料费（设备费）、施工机具使用费、企业管理费、利润、规费和税金组成（图 2-1）。

　　（1）人工费

　　是指按工资总额构成规定，支付给从事建筑安装工程施工的生产工人和附属生产单位工人的各项费用。内容包括：

　　1）计时工资或计件工资：是指按计时工资标准和工作时间或对已做工作按计件单价支付给个人的劳动报酬。

　　2）奖金：是指对超额劳动和增收节支支付给个人的劳动报酬。如节约奖、劳动竞赛奖等。

　　3）津贴补贴：是指为了补偿职工特殊或额外的劳动消耗和因其他特殊原因支付给个人的津贴，以及为了保证职工工资水平不受物价影响支付给个人的物价补贴。如流动施工津贴、特殊地区施工津贴、高温（寒）作业临时津贴、高空津贴等。

　　4）加班加点工资：是指按规定支付的在法定节假日工作的加班工资和在法定

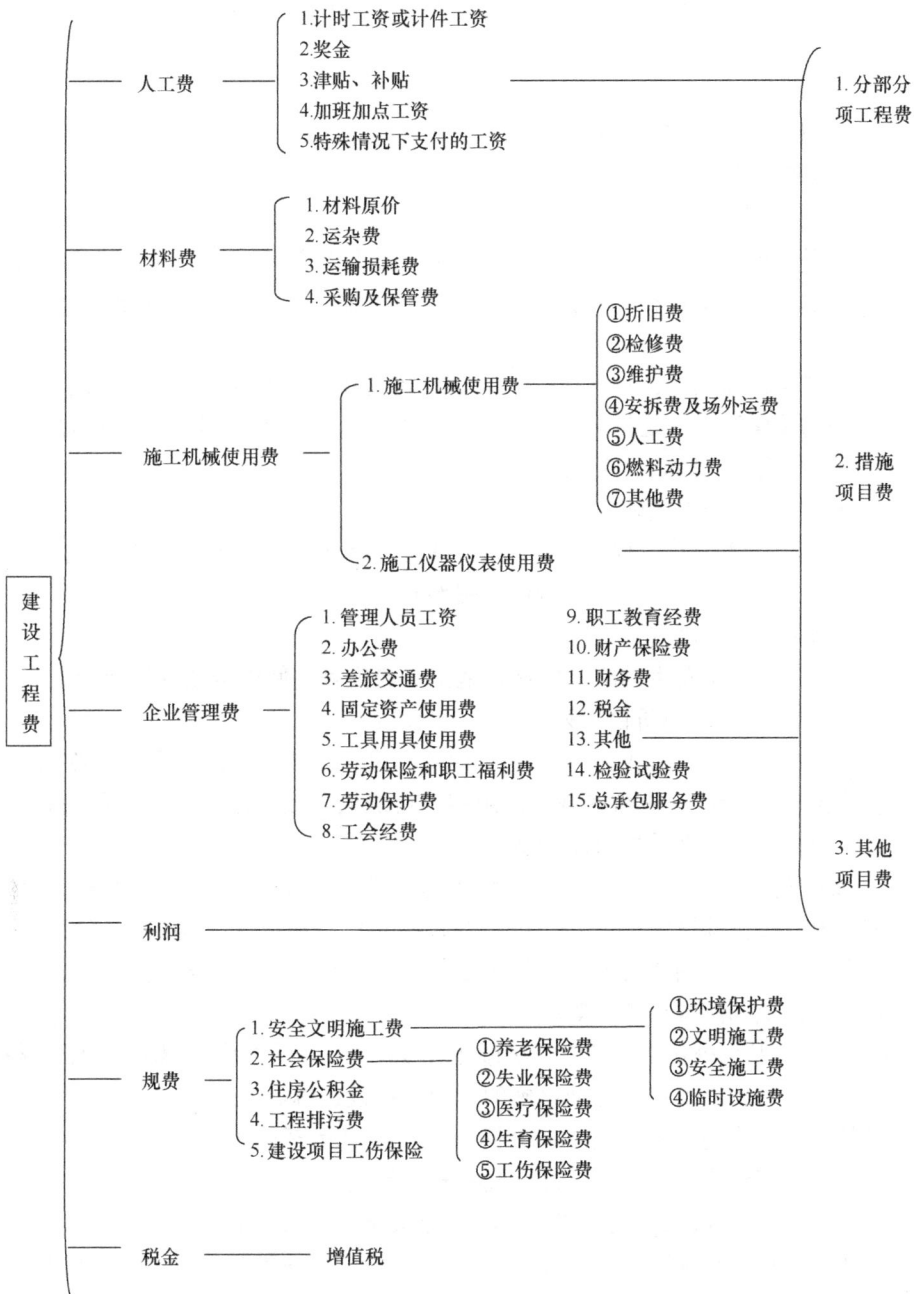

建设工程费
- 人工费
  - 1.计时工资或计件工资
  - 2.奖金
  - 3.津贴、补贴
  - 4.加班加点工资
  - 5.特殊情况下支付的工资
- 材料费
  - 1.材料原价
  - 2.运杂费
  - 3.运输损耗费
  - 4.采购及保管费
- 施工机械使用费
  - 1.施工机械使用费
    - ①折旧费
    - ②检修费
    - ③维护费
    - ④安拆费及场外运费
    - ⑤人工费
    - ⑥燃料动力费
    - ⑦其他费
  - 2.施工仪器仪表使用费
- 企业管理费
  - 1.管理人员工资
  - 2.办公费
  - 3.差旅交通费
  - 4.固定资产使用费
  - 5.工具用具使用费
  - 6.劳动保险和职工福利费
  - 7.劳动保护费
  - 8.工会经费
  - 9.职工教育经费
  - 10.财产保险费
  - 11.财务费
  - 12.税金
  - 13.其他
  - 14.检验试验费
  - 15.总承包服务费
- 利润
- 规费
  - 1.安全文明施工费
    - ①环境保护费
    - ②文明施工费
    - ③安全施工费
    - ④临时设施费
  - 2.社会保险费
    - ①养老保险费
    - ②失业保险费
    - ③医疗保险费
    - ④生育保险费
    - ⑤工伤保险费
  - 3.住房公积金
  - 4.工程排污费
  - 5.建设项目工伤保险
- 税金
  - 增值税

右侧:
1. 分部分项工程费
2. 措施项目费
3. 其他项目费

图 2-1 建筑工程费用项目组成表 (按费用构成要素划分)

日工作时间外延时工作的加点工资。

5) 特殊情况下支付的工资:是指根据国家法律、法规和政策规定,因病、工伤、产假、计划生育假、婚丧假、事假、探亲假、定期休假、停工学习、执行国家或社会义务等原因按计时工资标准或计时工资标准的一定比例支付的工资。

(2) 材料费

是指施工过程中耗费的原材料、辅助材料、构配件、零件、半成品或成品的费用。

（3）设备费

是指构成或计划构成永久工程一部分的机电设备、金属结构设备、仪器装置及其他类似的设备和装置的费用。

1）材料费（设备费）的内容

① 材料（设备）原价：是指材料、设备的出厂价格或商家供应价格。

② 运杂费：是指材料、设备自来源地运至工地仓库或指定堆放地点所发生的全部费用。

③ 材料运输损耗费：是指材料在运输装卸过程中不可避免的损耗费用。

④ 采购及保管费：是指采购、供应和保管材料、设备过程中所需要的各项费用。包括采购费、仓储费、工地保管费、仓储损耗。

2）材料（设备）的单价，按下式计算：

$$材料（设备）单价 = [（材料（设备）原价 + 运杂费）×（1 + 材料运输损耗率）] ×（1 + 采购保管费率）$$

（4）施工机具使用费

是指施工作业所发生的施工机械、施工仪器仪表的使用费或其租赁费。

1）施工机械台班单价由下列七项费用组成：

① 折旧费：指施工机械在规定的耐用总台班内，陆续收回其原值的费用。

② 检修费：指施工机械在规定的耐用总台班内，按规定的检修间隔进行必要的检修，以恢复其正常功能所需的费用。

③ 维护费：指施工机械在规定的耐用总台班内，按规定的维护间隔进行各级维护和临时故障排除所需的费用。维护费包括：保障机械正常运转所需替换设备与随机配备工具附具的摊销费用，机械运转及日常维护所需润滑与擦拭的材料费用及机械停滞期间的维护费用等。

④ 安拆费及场外运费：指施工机械在现场进行安装与拆卸所需的人工、材料、机械和试运转费用以及机械辅助设施的折旧、搭设、拆除等费用。

场外运费是指施工机械整体或分体自停放地点运至施工现场，或由一施工地点运至另一施工地点的运输、装卸、辅助材料等费用。

⑤ 人工费：指机上司机（司炉）和其他操作人员的人工费。

⑥ 燃料动力费：指施工机械在运转作业中所耗用的燃料及水、电等费用。

⑦ 其他费：指施工机械按照国家规定应缴纳的车船税、保险费及检测费等。

2）施工仪器仪表台班单价由下列四项费用组成：

① 折旧费：指施工仪器仪表在耐用总台班内，陆续收回其原值的费用。

② 维护费：指施工仪器仪表各级维护、临时故障排除所需的费用及保证仪器仪表正常使用所需备件（备品）的维护费用。

③ 校验费：指按国家与地方政府规定的标定与检验的费用。

④ 动力费：指施工仪器仪表在使用过程中所耗用的电费。

（5）企业管理费

是指施工企业组织施工生产和经营管理所需的费用。内容包括：

1）管理人员工资：是指按规定支付给管理人员的计时工资、奖金、津贴补贴、加班加点工资及特殊情况下支付的工资等。

2）办公费：是指企业管理办公用的文具、纸张、账表、印刷、邮电、书报、办公软件、现场监控、会议、水电、烧水和集体取暖降温（包括现场临时宿舍取暖降温）等费用。

3）差旅交通费：是指职工因公出差、调动工作的差旅费、住勤补助费，市内交通费和误餐补助费，职工探亲路费，劳动力招募费，职工退休、退职一次性路费，工伤人员就医路费，工地转移费以及管理部门使用的交通工具的油料、燃料等费用。

4）固定资产使用费：是指管理和试验部门及附属生产单位使用的属于固定资产的房屋、设备、仪器等的折旧、大修、维修或租赁费。

5）工具用具使用费：是指企业施工生产和管理使用的不属于固定资产的工具、器具、家具、交通工具和检验、试验、测绘、消防用具等的购置、维修和摊销费。

6）劳动保险和职工福利费：是指由企业支付的职工退职金、按规定支付给离休干部的经费，集体福利费、夏季防暑降温、冬季取暖补贴、上下班交通补贴等。

7）劳动保护费：是企业按规定发放的劳动保护用品的支出。如工作服、手套、防暑降温饮料以及在有碍身体健康的环境中施工的保健费用等。

8）工会经费：是指企业按《工会法》规定的全部职工工资总额比例计提的工会经费。

9）职工教育经费：是指按职工工资总额的规定比例计提，企业为职工进行专业技术和职业技能培训，专业技术人员继续教育、职工职业技能鉴定、职业资格认定以及根据需要对职工进行各类文化教育所发生的费用。

10）财产保险费：是指施工管理用财产、车辆等的保险费用。

11）财务费：是指企业为施工生产筹集资金或提供预付款担保、履约担保、职工工资支付担保等所发生的各种费用。

12）税金：是指企业按规定缴纳的房产税、车船使用税、土地使用税、印花税、城市维护建设税、教育费附加及地方教育附加、水利建设基金等。

13）其他：包括技术转让费、技术开发费、投标费、业务招待费、绿化费、广告费、公证费、法律顾问费、审计费、咨询费、保险费等。

14）检验试验费：是指施工企业按照有关标准规定，对建筑以及材料、构件和建筑安装物进行一般鉴定、检查所发生的费用，包括自设试验室进行试验所耗用的材料等费用。

一般鉴定、检查，是指按相应规范所规定的材料品种、材料规格、取样批量、取样数量、取样方法和检测项目等内容所进行的鉴定、检查。例如，砌筑砂浆配合比设计、砌筑砂浆抗压试块、混凝土配合比设计、混凝土抗压试块等施工单位自制或自行加工材料按规范规定的内容所进行的鉴定、检查。

（6）总承包服务费：是指总承包人为配合、协调发包人根据国家有关规定进行专业工程发包、自行采购材料、设备等进行现场接收、管理（非指保管）以及施工现场管理、竣工资料汇总整理等服务所需的费用。

（7）利润

是指施工企业完成所承包工程获得的盈利。

（8）规费

是指按国家法律、法规规定，由省级政府和省级有关权力部门规定必须缴纳或计取的费用。包括：

1）安全文明施工费

① 环境保护费：是指施工现场为达到环保部门要求所需要的各项费用。

② 文明施工费：是指施工现场文明施工所需要的各项费用。

③ 安全施工费：是指施工现场安全施工所需要的各项费用。

④ 临时设施费：是指施工企业为进行建设工程施工所必须搭设的生活和生产用的临时建筑物、构筑物和其他临时设施费用。

临时设施包括：办公室、加工场（棚）、仓库、堆放场地、宿舍、卫生间、食堂、文化卫生用房与构筑物，以及规定范围内的道路、水、电、管线等临时设施和小型临时设施。

临时设施费包括临时设施的搭设、维修、拆除、清理费或摊销费等。

2）社会保险费

① 养老保险费：是指企业按照规定标准为职工缴纳的基本养老保险费。

② 失业保险费：是指企业按照规定标准为职工缴纳的失业保险费。

③ 医疗保险费：是指企业按照规定标准为职工缴纳的基本医疗保险费。

④ 生育保险费：是指企业按照规定标准为职工缴纳的生育保险费。

⑤ 工伤保险费：是指企业按照规定标准为职工缴纳的工伤保险费。

3）住房公积金：是指企业按规定标准为职工缴纳的住房公积金。

4）工程排污费：是指按规定缴纳的施工现场的工程排污费。

5）建设项目工伤保险：按鲁人社发〔2015〕15号《关于转发人社部发〔2014〕103号文件明确建筑业参加工伤保险有关问题的通知》，在工程开工前向社会保险经办机构交纳，应在建设项目所在地参保。

按建设项目参加工伤保险的，建设项目确定中标企业后，建设单位在项目开工前将工伤保险费一次性拨付给总承包单位，由总承包单位为该建设项目使用的所有职工统一办理工伤保险参保登记和缴费手续。

按建设项目参加工伤保险的房屋建筑和市政基础设施工程，建设单位在办理施工许可手续时，应当提交建设项目工伤保险参保证明，作为保证工程安全施工的具体措施之一。安全施工措施未落实的项目，住房城乡建设主管部门不予核发施工许可证。

（9）税金

是指国家税法规定应计入建筑安装工程造价内的增值税。其中甲供材料、甲供设备不作为增值税计税基础。

任务 2.2　建筑工程费用项目组成（按造价形成划分）

建筑工程费按照工程造价形成由分部分项工程费、措施项目费、其他项目费、规费、税金组成（图 2-2）。

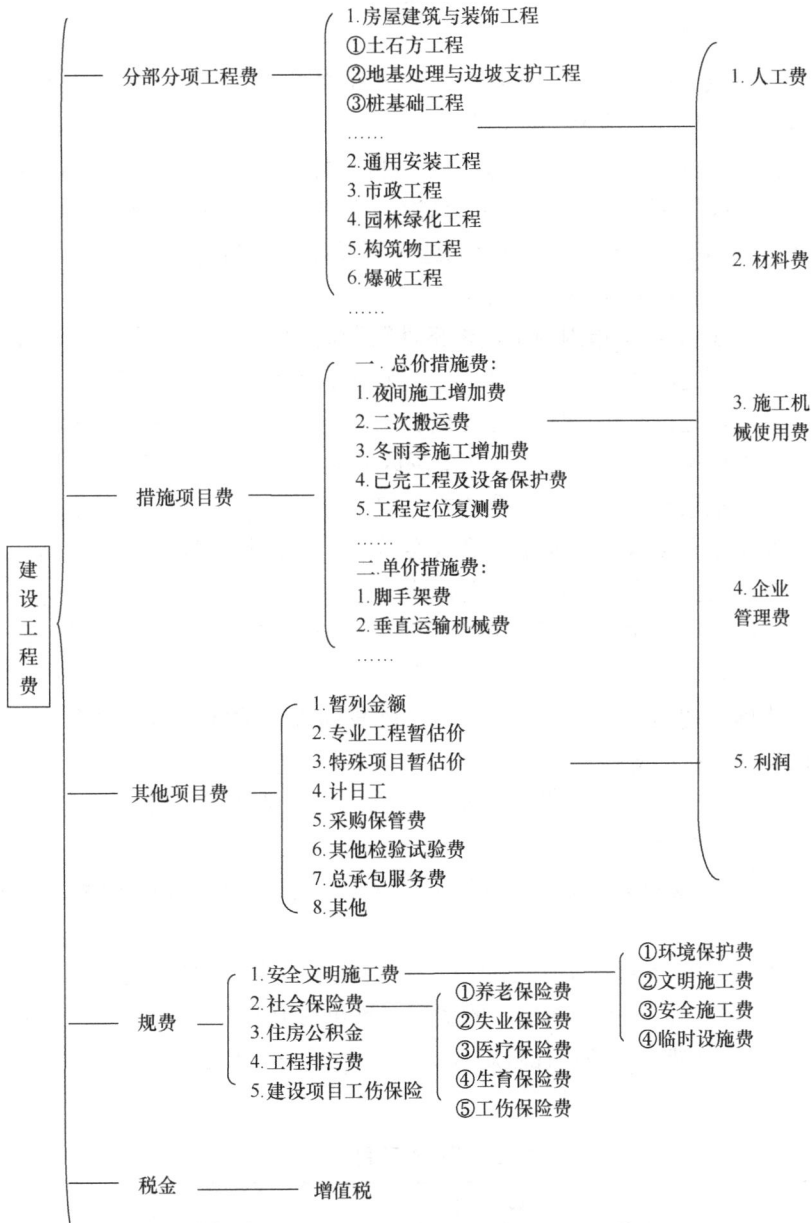

建设工程费

分部分项工程费
1.房屋建筑与装饰工程
①土石方工程
②地基处理与边坡支护工程
③桩基础工程
……
2.通用安装工程
3.市政工程
4.园林绿化工程
5.构筑物工程
6.爆破工程
……

措施项目费
一．总价措施费：
1.夜间施工增加费
2.二次搬运费
3.冬雨季施工增加费
4.已完工程及设备保护费
5.工程定位复测费
……
二．单价措施费：
1.脚手架费
2.垂直运输机械费
……

其他项目费
1.暂列金额
2.专业工程暂估价
3.特殊项目暂估价
4.计日工
5.采购保管费
6.其他检验试验费
7.总承包服务费
8.其他

规费
1.安全文明施工费 ——①环境保护费 ②文明施工费 ③安全施工费 ④临时设施费
2.社会保险费 ——①养老保险费 ②失业保险费 ③医疗保险费 ④生育保险费 ⑤工伤保险费
3.住房公积金
4.工程排污费
5.建设项目工伤保险

税金 —— 增值税

1.人工费
2.材料费
3.施工机械使用费
4.企业管理费
5.利润

图 2-2　建筑工程费用项目组成表（按造价形成划分）

21

(1) 分部分项工程费

是指各专业工程的分部分项工程应予列支的各项费用。

1) 专业工程：是指按现行国家计量规范划分的房屋建筑与装饰工程、通用安装工程、市政工程、园林绿化工程等各类工程。

2) 分部分项工程：指按现行国家计量规范或现行消耗量定额对各专业工程划分的项目。

如房屋建筑与装饰工程划分的土石方工程、地基处理与边坡支护工程、桩基础工程、砌筑工程、钢筋及混凝土工程等。

(2) 措施项目费

是指为完成工程项目施工，发生于该工程施工准备和施工过程中的技术、生活、安全、环境保护等方面的项目费用。

1) 总价措施费：是指省建设行政主管部门根据建筑市场状况和多数企业经营管理情况、技术水平等测算发布了费率的措施项目费用。总价措施费的主要内容包括：

① 夜间施工增加费：是指因夜间施工所发生的夜班补助费、夜间施工降效、夜间施工照明设备摊销及照明用电等费用。

② 二次搬运费：是指因施工场地条件限制而发生的材料、构配件、半成品等一次运输不能到达堆放地点，必须进行二次或多次搬运所发生的费用。

施工现场场地的大小，因工程规模、工程地点、周边情况等因素的不同而各不相同，一般情况下，场地周边围挡范围内的区域，为施工现场。

若确因场地狭窄，按经过批准的施工组织设计，必须在施工现场之外存放材料或必须在施工现场采用立体架构形式存放材料时，其由场外到场内的运输费用或立体架构所发生的搭设费用，按实另计。

③ 冬雨季施工增加费：是指在冬季或雨季施工需增加的临时设施、防滑、排除雨雪，人工及施工机械效率降低等费用。

冬雨季施工增加费，不包括混凝土、砂浆的骨料搅拌、提高强度等级以及掺加其中的早强、抗冻等外加剂的费用。

④ 已完工程及设备保护费：是指竣工验收前，对已完工程及设备采取的必要保护措施所发生的费用。

⑤ 工程定位复测费：是指工程施工过程中进行全部施工测量放线和复测工作的费用。

⑥ 市政工程地下管线交叉处理费：是指施工过程中对现有施工场地内各种地下交叉管线进行加固及处理所发生的费用，不包括地下管线改移发生的费用。

2) 单价措施费，是指消耗量定额中列有子目、并规定了计算方法的措施项目费用。单价措施项目见表 2-1。

专业工程措施项目一览表 表 2-1

序号	措施项目名称	备注
1	建筑工程与装饰工程	

序号	措施项目名称	备注
1.1	脚手架	消耗量定额中列有子目、并规定了计算方法的单价措施项目
1.2	垂直运输机械	
1.3	构件吊装机械	
1.4	混凝土泵送	
1.5	混凝土模板及支架	
1.6	大型机械进出场	
1.7	施工降排水	
2	安装工程	
2.1	吊装加固	
2.2	金属抱杆安装、拆除、移位	
2.3	平台铺设、拆除	
2.4	顶升、提升装置	
2.5	大型设备专用机具	
2.6	焊接工艺评定	
2.7	胎（模）具制作、安装、拆除	
2.8	防护棚制作、安装、拆除	
2.9	特殊地区施工增加	
2.10	安装与生产同时进行施工增加	
2.11	在有害身体健康环境中施工增加	
2.12	工程系统检测、检验	
2.13	设备、管道施工的安全、防冻和焊接保护	
2.14	焦炉烘炉、热态工程	
2.15	管道安拆后的充气保护	
2.16	隧道内施工的通风、供水、供气、供电、照明及通信设施费	
2.17	脚手架搭拆	
2.18	非夜间施工增加	
2.19	高层施工增加	
3	市政工程	施工围挡：是指施工需要的固定式施工护栏的搭拆、运输费用，施工围挡购置费的摊销或租赁使用费以及日常维护费用
3.1	混凝土模板及支架	
3.2	脚手架	
3.3	大型机械进出场及安拆	
3.4	筑岛、围堰	
3.5	便道、便桥	
3.6	混凝土泵送	
3.7	施工围挡	
3.8	施工排水、降水	
3.9	地上、地下设施、建筑物临时保护设施（包括对已建成地上、地下设施和建筑物进行遮盖、封闭、隔离等必要保护措施）	
3.10	洞内临时设施（包括通风、供水、供气、供电、照明、通信及洞内外轨道铺设）	
3.11	交通维护及疏导（包括周边道路的交通诱导标志、临时红绿灯、交通协勤人员、现场路面隔离设施等，按实际发生计取）	

模块 1 计量与计价基础知识

续表

序号	措施项目名称	备注
4	园林绿化工程	
4.1	混凝土模板及支架	
4.2	脚手架	
4.3	苗木保护措施	
4.4	围堰	
4.5	施工排水、降水	

（3）其他项目费：包括以下内容

1）暂列金额：是指建设单位在工程量清单中暂定、并包括在工程合同价款中的一笔款项，用于施工合同签订时尚未确定或不可预见的材料、设备、服务的采购，施工中可能发生的工程变更、合同约定调整因素出现时工程价款的调整以及发生的索赔、现场签证等费用。

暂列金额，包含在投标总价和合同总价中，但只有施工过程中实际发生了、并且符合合同约定的价款支付程序，才能纳入竣工结算价款中。暂列金额，扣除实际发生金额后的余额，仍属于建设单位所有。

暂列金额，一般可按分部分项工程费的10％～15％估列。

2）专业工程暂估价：是指建设单位根据国家相应规定、预计需由专业承包人另行组织施工、实施单独分包（总承包人仅对其进行总承包服务），但暂时不能确定准确价格的专业工程价款。

专业工程暂估价，应区分不同专业，按有关计价规定估价，并仅作为计取总承包服务费的基础，不计入总承包人的工程总造价。

3）特殊项目暂估价，是指未来工程中肯定发生、其他费用项目均未包括，但由于材料、设备或技术工艺的特殊性，没有可参考的计价依据、事先难以准确确定其价格、对造价影响较大的项目费用。

4）计日工：是指在施工过程中，承包人完成建设单位提出的工程合同范围以外的、突发性的零星项目或工作，按合同中约定的单价计价的一种方式。

计日工，不仅指人工，零星项目或工作使用的材料、机械，均应计列于本项之下。

5）采购保管费：定义同前。

6）其他检验试验费：检验试验费，不包括相应规范规定之外要求增加鉴定、检查的费用，新结构、新材料的试验费用，对构件做破坏性试验及其他特殊要求检验试验的费用，建设单位委托检测机构进行检测的费用。此类检测发生的费用，在该项中列支。

建设单位对施工单位提供的、具有出厂合格证明的材料要求进行再检验、经检测不合格的，该检测费用由施工单位支付。

7）总承包服务费：定义同前。

总承包服务费 ＝ 专业工程暂估价(不含设备费)×相应费率

8）其他

包括工期奖惩、质量奖惩等，均可计列于本项之下。

（4）规费

定义同前。

1）安全文明施工费

安全文明施工措施项目清单见表 2-2。

建设工程安全文明施工措施项目清单 表 2-2

类别	项目名称		具体要求
环境保护费	材料堆放		（1）材料、构件、料具等堆放时，悬挂有名称、品种、规格等标牌； （2）水泥和其他易飞扬细颗粒建筑材料应密闭存放或采取覆盖等措施； （3）易燃、易爆和有毒有害物品分类存放
	垃圾清运		施工现场应设置密闭式垃圾站，施工垃圾、生活垃圾应分类存放。施工垃圾必须采用相应容器或管道运输
	环保部门要求所需要的其他保护费用		
文明施工费	施工现场围挡		（1）现场采用封闭围挡，高度≥1.8m； （2）围挡材料可采用彩色、定型钢板，砖、混凝土砌块等墙体
	五板一图		在进门处悬挂工程概况、管理人员名单及监督电话、安全生产、文明施工、消防保卫五板；施工现场总平面图
	企业标志		现场出入的大门应设有本企业标识或企业标识
	场容场貌		（1）道路畅通； （2）排水沟、排水设施通畅； （3）工地地面硬化处理； （4）绿化
	宣传栏等		内容清晰，经常更新
	其他有特殊要求的文明施工做法		
临时设施费	现场办公生活设施		（1）临时宿舍、文化福利及公用事业房屋与构筑物、仓库、办公室、加工厂以及规定范围内道路等临时设施； （2）施工现场办公、生活区与作业区分开设置，保持安全距离； （3）工地办公室、现场宿舍、食堂、厕所、饮水、休息场所符合卫生和安全要求
	施工现场临时用电	配电线路	（1）按照 TN-S 系统要求配备五芯电缆、四芯电缆和三芯电缆； （2）按要求架设临时用电线路的电杆、横担、瓷夹、瓷瓶等，或电缆埋地的地沟； （3）对靠近施工现场的外电线路，设置木质、塑料等绝缘体的防护设施
		配电箱开关箱	（1）按三级配电要求，配备总配电箱、分配电箱、开关箱三类标准电箱。开关箱应符合一机、一箱、一闸、一漏。三类电箱中的各类电器应是合格品； （2）按两级保护的要求，选取符合容量要求和质量合格的总配电箱和开关箱中的漏电保护器
		接地装置保护	施工现场保护零线的重复接地应不少于三处
	施工现场临时设施用水		生活用水
			施工用水

续表

类别	项目名称		具体要求
安全施工费	接料平台		（1）在脚手架横向外侧1～2处的部位，从底部随脚手架同步搭设。包括架杆、扣件、脚手板、拉结短管、基础垫板和钢底座。 （2）在脚手架横向1～2处的部位，在建筑物层间地板处用两根型钢外挑，形成外挑平台。包括两根型钢、预埋件、斜拉钢丝绳、平台底座垫板、平台进（出）料口门以及周边两道水平栏杆
	上下脚手架人行通道（斜道）		多层建筑施工随脚手架搭设的上下脚手架的斜道，一般成"之"字形
	一般防护		安全网（水平网、密目式立网）、安全帽、安全带
	通道棚		包括杆架、扣件、脚手板
	防护围栏		建筑物作业周边防护栏杆，施工电梯和物料提升机吊篮升降处防护栏杆，配电箱和固位使用的施工机械周边围栏、防护棚，基坑周边防护栏杆以及上下人斜道防护栏杆
	消防安全防护		灭火器、沙箱、消防水桶、消防铁锹（钩）、高层建筑物安装消防水管（钢管、软管）、加压泵等
	临边洞口交叉高处作业防护	楼板、屋面、阳台等临边防护	用密目式安全立网全封闭，作业层另加两边防护栏杆和18cm高的踢脚板
		通道口防护	设防护棚，防护棚应为≥5cm厚的木板或两道相距50cm的竹笆。两侧应沿栏杆架用密目式安全网封闭
		预留洞口防护	用木板全封闭；短边超过1.5m长洞口，除封闭外四周还应设有防护栏杆
		电梯井口防护	设置定型化、工具化、标准化的防护门；在电梯井内每隔两层（<10m）设置一道安全平网
		楼梯边防护	设1.2m高的定型化、工具化、标准化的防护栏杆，18cm高的踢脚板
		垂直方向交叉作业防护	设置防护隔离棚或其他设施
		高空作业防护	有悬挂安全带的悬索或其他设施；有操作平台；有上下的梯子或其他形式的通道
	安全警示标志牌		危险部位悬挂安全警示牌、各类建筑材料及废弃物堆放标志牌
	其他		各种应急救援预案的编制、培训和有关器材的配置及检修等费用
	其他必要的安全措施		
	危险性较大工程的安全措施费，各市根据实际情况确定		

2）社会保险费：定义同前。

3）住房公积金：定义同前。

4）工程排污费：定义同前。

5）建设项目工伤保险：定义同前。

（5）税金：定义同前。

项 目 习 题

一、填空题

1. 建设工程费按照费用构成要素划分：由（　　　）、（　　　）、（　　　）、（　　　）、（　　）、（　　）和（　　）组成。

2. 人工费是指按工资总额构成规定，支付给从事建筑安装工程施工的（　　　）和（　　　）的各项费用。

3. 材料费是指施工过程中耗费的（　　　）、（　　　）、（　　　）、（　　）、（　　）的费用。

4. 设备费是指构成或计划构成永久工程一部分的（　　　）、（　　　）、（　　　）及其他类似的设备和装置的费用。

5. 施工机具使用费是指施工作业所发生的施工机械、施工仪器仪表的（　　　）或（　　　）。

6. 企业管理费是指施工企业（　　　）和（　　）所需的费用。

7. 利润是指施工企业完成所承包工程获得的（　　　）。

8. 规费是指按（　　　）规定，由（　　）政府和（　　）有关权力部门规定必须缴纳或计取的费用。

9. 税金是指国家税法规定应计入建筑安装工程造价内的（　　　）。其中（　　　）、（　　　）不作为增值税计税基础。

10. 建设工程费按照工程造价形成由（　　　）、（　　　）、（　　　）、（　　）组成。

11. 分部分项工程费是指各专业工程的（　　）工程应予列支的各项费用。

12. 措施项目费是指为完成工程项目施工，发生于该工程施工准备和施工过程中的（　　）、（　　）、（　　）、（　　）等方面的项目费用。

13. 其他项目费包括（　　　）、（　　　）、（　　　）、（　　　）、（　　　）、（　　　）、（　　　）和其他。

14. 暂列金额，一般可按分部分项工程费的（　　　）估列。

15. 计日工是指在施工过程中，承包人完成（　　　）提出的（　　　）的、（　　　）的零星项目或工作，按（　　　）计价的一种方式。

二、不定项选择题

1. 下列费用中，属于人工费的是（　　）。

A. 奖金　　　　　　　　　B. 管理人员工资

C. 加班加点工资　　　　　D. 劳动保护费

2. 下列费用中，属于材料费的是（　　）。

A. 材料原价　　　　　　　B. 采购及保管费

C. 检修费　　　　　　　　D. 运输损耗费

3. 下列费用中，属于施工机械使用费的是（　　）。

A. 折旧费　　　　　　　　　B. 检验试验费

C. 施工仪器仪表使用费　　　D. 燃料动力费

4. 下列费用中，属于企业管理费的是(　　　)。

A. 津贴、补贴　　　　　　　B. 工具用具使用费

C. 施工仪器仪表使用费　　　D. 财产保险费

5. 下列费用中，属于规费的是(　　　)。

A. 劳动保险和职工福利费　　B. 住房公积金

C. 工伤保险费　　　　　　　D. 临时设施费

6. 不属于材料的采购保管费的是(　　　)。

A. 仓储费　　　　　　　　　B. 仓储损耗

C. 运输损耗费　　　　　　　D. 工地保管费

7. 属于总价措施费的是(　　　)。

A. 夜间施工增加费　　　　　B. 冬雨季施工增加费

C. 工程定位复测费　　　　　D. 脚手架搭拆费

8. 属于文明施工费的是(　　　)。

A. 施工现场围挡　　　　　　B. 五板一图

C. 垃圾清运　　　　　　　　D. 防护围栏

9. 属于安全施工费的是(　　　)。

A. 施工现场围挡　　　　　　B. 接料平台

C. 安全警示标志牌　　　　　D. 防护围栏

10. 临边洞口交叉高处作业防护包括(　　　)。

A. 电梯井口防护　　　　　　B. 高空作业防护

C. 楼梯边防护　　　　　　　D. 预留洞口防护

项目 **3**

工程类别划分标准、费率和
费用计算程序

任务 3.1　工程类别划分标准

（1）工程类别的确定，以单位工程为划分对象。

一个单项工程的单位工程，包括：建筑工程、装饰工程、水卫工程、暖通工程、电气工程等若干个相对独立的单位工程。一个单位工程只能确定一个工程类别。

（2）工程类别划分标准中有两个指标的，确定工程类别时，需满足其中一项指标。

（3）工程类别划分标准缺项时，拟定为Ⅰ类工程的项目，由省工程造价管理机构核准；Ⅱ、Ⅲ类工程项目，由市工程造价管理机构核准，并同时报省工程造价管理机构备案。

3.1.1　建筑工程

1. 建筑工程类别划分标准（表 3-1）

2. 建筑工程类别划分说明

（1）建筑工程确定类别时，应首先确定工程类型

建筑工程的工程类型，按工业厂房工程、民用建筑工程、构筑物工程、桩基础工程、单独土石方工程五个类型分列。

建筑工程类别划分表 表 3-1

工程特征			单位	工程类别		
				I	II	III
工业厂房工程	钢结构	跨度	m	>30	>18	≤18
		建筑面积	m²	>25000	>12000	≤12000
	其他结构	单层 跨度	m	>24	>18	≤18
		单层 建筑面积	m²	>15000	>10000	≤10000
		多层 檐高	m	>60	>30	≤30
		多层 建筑面积	m²	>20000	>12000	≤12000
民用建筑工程	钢结构	檐高	m	>60	>30	≤30
		建筑面积	m²	>30000	>12000	≤12000
	混凝土结构	檐高	m	>60	>30	≤30
		建筑面积	m²	>20000	>10000	≤10000
	其他结构	层数	层	—	>10	≤10
		建筑面积	m²	—	>12000	≤12000
	别墅工程（≤3层）	栋数	栋	≤5	≤10	>10
		建筑面积	m²	≤500	≤700	>700
构筑物工程	烟囱	混凝土结构高度	m	>100	>60	≤60
		砖结构高度	m	>60	>40	≤40
	水塔	高度	m	>60	>40	≤40
		容积	m³	>100	>60	≤60
	筒仓	高度	m	>35	>20	≤20
		容积（单体）	m³	>2500	>1500	≤1500
	贮池	容积（单体）	m³	>3000	>1500	≤1500
桩基础工程		桩长	m	>30	>12	≤12
单独土石方工程		土石方	m³	>30000	>12000	5000<体积 ≤12000

1）工业厂房工程，指直接从事物质生产的生产厂房或生产车间。

工业建筑中，为物质生产配套和服务的实验室、化验室、食堂、宿舍、医疗、卫生及管理用房等独立建筑物，按民用建筑工程确定工程类别。

2）民用建筑工程，指直接用于满足人们物质和文化生活需要的非生产性建筑物。

3）构筑物工程，指与工业或民用建筑配套、并独立于工业与民用建筑之外，如：烟囱、水塔、贮仓、水池等工程。

4）桩基础工程，是浅基础不能满足建筑物的稳定性要求、而采用的一种深基础工艺，主要包括：各种现浇和预制混凝土桩以及其他材质的桩基础。桩基础工程适用于建设单位直接发包的桩基础工程。

5）单独土石方工程：指建筑物、构筑物、市政设施等基础土石方以外的，挖方或填方工程量>5000m³ 且需要单独编制概预算的土石方工程。包括：土石方的挖、运、填等。

6) 同一建筑物工程类型不同时，按建筑面积大的工程类型确定其工程类别。

（2）房屋建筑工程的结构形式

1) 钢结构，是指柱、梁（屋架）、板等承重构件用钢材制作的建筑物。

2) 混凝土结构，是指柱、梁（屋架）、板等承重构件用现浇或预制的钢筋混凝土制作的建筑物。

3) 同一建筑物结构形式不同时，按建筑面积大的结构形式、确定其工程类别。

（3）工程特征

1) 建筑物檐高，指设计室外地坪至檐口滴水（或屋面板板顶）的高度。突出建筑物主体屋面楼梯间、电梯间、水箱间部分高度不计入檐口高度。

2) 建筑物的跨度，指设计图示轴线间的宽度。

3) 建筑物的建筑面积，按建筑面积计算规范的规定计算。

4) 构筑物高度，指设计室外地坪至构筑物主体结构顶坪的高度。

5) 构筑物的容积，指设计净容积。

6) 桩长，指设计桩长（包括桩尖长度）。

（4）与建筑物配套的零星项目

水表井、消防水泵接、合器井、热力入户井、排水检查井、雨水沉砂池等，按相应建筑物的类别确定工程类别。

其他附属项目，如：场区大门、围墙、挡土墙、庭院道路、室外管道支架等，按建筑工程 Ⅲ 类确定工程类别。

（5）工业厂房的设备基础

单体混凝土体积＞1000m³，按构筑物工程Ⅰ类；单体混凝土体积＞600m³，按构筑物工程Ⅱ类；单体混凝土体积≤600m³ 且＞50m³，按构筑物工程Ⅲ类；≤50m³，按相应建筑物或构筑物的工程类别确定工程类别。

（6）强夯工程

按单独土石方工程Ⅱ类确定工程类别。

3.1.2 装饰工程

1. 装饰工程类别划分标准（表3-2）

装饰工程类别划分表

表 3-2

工程特征	工程类别		
	Ⅰ	Ⅱ	Ⅲ
工业与民用建筑	特殊公共建筑，包括：观演展览建筑、交通建筑、体育场馆、高级会堂等	一般公共建筑，包括：办公建筑、文教卫生建筑、科研建筑、商业建筑等	居住建筑工业厂房工程
	四星级及以上宾馆	三星级宾馆	二星级以下宾馆

续表

工程特征	工程类别		
	Ⅰ	Ⅱ	Ⅲ
单独外墙装饰（包括幕墙、各种外墙干挂工程）	幕墙高度>50m	幕墙高度>30m	幕墙高度≤30m
单独招牌、灯箱、美术字等工程	—	—	单独招牌、灯箱、美术字等工程

2. 装饰工程类别划分说明

（1）装饰工程定义

指建筑物主体结构完成后，在主体结构表面及相关部位进行抹灰、镶贴和铺装面层等施工，以达到建筑设计效果的施工内容。

1）作为地面各层次的承载体，在原始地基或回填土上铺筑的垫层，属于建筑工程。附着于垫层或主体结构的找平层仍属于建筑工程。

2）为主体结构及其施工服务的边坡支护工程，属于建筑工程。

3）门窗（不含门窗零星装饰）作为建筑物围护结构的重要组成部分，属于建筑工程。工艺门扇以及门窗的包框、镶嵌和零星装饰，属于装饰工程。

4）位于墙柱结构外表面以外、楼板（含屋面板）以下的各种龙骨（骨架）、各种找平层、面层，属于装饰工程。

5）具有特殊功能的防水层、保温层属于建筑工程；防水层、保温层以外的面层属于装饰工程。

6）为整体工程或主体结构工程服务的脚手架、垂直运输、水平运输、大型机械进出场，属于建筑工程；单纯为装饰工程服务的，属于装饰工程。

7）建筑工程的施工增加属于建筑工程；装饰工程的施工增加，属于装饰工程。

（2）特殊公共建筑

包括：观演展览建筑（影剧院、影视制作播放建筑、城市级图书馆、博物馆、展览馆、纪念馆等）、交通建筑（汽车、火车、飞机、轮船的站房建筑等）、体育场馆（体育训练、比赛场馆等）、高级会堂等。

（3）一般公共建筑

包括：办公建筑、文教卫生建筑（教学楼、实验楼、学校图书馆、门诊楼、病房楼、检验化验楼等）、科研建筑、商业建筑等。

3.1.3 安装工程

根据安装工程专业特点，分为民用安装工程、工业安装工程两类。

1）民用安装工程：指直接用于满足人们物质和文化生活需要的非生产性安装工程。包括：电气、给水排水、采暖、燃气、通风空调、消防、建筑智能、通信工程以及民用换热站、锅炉房、泵站、变电站等。

2）工业安装工程：指从事物质生产和直接为物质生产服务的安装工程。包括：机械设备、热力设备、静置设备与工艺金属结构、工业管道工程以及以上工程附属的电气、仪表、刷油、防腐蚀、绝热等工程。

3.1.4 市政工程

1. 工程类别划分标准（表 3-3）

工程分类划分标准表 表 3-3

工程名称	工程类别划分标准			
道路工程	Ⅰ类	主干道	沥青混凝土路面	面层厚≥12cm
			水泥混凝土路面	面层厚≥24cm
	Ⅱ类	次干道	沥青混凝土路面	8cm≤面层厚<12cm
			水泥混凝土路面	20cm≤面层厚<24cm
		广场、停车场		面积≥10000m²
	Ⅲ类	支路	沥青混凝土路面	面层厚<8cm
			水泥混凝土路面	面层厚<20cm
		其他	广场、停车场； 自行车专用道； 单独施工的人行道； 运动类场地； 单独施工的交通设施工程	面积<10000m²
桥涵工程	Ⅰ类	1. 单跨跨径≥30m，且多孔跨径总长≥100m； 2. 二层或桥面最高高度16m及以上的立交桥； 3. 立交箱涵顶进		
	Ⅱ类	1. 10m≤单跨跨径<30m，且50m≤多孔跨径总长<100m； 2. 桥面最高高度<16m的立交桥； 3. 人行天桥单跨跨径≥30m		
	Ⅲ类	1. 单跨跨径<10m，且多孔跨径总长<50m； 2. 圆管涵、拱涵、盖板涵、箱涵等涵洞； 3. 人行天桥单跨跨径<30m		
隧道工程	Ⅰ类	断面面积≥35m²		
	Ⅱ类	10m²≤断面面积<35m²		
	Ⅲ类	断面面积<10m²		
排水工程	Ⅰ类	1. 顶管工程； 2. 干管管径≥1200mm； 3. 沟渠、综合管廊、各类地下管沟净断面≥6m²		
	Ⅱ类	1. 600mm≤干管管径<1200mm； 2. 2m²≤沟渠、综合管廊、各类地下管沟净断面<6m²； 3. 导向钻进拖管管径≥300mm		

续表

工程名称		工程类别划分标准	
排水工程	Ⅲ类	1. 干管管径＜600mm； 2. 沟渠、综合管廊、各类地下管沟净断面＜2m²； 3. 导向钻进拖管管径＜300mm	
给水工程	Ⅰ类	1. 管道试验压力≥1MPa； 2. 管径 DN≥1000mm	
	Ⅱ类	0.7MPa≤管道试验压力＜1MPa	
	Ⅲ类	Ⅰ类、Ⅱ类以外其他工程	
燃气工程	Ⅰ类	1. 高压、次高压工程； 2. 焊缝有无损检测要求且管径≥300mm	
	Ⅱ类	1. 焊缝有无损检测要求且管径＜300mm； 2. 焊缝没有无损检测要求且管径≥300mm	
	Ⅲ类	Ⅰ类、Ⅱ类以外其他工程	
供热工程	Ⅰ类	干管管径≥500mm，且干管总长度≥2000m	
	Ⅱ类	1. 干管管径≥500mm，且干管总长度＜2000m； 2. 300mm≤干管管径＜500mm，且干管总长度≥2000m	
	Ⅲ类	Ⅰ类、Ⅱ类以外其他工程	
水处理工程	Ⅰ类	污水处理厂	设计日平均水量≥30000m³/d
		雨水泵站	设计最大流量≥10000L/s
		污水泵站	设计最大流量≥600L/s
		净水厂、取水厂	设计日处理水量≥50000m³/d
	Ⅱ类	Ⅰ类以外其他工程	
垃圾处理工程	Ⅰ类	生活垃圾卫生填埋	日处理规模≥1200t/d
		生活垃圾焚烧	处理规模限于县级以上生活垃圾焚烧工程
	Ⅱ类	生活垃圾卫生填埋	日处理规模＜1200t/d
路灯工程	Ⅰ类	1. 高杆灯≥15m； 2. 桥面路灯； 3. 高架桥路灯	
	Ⅱ类	1. 高杆灯＜15m； 2. 包箍灯臂长≥0.7m； 3. 桥栏装饰灯； 4. 地灯； 5. 地缆； 6. 电力、通信线路等双层排管且根数≥12根	
	Ⅲ类	Ⅰ类、Ⅱ类以外其他工程	

2. 工程类别划分说明

（1）单位工程的类别划分按主体工程确定，附属工程按主体工程类别取定。

（2）道路工程

1）道路工程按面层厚度划分，需同时满足两个条件；如仅满足一个条件，应降低一个类别执行。

2）小区内道路、厂（场）区道路执行市政定额时，按上述标准降低一个类别执行。

3）道路沥青混凝土单独罩面工程，按原道路工程类别降低一个类别执行。

4）单独施工的挡土墙按道路工程三类标准执行。

（3）桥涵工程

1）单跨跨径指两桥墩中线间距离或桥墩中线与台背前缘间距，涵洞指净跨径。

2）桥涵工程总长指两个桥台侧墙或八字尾端间的距离（无桥台的桥梁为桥面系行车道长度）。

3）立交箱涵顶进是指穿越城市道路及铁路的立交箱涵顶进工程。

4）涵洞是指单跨跨径<5m，且多孔跨径总长<8m的桥涵。

5）地下人行通道采用明挖工艺施工的参照箱涵类别标准执行，采用暗挖工艺施工的参照隧道类别标准执行。

（4）隧道工程中隧道断面积指隧道设计尺寸净面积，不含预留变形量和允许超挖量。

（5）给水工程按管径划分工程类别，施工设计图中各段输、配水主干管所连接的各类管径支管（包括各类进户、附属设备、联络、与原设管等的连接管），其发生各项工程量，均按所属各段输、配水主干管执行同一工程类别取费。

（6）排水工程

1）排水管道工程按主干管的管径确定工程类别。若管道中同时存在多种管径时，管道长度按管径 $DN \geqslant 1200mm$、管径 $DN \geqslant 600mm$、管径 $DN < 600mm$ 三段分别累计，以三者最大长度段为划分依据，确定为Ⅰ类、Ⅱ类和Ⅲ类工程。若仅有管径$\geqslant \phi 600mm$ 管道时，以二者数值最大者为准。

2）顶管工程、拖管工程、沟渠、各类地下管沟、综合管廊，均按排水工程类别单独确定。

3）单独施工的河道清淤、河道及护岸铺砌按排水工程三类标准执行。

（7）供热工程中总干管长度指供回水管之和。

（8）垃圾处理工程中垃圾卫生填埋渗滤液处理作为一个单位工程时单独确定工程类别，参照水处理工程的类别标准执行。

（9）水处理工程中污水处理厂、雨水泵站、污水泵站、净水厂中的所有构筑物、市政管线均按主体项目类别取费；地上建筑物执行土建、装饰工程定额及相应取费。

（10）路灯工程高杆灯≥15m的数量占总工程量20％及以上且≥5盏时，工程类别可确定为路灯Ⅰ类工程。

3.1.5 园林绿化工程

1. 工程类别划分标准（表 3-4）

工程类别划分标准 表 3-4

工程类别	划分标准
Ⅰ类	工程内容包括绿化种植养护、假山工程、园路园桥工程及景观小品工程四项内容
Ⅱ类	工程内容包括绿化种植养护、假山工程、园路园桥工程及景观小品工程中其中三项内容
Ⅲ类	Ⅰ类、Ⅱ类之外的其他园林绿化工程

2. 工程类别划分说明

工程内容中的假山工程，是指定额中湖石假山、黄石假山、石峰、石笋及塑假山。

任务 3.2　建筑工程费率

1. 措施费

（1）建筑、装饰、安装、园林绿化工程（表 3-5～表 3-7）

一般计税法下费率（单位:%） 表 3-5

专业名称 \ 费用名称		夜间施工费	二次搬运费	冬雨季施工增加费	已完工程及设备保护费
建筑工程		2.55	2.18	2.91	0.15
装饰工程		3.64	3.28	4.10	0.15
安装工程	民用安装工程	2.50	2.10	2.80	1.20
	工业安装工程	3.10	2.70	3.90	1.70
园林绿化工程		2.21	4.42	2.21	5.89

简易税法下费率（单位:%） 表 3-6

专业名称 \ 费用名称		夜间施工费	二次搬运费	冬雨季施工增加费	已完工程及设备保护费
建筑工程		2.80	2.40	3.20	0.15
装饰工程		4.0	3.6	4.5	0.15
安装工程	民用安装工程	2.66	2.28	3.04	1.32
	工业安装工程	3.30	2.93	4.23	1.87
园林绿化工程		2.40	4.80	2.40	6.40

注：建筑、装饰工程中已完工程及设备保护费的计费基础为省价人、材、机之和。

措施费中的人工费含量（单位:%）　　　　表 3-7

费用名称　专业名称	夜间施工费	二次搬运费	冬雨季施工增加费	已完工程及设备保护费
建筑工程、装饰工程		25		10
园林绿化工程				
安装工程	50	40		25

（2）市政工程（表 3-8、表 3-9）

一般计税法费率（单位:%）　　　　表 3-8

费用名称　专业名称	夜间施工费	二次搬运费	冬雨季施工增加费	已完工程及设备保护费	工程定位复测费	地下管线交叉处理
道路工程	0.61	1.05	0.38	0.58	0.12	0.28
桥涵工程	0.36	1.43	0.36	0.60	0.07	0.36
隧道工程	0.30	1.23	0.31	0.61	0.07	0.20
给水工程	1.28	1.69	1.28	0.67	0.28	1.02
排水工程	0.41	1.18	0.42	0.47	0.09	0.71
燃气工程	0.94	1.18	0.95	0.61	0.62	0.80
供热工程	0.92	1.22	0.93	0.49	0.48	0.74
水处理工程	0.40	0.70	0.41	0.70	0.09	0.23
垃圾处理工程	0.75	1.24	0.77	0.54	0.18	0.75
路灯工程	0.53	0.75	0.74	0.68	0.10	0.46

简易计税法下费率（单位:%）　　　　表 3-9

费用名称　专业名称	夜间施工费	二次搬运费	冬雨季施工增加费	已完工程及设备保护费	工程定位复测费	地下管线交叉处理费
道路工程	0.62	1.07	0.39	0.59	0.12	0.29
桥涵工程	0.38	1.53	0.39	0.64	0.08	0.38
隧道工程	0.31	1.28	0.32	0.64	0.07	0.21
给水工程	1.35	1.79	1.36	0.71	0.30	1.08
排水工程	0.43	1.25	0.44	0.50	0.10	0.75
燃气工程	0.99	1.24	1.00	0.64	0.65	0.84
供热工程	0.95	1.26	0.96	0.51	0.50	0.76
水处理工程	0.43	0.75	0.44	0.75	0.10	0.25
垃圾处理工程	0.80	1.33	0.82	0.58	0.19	0.80
路灯工程	0.57	0.81	0.80	0.73	0.11	0.49

注:市政工程措施费中人、机费含量均为 45%。

2. 企业管理费、利润（表 3-10、表 3-11）

（1）企业管理费、利润

一般计税法下费率（单位：%）   表 3-10

专业名称	费用名称	企业管理费			利润		
		Ⅰ	Ⅱ	Ⅲ	Ⅰ	Ⅱ	Ⅲ
建筑工程	建筑工程	43.4	34.7	25.6	35.8	20.3	15.0
	构筑物工程	34.7	31.3	20.8	30.0	24.2	11.6
	单独土石方工程	28.9	20.8	13.1	22.3	16.0	6.8
	桩基础工程	23.2	17.9	13.1	16.9	13.1	4.8
	装饰工程	66.2	52.7	32.2	36.7	23.8	17.3
安装工程	民用安装工程	55			32		
	工业安装工程	51			32		
市政工程	道路工程	20.3	17.4	16.2	11.4	6.6	3.8
	桥涵工程	19.7	19.0	18.2	12.9	7.6	5.5
	隧道工程	15.4	14.0	12.5	10.5	7.0	5.4
	给水工程	39.1	35.4	22.0	24.7	22.2	13.3
	排水工程	19.7	17.2	15.8	10.9	6.2	4.9
	燃气工程	27.3	24.3	20.8	22.6	16.2	9.8
	供热工程	28.9	23.6	18.2	20.9	18.2	11.8
	水处理工程	18.8	16.6	—	9.2	6.2	—
	垃圾处理工程	39.6	38.1	—	15.1	13.9	—
	路灯工程	30.2	22.4	20.6	12.6	8.9	8.1
园林绿化工程		57.6	45.7	36.7	30.0	25.0	20.0

注：企业管理费费率中，不包括总承包服务费费率。

简易计税法下费率（单位：%）   表 3-11

专业名称	费用名称	企业管理费			利润		
		Ⅰ	Ⅱ	Ⅲ	Ⅰ	Ⅱ	Ⅲ
建筑工程	建筑工程	43.2	34.5	25.4	35.8	20.3	15.0
	构筑物工程	34.5	31.2	20.7	30.0	24.2	11.6
	单独土石方工程	28.8	20.7	13.0	22.3	16.0	6.8
	桩基础工程	23.1	17.8	13.0	16.9	13.1	4.8
	装饰工程	65.9	52.4	32.0	36.7	23.8	17.3
安装工程	民用安装工程	54.19			32		
	工业安装工程	50.13			32		
市政工程	道路工程	18.0	15.5	14.5	10.5	6.1	3.6
	桥涵工程	18.4	17.5	16.8	12.6	7.2	5.3
	隧道工程	14.1	12.8	11.4	10.1	6.7	5.2

费用名称 专业名称		企业管理费			利润		
		Ⅰ	Ⅱ	Ⅲ	Ⅰ	Ⅱ	Ⅲ
市政工程	给水工程	36.3	32.7	19.6	23.9	21.5	12.9
	排水工程	18.6	16.0	14.7	10.5	6.0	4.7
	燃气工程	25.0	22.1	19.2	21.6	15.5	9.3
	供热工程	25.6	20.7	15.5	19.7	17.2	11.1
	水处理工程	17.6	16.5	—	9.0	7.0	—
	垃圾处理工程	37.5	36.0	—	14.7	13.5	—
	路灯工程	28.5	20.5	18.2	12.2	8.8	7.8
园林绿化工程		55.0	43.0	34.0	30.0	25.0	20.0

注：企业管理费费率中，不包括总承包服务费费率。

（2）总承包服务费、采购保管费（表 3-12）

总承包服务费、采购保管费费率　　表 3-12

费用名称		费率（%）
总承包服务费		3
采购保管费	材料	2.5
	设备	1

3. 规费

（1）建筑、装饰、安装、园林绿化工程（表 3-13、表 3-14）

一般计税法下费率（单位：%）　　表 3-13

专业名称 费用名称	建筑工程	装饰工程	安装工程		园林绿化工程
			民用	工业	
安全文明施工费	3.70	4.15	4.98	4.38	2.92
其中：1. 安全施工费	2.34	2.34	2.34	1.74	1.16
2. 环境保护费	0.11	0.12	0.29		0.16
3. 文明施工费	0.54	0.10	0.59		0.35
4. 临时设施费	0.71	1.59	1.76		1.25
社会保险费	1.52				
住房公积金	按工程所在地设区市相关规定计算				
工程排污费					
建设项目工伤保险					

简易计税法下费率（单位：%） 表 3-14

专业名称 费用名称	建筑工程	装饰工程	安装工程		园林绿化工程
			民用	工业	
安全文明施工费	3.52	3.97	4.86	4.31	2.84
其中：1. 安全施工费	2.16	2.16	2.16	1.61	1.07
2. 环境保护费	0.11	0.12	0.30		0.16
3. 文明施工费	0.54	0.10	0.60		0.35
4. 临时设施费	0.71	1.59	1.80		1.26
社会保险费	1.40				
住房公积金	按工程所在地设区市相关规定计算				
工程排污费					
建设项目工伤保险					

（2）市政工程（表 3-15、表 3-16）

一般计税法下费率（单位：%） 表 3-15

专业名称 费用名称	道路工程	桥涵工程	隧道工程	排水工程	给水工程	燃气工程	供热工程	水处理工程	垃圾处理工程	路灯工程
安全文明施工费	4.35				3.45			4.35		4.14
其中：1. 安全施工费	1.74									
2. 环境保护费	0.20									
3. 文明施工费	0.60									
4. 临时设施费	1.81				0.91			1.81		1.60
社会保险费	1.52									
住房公积金	按工程所在地设区市相关规定计算									
工程排污费										
建设项目工伤保险										

简易计税法下费率（单位：%） 表 3-16

专业名称 费用名称	道路工程	桥涵工程	隧道工程	排水工程	给水工程	燃气工程	供热工程	水处理工程	垃圾处理工程	路灯工程
安全文明施工费	4.23				3.33			4.23		4.02
其中：1. 安全施工费	1.61									
2. 环境保护费	0.20									
3. 文明施工费	0.60									
4. 临时设施费	1.82				0.92			1.82		1.61
社会保险费	1.52									
住房公积金	按工程所在地设区市相关规定计算									
工程排污费										
建设项目工伤保险										

4. 税金（表 3-17）

费用名称	税率（%）
增值税	11
增值税（简易计税）	3

税金税率表　　　　　表 3-17

注：甲供材料、甲供设备不作为计税基础。

任务 3.3　建筑工程费用计算程序

1. 定额计价计算程序（表 3-18）

定额计价计算程序表　　　　　表 3-18

序号	费用名称	计算方法
一	分部分项工程费	Σ{[定额Σ(工日消耗量×人工单价)+Σ(材料消耗量×材料单价)+Σ(机械台班消耗量×台班单价)]×分部分项工程量}
	计费基础 JD1	详三、计费基础说明
二	措施项目费	2.1+2.2
	2.1　单价措施费	Σ{[定额Σ(工日消耗量×人工单价)+Σ(材料消耗量×材料单价)+Σ(机械台班消耗量×台班单价)]×单价措施项目工程量}
	2.2　总价措施费	JD1×相应费率
	计费基础 JD2	详三、计费基础说明
三	其他项目费	3.1+3.3+…+3.8
	3.1　暂列金额	
	3.2　专业工程暂估价	
	3.3　特殊项目暂估价	
	3.4　计日工	按相应规定计算
	3.5　采购保管费	
	3.6　其他检验试验费	
	3.7　总承包服务费	
	3.8　其他	
四	企业管理费	(JD1+JD2)×管理费费率
五	利润	(JD1+JD2)×利润率
六	规费	4.1+4.2+4.3+4.4+4.5
	4.1　安全文明施工费	(一+二+三+四+五)×费率
	4.2　社会保险费	(一+二+三+四+五)×费率
	4.3　住房公积金	按工程所在地设区市相关规定计算
	4.4　工程排污费	按工程所在地设区市相关规定计算
	4.5　建设项目工伤保险	按工程所在地设区市相关规定计算
七	设备费	Σ(设备单价×设备工程量)
八	税金	(一+二+三+四+五+六+七)×税率
九	工程费用合计	一+二+三+四+五+六+七+八

2. 工程量清单计价计算程序（表 3-19）

工程量清单计价计算程序表 **表 3-19**

序号	费用名称		计算方法
一	分部分项工程费		$\Sigma(J_i \times$ 分部分项工程量)
	分部分项工程综合单价		$J_i = 1.1 + 1.2 + 1.3 + 1.4 + 1.5$
	1.1	人工费	每计量单位Σ(工日消耗量×人工单价)
	1.2	材料费	每计量单位Σ(材料消耗量×材料单价)
	1.3	施工机械使用费	每计量单位Σ(机械台班消耗量×台班单价)
	1.4	企业管理费	JQ1×管理费费率
	1.5	利润	JQ1×利润率
	计费基础 JQ1		详三、计费基础说明
二	措施项目费		2.1 + 2.2
	2.1	单价措施费	$\Sigma\{[$每计量单位Σ(工日消耗量×人工单价)$+\Sigma$(材料消耗量× 材料单价)$+\Sigma$(机械台班消耗量×台班单价)$+$JQ2×(管理费费率+利润率)]×单价措施项目工程量$\}$
	计费基础 JQ2		详三、计费基础说明
	2.2	总价措施费	$\Sigma[($JQ1×分部分项工程量)×措施费费率+(JQ1×分部分项工程量)×省发措施费费率×H×(管理费费率+利润率)]$
三	其他项目费		3.1 + 3.3 + … + 3.8
	3.1	暂列金额	
	3.2	专业工程暂估价	
	3.3	特殊项目暂估价	
	3.4	计日工	按相应规定计算
	3.5	采购保管费	
	3.6	其他检验试验费	
	3.7	总承包服务费	
	3.8	其他	
四	规费		4.1 + 4.2 + 4.3 + 4.4 + 4.5
	4.1	安全文明施工费	(一+二+三)×费率
	4.2	社会保险费	(一+二+三)×费率
	4.3	住房公积金	按工程所在地设区市相关规定计算
	4.4	工程排污费	按工程所在地设区市相关规定计算
	4.5	建设项目工伤保险	按工程所在地设区市相关规定计算
五	设备费		Σ(设备单价×设备工程量)
六	税金		(一+二+三+四+五)×税率
七	工程费用合计		一+二+三+四+五+六

3. 计费基础说明

各专业工程计费基础的计算方法见表 3-20。

各专业工程计费基础计算方法表 表 3-20

专业工程	计费基础			计算方法
建筑、装饰、安装、园林绿化工程	人工费	定额计价	JD1	分部分项工程的省价人工费之和
				∑[分部分项工程定额∑(工日消耗量×省人工单价)×分部分项工程量]
			JD2	单价措施项目的省价人工费之和＋总价措施费中的省价人工费之和
				∑[单价措施项目定额∑(工日消耗量×省人工单价)×单价措施项目工程量]＋∑(JD1×省发措施费费率×H)
			H	总价措施费中人工费含量(%)
		工程量清单计价	JQ1	分部分项工程每计量单位的省价人工费之和
				分部分项工程每计量单位(工日消耗量×省人工单价)
			JQ2	单价措施项目每计量单位的省价人工费之和
				单价措施项目每计量单位∑(工日消耗量×省人工单价)
			H	总价措施费中人工费含量(%)
市政工程	人工费＋机械费	定额计价	JD1	分部分项工程的省价人机费之和
				∑{[分部分项工程定额∑(工日消耗量×省人工单价)＋∑(机械消耗量×省台班单价)]×分部分项工程量}
			JD2	单价措施项目的省价人、机费之和＋总价措施费中的省价人、机费之和
				∑{[单价措施项目定额∑(人、机消耗量×省人机单价)×单价措施项目工程量]}＋∑(JD1×省发措施费费率×H)
			H	总价措施费中人、机费含量(%)
		工程量清单计价	JQ1	分部分项工程每计量单位的省价人、机费之和
				分部分项工程每计量单位∑(工日消耗量×省人工单价)＋∑(机械消耗量×省台班单价)
			JQ2	单价措施项目每计量单位的省价人机费之和
				单价措施项目每计量单位∑(工日消耗量×省人工单价)＋∑(机械消耗量×省台班单价)
			H	总价措施费中人、机费含量(%)

项 目 习 题

一、填空题

1. 工程类别的确定，以（　　　　　）为划分对象。

2. 工程类别划分标准中有两个指标的，确定工程类别时，需满足（　　　）指标。

3. 建筑工程的工程类型，按（　　　　）、（　　　　）、（　　　　）、（　　　　）、

（　　　　　　　）五个类型分列。

4. 工业建筑中，为物质生产配套和服务的实验室、化验室、食堂、宿舍、医疗、卫生及管理用房等独立建筑物，按（　　　　　　　）确定工程类别。

5. 同一建筑物工程类型不同时，按（　　　　　　　）的工程类型确定其工程类别。

6. 根据安装工程专业特点，分为（　　）安装工程和（　　）安装工程两类。

7. 单独施工的挡土墙按道路工程（　　　　）标准执行。

8. 隧道工程中隧道断面积指隧道设计尺寸净面积，不含（　　　）和（　　　）。

9. 排水管道工程按（　　　　）的管径确定工程类别。

10. 已知一建筑工程需计算已完工程及设备保护费，经计算省价人工费为 20 万元，材料费为 10 万元，机械费为 5 万元，若采用简易计税法，其已完工程及设备保护费为（　　　）元，其中人工费为（　　　）元。

二、不定项选择题

1. 烟囱、水塔、水池属于（　　　）工程。

A. 工业厂房　　　　　　　　　B. 民用建筑

C. 构筑物　　　　　　　　　　D. 装饰

2. 单独土石方工程是指建筑物、构筑物、市政设施等基础土石方以外的，挖方或填方工程量大于（　　　）m³ 且需要单独编制概预算的土石方工程。

A. 500　　　　B. 2000　　　　C. 3000　　　　D. 5000

3. 场区大门、围墙、挡土墙、庭院甬路、室外管道支架等，按建筑工程（　　）类确定工程类别。

A. Ⅰ　　　　　B. Ⅱ　　　　　C. Ⅲ

4. 强夯工程，按单独土石方工程（　　　）类确定工程类别。

A. Ⅰ　　　　　B. Ⅱ　　　　　C. Ⅲ

5. 已知一框架结构住宅，20 层，建筑面积 10000m²，其工程类别为（　　）类。

A. Ⅰ　　　　　B. Ⅱ　　　　　C. Ⅲ

6. 按照工程类别划分标准，下列工程属于装饰工程的是（　　　　）。

A. 垫层　　　　　　　　　　　B. 门窗（不含零星装饰）

C. 门窗包框　　　　　　　　　D. 工艺门扇

7. 已知一新建体育馆装饰工程，其工程类别为（　　　）类。

A. Ⅰ　　　　　B. Ⅱ　　　　　C. Ⅲ

8. 按照工程类别划分标准，下列工程民用安装工程的是（　　　　）。

A. 给水排水工程　　　　　　　B. 锅炉房工程

C. 机械设备安装工程　　　　　D. 通信工程

9. 单独施工的河道清淤、河道及护岸铺砌按排水工程（　　　）类标准执行。

A. Ⅰ　　　　　B. Ⅱ　　　　　C. Ⅲ

10. 已知一建筑工程，工程类别为Ⅰ类，经计算其省价人工费为 200 万元，材料费为 150 万元，机械费为 50 万元，无措施项目费和其他项目费，若采用一般计税法，在定额计价模式下，其企业管理费为（　　）元。

　　A. 868000.00　　B. 8680.00　　C. 8640.00　　D. 11000.00

三、计算题

　　已知一建筑工程，工程类别为Ⅱ类，经计算其分部分项工程费为 2000 万元（其中省价人工费为 1000 万元），措施项目费为 200 万（其中省价人工费为 150 万元），其他项目费为 100 万元，设备费 500 万元，规费仅计取安全文明施工费和社会保障费，用一般计税法，在定额计价模式下，计算此工程费用合计（计算过程及结果均保留两位小数）。

项目 4

建筑面积和基数的计算

任务 4.1 建筑面积概述

全国统一的建筑面积计算规则，自 2014 年 7 月 1 日起，应以《建筑工程建筑面积计算规范》GB/T 50353—2013 为准。

1. 建筑面积的含义

建筑面积也称建筑展开面积，指建筑物（包括墙体）所形成的楼地面面积。具体来说，是指住宅建筑外墙勒脚以上外围水平面测定的各层平面面积之和。

建筑面积包括使用面积、辅助面积和结构面积。

（1）使用面积

使用面积是指建筑物各层平面中直接为生产或生活使用的净面积的总和，如住宅楼的客厅、居室。

（2）辅助面积

辅助面积是指建筑物各层平面为辅助生产或生活活动所占的净面积的总和，例如居住建筑中的楼梯、走道、厕所、厨房等。

使用面积和辅助面积的综合称为有效面积。

（3）结构面积

结构面积是指建筑物各层平面中的墙、柱等结构所占面积的总和。

《建筑工程建筑面积计算规范》GB/T 50353—2013 适用范围是新建、扩建、改建的工业与民用建筑工程建设过程中的建筑面积计算，用于工业厂房、仓库、公共建筑、居住建筑、农业生产使用的房屋、粮种仓库、地铁车站等工程。

2. 建筑面积计算中的术语

根据《建筑工程建筑面积计算规范》GB/T 50353—2013，在计算中涉及的术语作如下解释。

（1）建筑面积：建筑物（包括墙体）所形成的楼地面面积。

（2）自然层：按楼地面结构分层的楼层。

（3）层高：指结构层高，即楼面或地面结构层上表面至上部结构层上表面之间的垂直距离。

（4）围护结构：围合建筑空间的墙体、门、窗。

（5）建筑空间：以建筑界面限定的、供人们生活和活动的场所。

（6）净高：指结构净高，即楼面或地面结构层上表面至上部结构层下表面之间的垂直距离。

（7）地下室：室内地平面低于室外地平面的高度超过室内净高的1/2的房间。

（8）半地下室：室内地平面低于室外地平面的高度超过室内净高的1/3，且不超过1/2的房间。

（9）架空层：仅有结构支撑而无外围护结构的开敞空间层。

（10）走廊：建筑物中的水平交通空间，包括：挑廊、连廊、檐廊、回廊等。

（11）架空走廊：专门设置在建筑物的二层或二层以上，作为不同建筑物之间水平交通的空间。

（12）结构层：整体结构体系中承重的楼板层。特指整体结构体系中承重的楼层，包括梁、板等构件。结构层承受整个楼层的全部荷载，并对楼层的隔声、防火起主要作用。

（13）落地橱窗：突出外墙面且根基落地的橱窗。落地橱窗是在商业建筑临街面设置的下槛落地、可落在室外地坪也可落在室内首层地板，用来展览各种样品的玻璃窗。

（14）凸窗（飘窗）：凸出建筑物外墙面的窗户。凸窗（飘窗）是指在一个自然层内，高出室内地坪以上的窗台与窗突出外墙面而形成的封闭空间。

（15）檐廊：建筑物挑檐下的水平交通空间。檐廊是附属于建筑物底层外墙有屋檐作用的顶盖，一般有柱或栏杆、栏板等围挡结构的水平交通空间。

（16）挑廊：挑出建筑物外墙的水平交通空间。

（17）门斗：建筑物入口处两道门之间的起分隔、挡风、御寒等作用的建筑过渡空间。

（18）雨篷：建筑出入口上方为遮挡雨水而设置的部件。雨篷划分为有柱雨篷（包括独立柱雨篷、多柱雨篷、柱墙混合支撑雨篷、墙支撑雨篷）和无柱雨篷（悬挑雨篷）。如凸出建筑物，且不单独设立顶盖，利用上层结构板（如楼板、阳台底板）进行遮挡，则不视为雨篷，不计算建筑面积。对于无柱雨篷，如顶盖高度达到或超过两个楼层时，也不视为雨篷，不计算建筑面积。出入口部位三面围护、无门的应视为雨篷。

（19）门廊：建筑物入口前有顶棚的半围合空间。

（20）楼梯：由连续行走的梯级、休息平台和维护安全的栏杆（或栏板）、扶手以及相应的支托结构组成的作为楼层之间垂直交通使用的建筑部件。

（21）阳台：附设于建筑物外墙，设有栏杆或栏板，可供人活动的室外空间。

（22）主体结构：接受、承担和传递建设工程所有上部荷载，维持上部结构整体性、稳定性和安全性的有机联系的构造。

（23）变形缝：防止建筑物在某些因素作用下引起开裂甚至破坏而预留的构造缝，一般指伸缩缝（温度缝）、沉降缝和抗震缝。

（24）骑楼：建筑底层沿街面后退且留出公共人行空间的建筑物。

（25）过街楼：跨越道路上空并与两边建筑相连接的建筑物。

（26）建筑物通道：为穿过建筑物而设置的空间。

（27）露台：设置在屋面、首层地面或雨篷上的供人室外活动的有围护设施的平台。

（28）勒脚：在房屋外墙接近地面部位设置的饰面保护构造。

（29）台阶：联系室内外地坪或同楼层不同标高而设置的阶梯形踏步。

任务 4.2 平屋顶、带局部楼层的建筑物建筑面积计算

1. 平屋顶建筑面积计算规则

建筑物的建筑面积应按自然层外墙结构外围水平面积之和计算。结构层高在 2.20m 及以上的，应计算全面积；结构层高在 2.20m 以下的，应计算 1/2 面积。

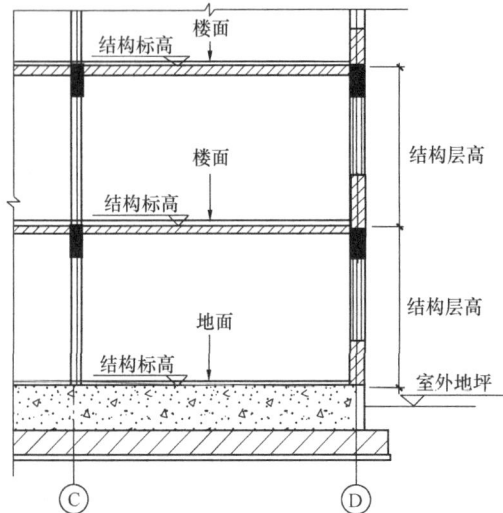

图 4-1

（1）结构层高是指"楼面或地面结构层上表面至上部结构层上表面之间的垂直距离"（图 4-1）。

1）上下均为楼面时，结构层高是相邻两层楼板结构层上表面之间的垂直距离。

2）建筑物最底层，从"混凝土构造"的上表面，算至上层楼板结构层上表面。

分两种情况：一是有混凝土底板的，从底板上表面算起（如底板上有上反梁，则应从上反梁上表面算起）；二是无混凝土底板、有地

面构造的，以地面构造中最上一层混凝土垫层或混凝土找平层上表面算起。

3）建筑物顶层，从楼板结构层上表面算至屋面板结构层上表面。

（2）当外墙结构本身在一个层高范围内不等厚时（不包括勒脚，外墙结构在该层高范围内材质不变），以楼地面结构标高处的外围水平面积计算（图4-2）。

（3）下部为砌体，上部为彩钢板围护的建筑物（俗称轻钢厂房），其建筑面积的计算如下（图4-3）：

当 h 在 0.45m 以下时，建筑面积按彩钢板外围水平面积计算；

当 h 在 0.45m 及以上时，建筑面积按下部砌体外围水平面积计算。

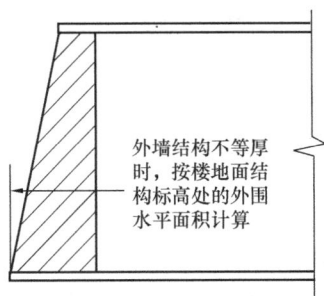

图 4-2

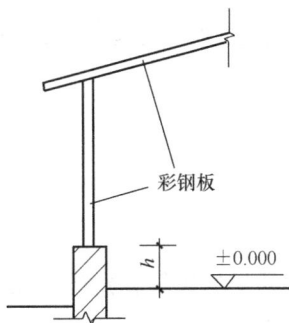

图 4-3

2. 平屋顶建筑面积的计算

【例 4-1】计算如图 4-4 所示单层建筑面积。

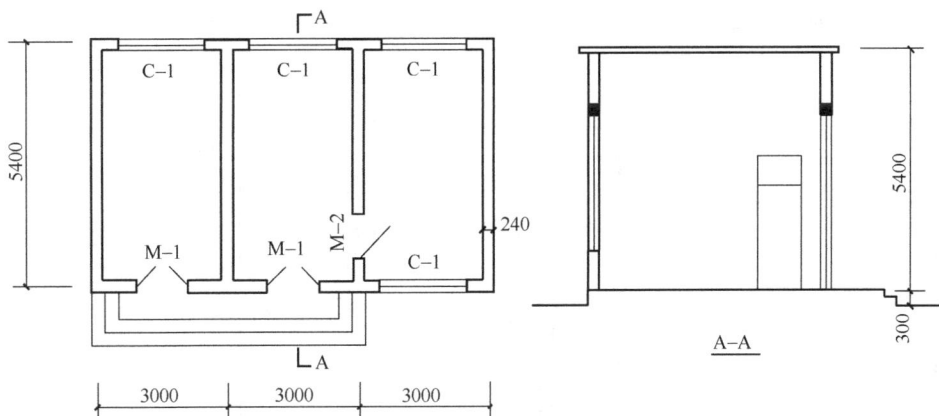

图 4-4

解： $S_{建} = (3.0 \times 3 + 0.24) \times (5.4 + 0.24) = 52.11 \text{m}^2$

【例 4-2】建筑物如图 4-5 所示，计算其建筑面积：

1）当 $H = 3.0 \text{m}$ 时，建筑物的建筑面积。

2）当 $H = 2.0 \text{m}$ 时，建筑物的建筑面积。

解： 1）$S_{建} = (3.6 \times 6 + 7.2 + 0.24) \times (5.4 \times 2 + 2.4 + 0.24) \times 5 = 1951.49 \text{m}^2$

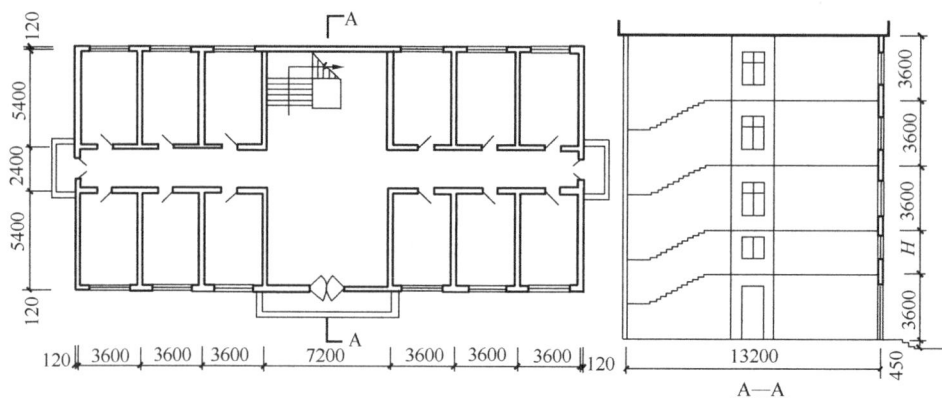

图 4-5

2) $S_{建}=(3.6\times6+7.2+0.24)\times(5.4\times2+2.4+0.24)\times(4+0.5)$
$=1756.34\text{m}^2$

3. 带局部楼层的建筑物建筑面积计算规则

建筑物内设有局部楼层时，对于局部楼层的二层及以上楼层，有围护结构的应按其围护结构外围水平面积计算，无围护结构的应按其结构底板水平面积计算，且结构层高在2.20m及以上的，应计算全面积；结构层高在2.20m以下的，应计算1/2面积。此类建筑物如图4-6、图4-7所示。其建筑面积可用下式表示：

当局部楼层的层高≥2.2m时，$S=AB+ab$

当局部楼层的层高<2.2m时，$S=AB+1/2ab$

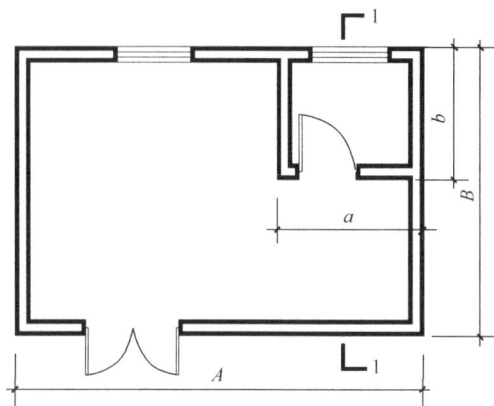

图 4-6 建筑平面示意图

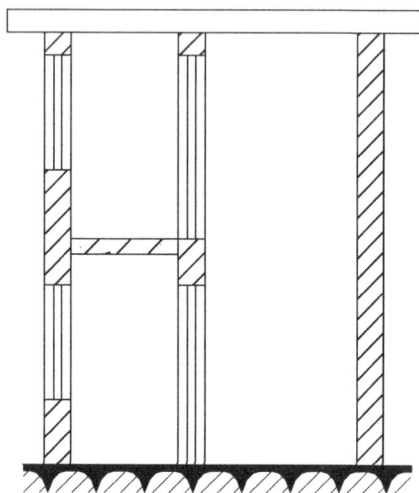

图 4-7 建筑剖面示意图

（1）本规范不再强调"单层建筑物内设置"的概念，无论是单层、多层，只要是在一个自然层内设置的局部楼层都适用本条，例如复式房屋。

（2）建筑物内设有局部楼层，其首层面积已包括在原建筑物中不能重复计算。因此，应从二层以上开始计算局部楼层的建筑面积。

（3）围护结构是指"围合建筑空间的墙体、门、窗"。"栏杆、栏板"按照本规范的定义，属于围护设施。

4. 带局部楼层的建筑物建筑面积的计算

【例 4-3】建筑物如图 4-8 所示，计算其建筑面积。

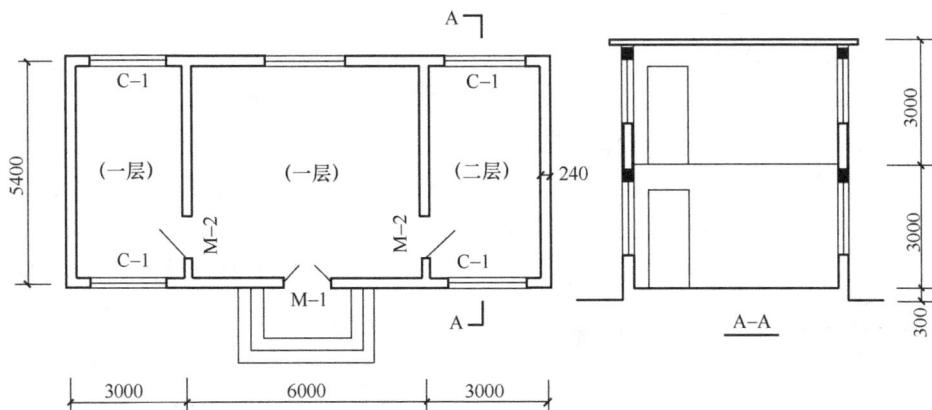

图 4-8

$$S_建 = (3.0 \times 2 + 6.0 + 0.24) \times (5.4 + 0.24) + (3.0 + 0.24) \times (5.4 + 0.24)$$
$$= 87.31 \text{m}^2$$

【例 4-4】如图 4-9 所示。局部楼层①、②、③层高均为 2.50m，计算该建筑物建筑面积。

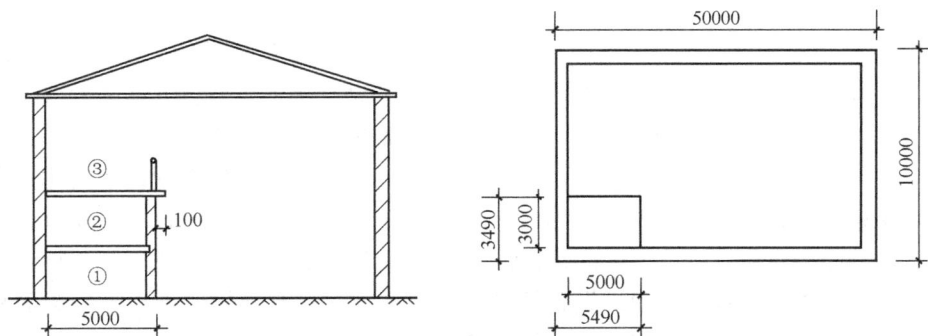

图 4-9

解： 首层建筑面积＝50×10＝500m²

有围护结构的局部楼层②建筑面积＝5.49×3.49＝19.16m²

无围护结构（有围护设施）的局部楼层③建筑面积＝(5+0.1)×(3+0.1)
＝15.81m²

合计建筑面积＝500＋19.16＋15.81＝534.97m²

任务 4.3 坡屋顶、带地下室、架空层的建筑物建筑面积计算

1. 坡屋顶建筑面积计算规则

(1) 对于形成建筑空间的坡屋顶，结构净高在 2.10m 及以上的部位应计算全面积；结构净高在 1.20m 及以上至 2.10m 以下的部位应计算 1/2 面积；结构净高在 1.20m 以下的部位不应计算建筑面积。

1) 建筑空间是"具备可出入、可利用条件（设计中可能标明了使用用途，也可能没有标明使用用途或使用用途不明确）的围合空间"。

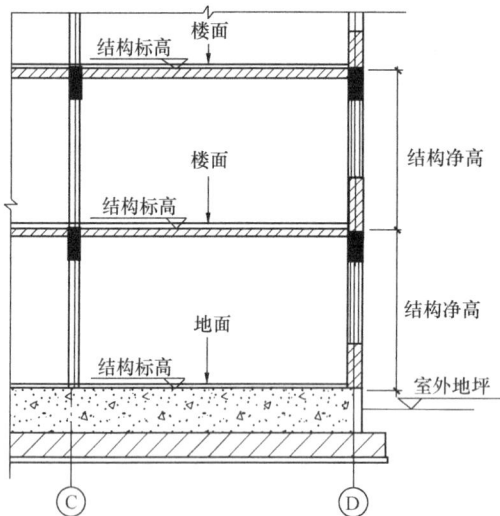

图 4-10

有时设计图纸中不一定明确标注某个房间的用途，因此本规范不再提"设计加以利用"的说法。只要具备建筑空间的两个基本要素（围合空间；可出入、可利用），即使设计中未体现某个房间的具体用途，仍然应计算建筑面积。

可出入是指人能够正常出入，即通过门或楼梯等进出。而必须通过窗、栏杆、进人孔、检修孔等出入的不算可出入。

2) 结构净高是指"楼面或地面结构层上表面至上部结构层下表面之间的垂直距离"（图 4-10）。

(2) 对于场馆看台下的建筑空间，结构净高在 2.10m 及以上的部位应计算全面积；结构净高在 1.20m 及以上至 2.10m 以下的部位应计算 1/2 面积；结构净高在 1.20m 以下的部位不应计算建筑面积。室内单独设置的有围护设施的悬挑看台，应按看台结构底板水平投影面积计算建筑面积。有顶盖无围护结构的场馆看台应按其顶盖水平投影面积的 1/2 计算面积。

1) 本规范取消了"设计加以利用"的说法，改按要"建筑空间"进行判断。

2) 本规范取消了"永久性顶盖"的说法，一律称呼为"顶盖"。只要设计有顶盖（不包括镂空顶盖），无论是已有详细设计还是标注为需二次设计，无论是什么材质，都视为有顶盖。

3）本条共分三款，都是针对场馆的，但各款的适用范围有一定区别：

第一款关于看台下的建筑空间，对"场"（顶盖不闭合）和"馆"（顶盖闭合）都适用；

第二款关于室内单独悬挑看台，仅对"馆"适用；

第三款关于有顶盖无围护结构的看台，仅对"场"适用。注意：有顶盖无围护结构的看台，必定有围护设施。

4）室内单独设置的有围护设施的悬挑看台如图4-11所示。无论是单层还是双层悬挑看台，都按各自的"看台结构底板水平投影面积计算建筑面积"。

图 4-11

5）"场"的看台

①有顶盖无围护结构的看台，按顶盖计算1/2建筑面积。计算建筑面积的范围应是看台与顶盖重叠部分的水平投影面积（图4-12、图4-13）。

图 4-12

②有双层看台时，各层分别计算建筑面积，顶盖及上层看台均视为下层看台的盖（图4-14、图4-15）。

图 4-13

图 4-14

图 4-15

③无顶盖的看台，不计算建筑面积（图 4-16）（看台下的建筑空间按本条第一款计算建筑面积）。

图 4-16

2. 坡屋顶建筑面积的计算

【例 4-5】某坡屋面下建筑空间的尺寸如图 4-17 所示，建筑物长 50m，计算其建筑面积。

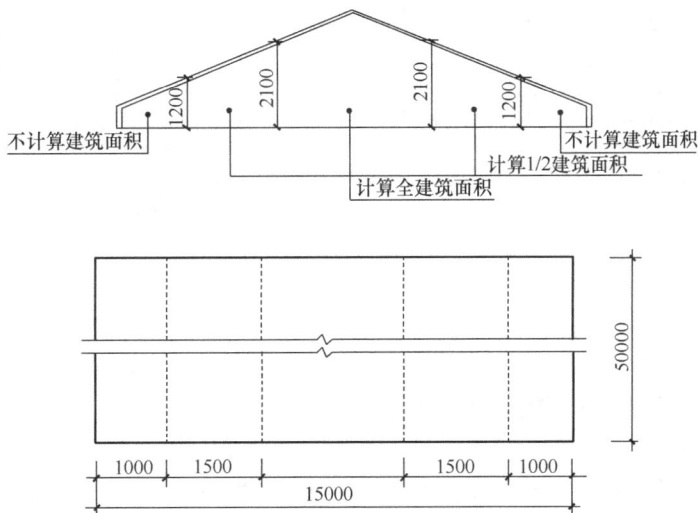

图 4-17

解：全面积部分：$S=50\times(15-1.5\times2-1.0\times2)=500m^2$

1/2 面积部分：$S=50\times1.5\times2\times1/2=75m^2$

合计建筑面积：$S=500+75=575m^2$

【例 4-6】某住宅楼共五层，其上部为坡屋面下的建筑空间（图 4-18），试计算阁楼的建筑面积。

解：阁楼房间内部净高为 2.1m 处距轴线的距离为：$(2.1-1.6)\times2+0.12$
$=1.12m$

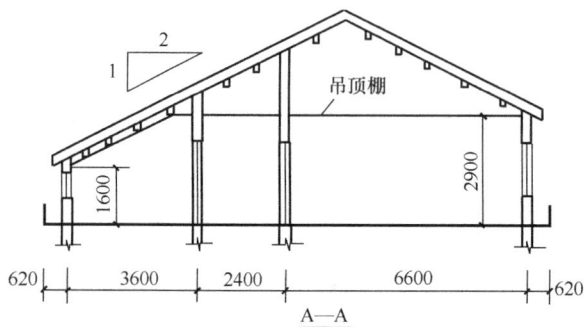

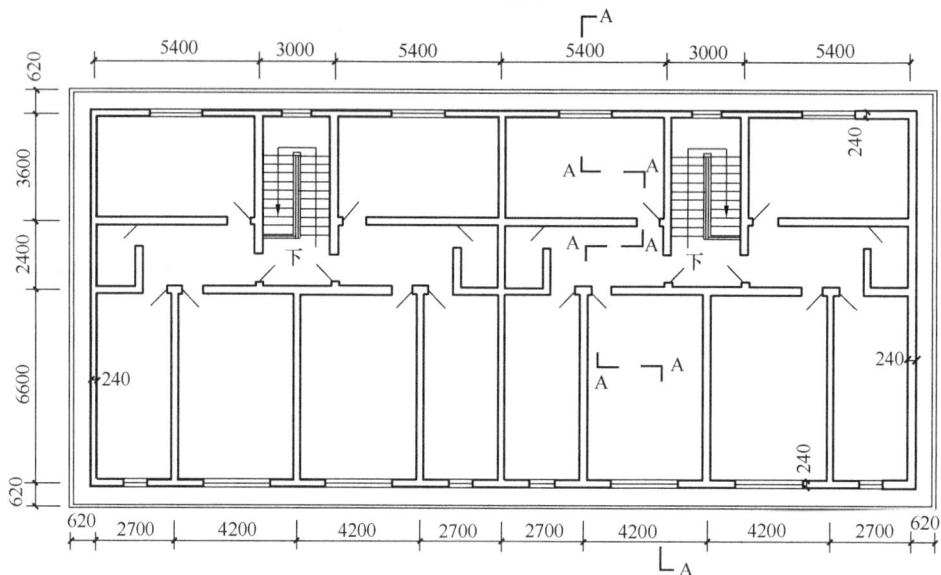

图 4-18

$S_建 = [(2.7+4.2) \times 4 + 0.24] \times (1.12+0.12) \times 1/2 + [(2.7+4.2) \times 4 + 0.24] \times (6.6+2.4+3.6-1.12+0.12) = 340.20 \text{m}^2$

3. 带地下室的建筑物建筑面积计算规则

(1) 地下室、半地下室应按其结构外围水平面积计算。结构层高在 2.20m 及以上的，应计算全面积；结构层高在 2.20m 以下的，应计算 1/2 面积。

1) 地下室、半地下室按"结构外围水平面积"计算，不再按"外墙上口"取定。当外墙为变截面时，按地下室、半地下室楼地面结构标高处的外围水平面积计算。

2) 地下室的外墙结构不包括找平层、防水（潮）层、保护墙等。

3) 地下空间未形成建筑空间的，不属于地下室或半地下室，不计算建筑面积。

(2) 出入口外墙外侧坡道有顶盖的部位，应按其外墙结构外围水平面积的 1/2 计算面积。出入口如图 4-19 所示。

1) 出入口坡道计算建筑面积应满足两个条件：一是有顶盖，二是有侧墙（即规范中所说的"外墙结构"，但侧墙不一定封闭）。计算建筑面积时，有顶盖的部

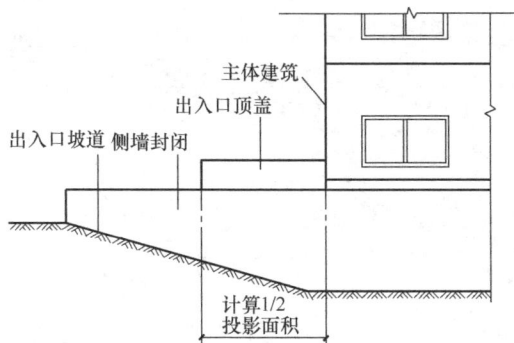

图 4-19

位按外墙（侧墙）结构外围水平面积计算（图 4-20、图 4-21）；无顶盖的部位，即使有侧墙，也不计算建筑面积（图 4-22）。

图 4-20

图 4-21

2）本条不仅适用于地下室、半地下室出入口，也适用于坡道向上的出入口。

3）本规范出入口坡道，无论结构层高多高，都只计算一半面积，这一点与旧

图 4-22　无顶盖的出入口

规范不同。

4）由于坡道是从建筑物内部一直延伸到建筑物外部的，建筑物内的部分随建筑物正常计算建筑面积，建筑物外的部分按本条执行。建筑物内、外的划分以建筑物外墙结构外边线为界。

4. 带地下室的建筑物建筑面积的计算

【例 4-7】全地下室的平面图如图 4-23 所示，出入口处有顶盖，计算其建筑面积。

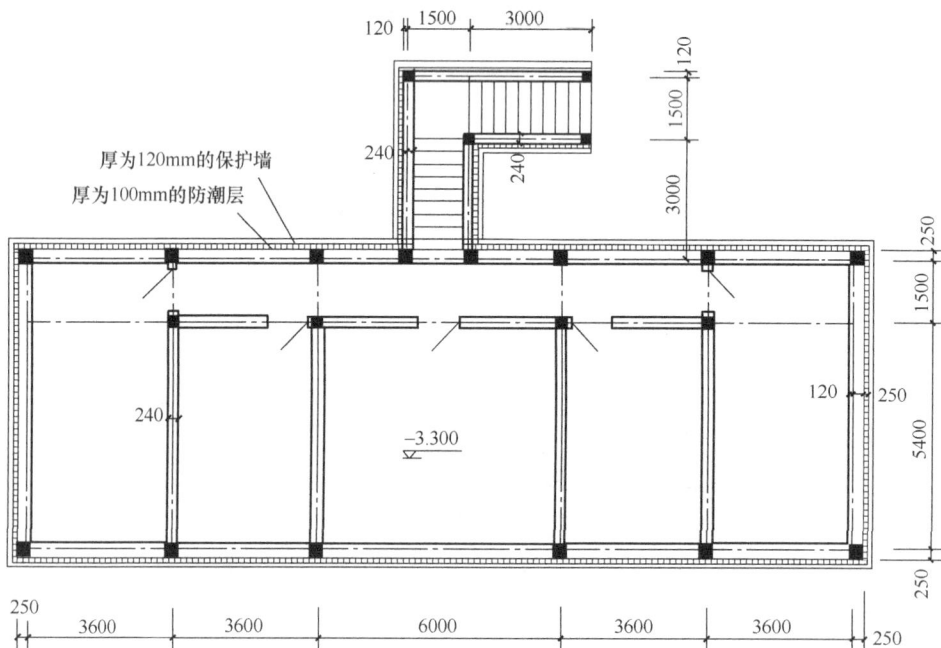

图 4-23

解：$S_建=(3.6\times4+6+0.25\times2)\times(5.4+1.5+0.25\times2)+[(1.5+0.12\times2)\times(3-0.25+1.5+0.12)+(3-0.12)\times(1.5+0.12\times2)]\times1/2=160.97\ m^2$

5. 架空层的建筑物建筑面积计算规则

建筑物架空层及坡地建筑物吊脚架空层，应按其顶板水平投影计算建筑面积。结构层高在 2.20m 及以上的，应计算全面积；结构层高在 2.20m 以下的，应计算 1/2 面积。

（1）架空层常见的是学校教学楼、住宅等工程在底层设置的架空层，有的建筑物在二层或以上某个甚至多个楼层设置架空层，有的建筑物设置深基础架空层或利用斜坡设置吊脚架空层，作为公共活动、停车、绿化等空间。

（2）架空层是指"仅有结构支撑而无外围护结构的开敞空间层"。只要具备可利用状态，均计算建筑面积。

规范中提到的"吊脚架空层"，也是无围护结构的，如图 4-24、图 4-25 所示。

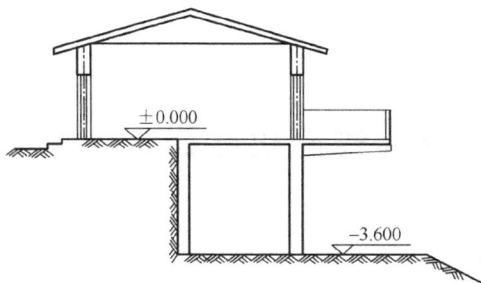

图 4-24

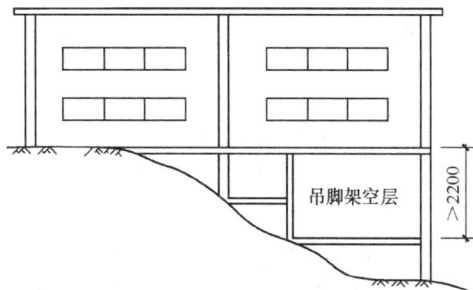

图 4-25

（3）本规范将旧规范仅适用于坡地建筑物吊脚架空层、深基础架空层，扩大为建筑物架空层及坡地建筑物吊脚架空层。同时，对计算规则作了调整，将建筑物架空层建筑面积改为按顶板水平投影计算，层高在 2.20m 及以上的部位应计算全面积，层高不足 2.20m 的部位应计算 1/2 面积。

（4）顶板水平投影面积是指架空层结构顶板的水平投影面积，不包括架空层主体结构外的阳台、空调板、通长水平挑板等外挑部分。

6. 架空层的建筑物建筑面积的计算

【例 4-8】计算图 4-26 所示教学楼底层架空层的建筑面积。

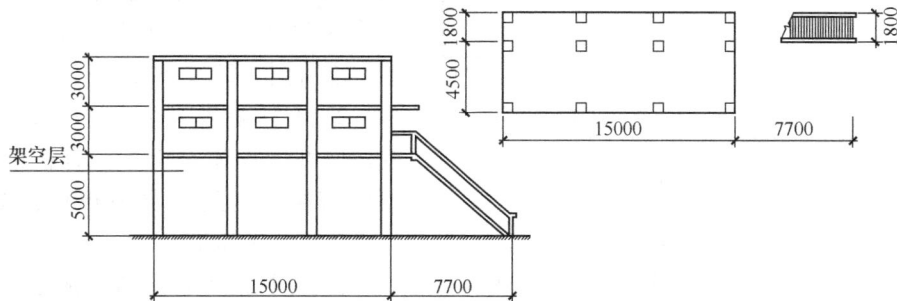

图 4-26

解： $S_建 = 15 \times (4.5 + 1.8) = 94.5\text{m}^2$

【例 4-9】 计算图 4-27 所示吊脚架空层的建筑面积。

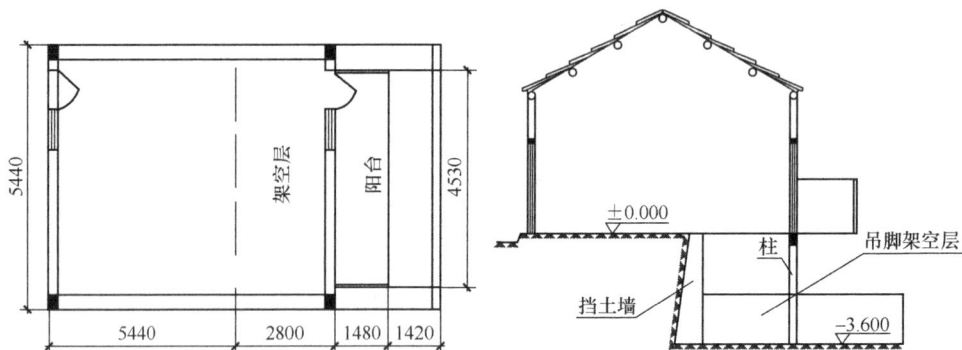

图 4-27

解： $S_建 = 5.44 \times 2.8 = 15.23\text{m}^2$

任务 4.4 雨篷、阳台、车棚等建筑面积计算

1. 雨篷建筑面积计算规则

门廊应按其顶板的水平投影面积的 1/2 计算建筑面积；有柱雨篷应按其结构板水平投影面积的 1/2 计算建筑面积；无柱雨篷的结构外边线至外墙结构外边线的宽度在 2.10m 及以上的，应按雨篷结构板的水平投影面积的 1/2 计算建筑面积。

（1）雨篷系指建筑物出入口上方、突出墙面、为遮挡雨水而单独设立的建筑部件。雨篷划分为有柱雨篷（包括独立柱雨篷、多柱雨篷、柱墙混合支撑雨篷、墙支撑雨篷）和无柱雨篷（悬挑雨篷）（图 4-28）。

（2）有柱雨篷和无柱雨篷计算面积规则不同：

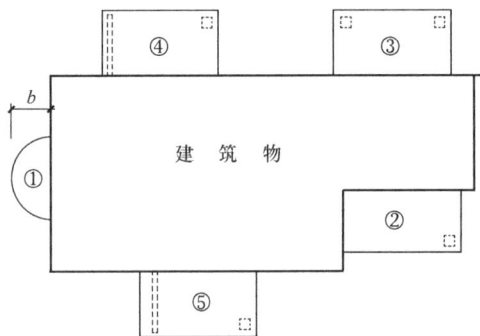

图 4-28

①—悬挑雨篷；②—独立柱雨篷；③—多柱雨篷；
④—柱墙混合支撑雨篷；⑤—墙支撑雨篷

1）有柱雨篷，没有出挑宽度的限制；无柱雨篷，出挑宽度≥2.10m 时才能计算建筑面积。出挑宽度，系指雨篷结构外边线至外墙结构外边线的宽度，弧形或异形时，为最大宽度（图 4-28 中 b）。

2）有柱雨篷不受跨越层数的限制，均可计算建筑面积。有柱雨篷顶板跨层，达到二层顶板标高处，仍可计算建筑面积。

3）无柱雨篷，其结构顶板不能跨层。如顶板跨层，则不计算建筑面积。

4）不单独设立顶盖，利用上层结构板（如楼板、阳台底板）进行遮挡，不视为雨篷，不计算建筑面积。

（3）门廊是指在建筑物出入口，无门、三面或二面有墙，上部有板（或借用上部楼板）维护的部位。门廊划分为全凹式、半凹半凸式。全凸时，归为墙支撑雨篷（图4-29）。

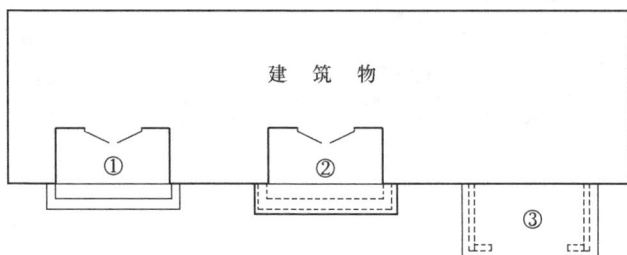

图 4-29

①—全凹式门廊；②—半凹半凸式门廊；③—全凸式门廊

（4）混合情况的判断原则：

判断原则 A：根据不重算面积的原则。当一个附属的建筑部件具备两个或两个以上功能，且计算的建筑面积不同时，只计算一次建筑面积，且取较大的面积。

判断原则 B：当附属的建筑部件按不同方法判断所计算的建筑面积不同时，按计算结果较大的方法进行判断。

（5）混合情况判断，分三种情况：

1）如图 4-30 所示，正确判断方法：二层部位为阳台，按底板计算 1/2 建筑面积；一层出入口部位，利用上层阳台底板进行遮挡，不视为雨篷，不计算建筑面积。

2）如图 4-31 所示，正确判断方法：下部为有柱雨篷，按顶盖计算 1/2 建筑面积；上部为雨篷上设置的露台，露台不计算建筑面积。

图 4-30

3）如图 4-32 所示，正确判断方法：

第三层部分为屋面上的露台，不计算建筑面积。

第二层处为主体结构内的阳台，按结构外围计算全面积。

底层利用上层阳台底板进行遮挡，不视为雨篷，不计算建筑面积。

2. 雨篷建筑面积的计算

【例 4-10】计算建筑物入口处雨篷的建筑面积（图4-33）。

解：无柱雨篷，出挑宽度 2.3m＞2.1m。则：$S_建＝4×2.3×1/2＝4.6m^2$

【例 4-11】计算建筑物入口处雨篷的建筑面积（图4-34）。

61

图 4-31 图 4-32

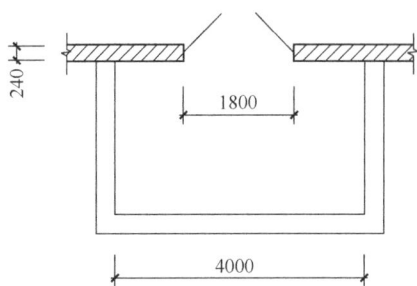

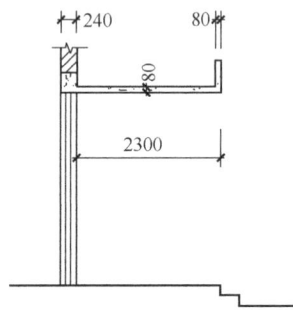

图 4-33

解：有柱雨篷（独立柱雨篷），则：$S_建 = 2.5 \times 1.9 \times 1/2 = 2.38 \text{m}^2$

【例 4-12】计算建筑物入口处雨篷的建筑面积（图 4-35）。

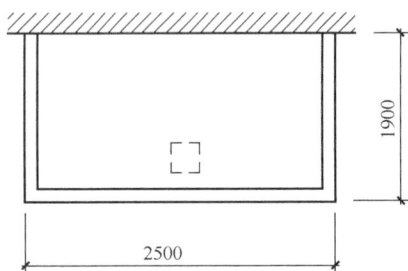

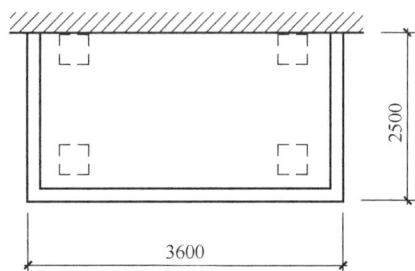

图 4-34 图 4-35

解：有柱雨篷（多柱雨篷），则：$S_建 = 3.6 \times 2.5 \times 1/2 = 4.50 \text{m}^2$

3. 阳台建筑面积计算规则

在主体结构内的阳台，应按其结构外围水平面积计算全面积；在主体结构外的阳台，应按其结构底板水平投影面积计算 1/2 面积。

（1）阳台是"附设于建筑物外墙，设有栏杆或栏板，可供人活动的室外空间"（源自《民用建筑设计术语标准》GB/T 50504—2009）。

旧规范定义为"供使用者进行活动和晾晒衣物的建筑空间",仅从使用功能上进行了定义,本规范对阳台的本质属性进行了明确。

阳台主要有三个属性:一是阳台是附设于建筑物外墙的建筑部件;二是阳台应有栏杆、栏板等围护设施或窗;三是阳台是室外空间。

本规范将阳台划分为主体结构内的阳台和主体结构外的阳台两类,其建筑面积不同:主体结构内的阳台计算全面积,主体结构外的阳台计算 1/2 面积。

(2)主体结构的判断:

1)砖混结构:通常以外墙(即围护结构,包括墙、门、窗)来判断,外墙以内为主体结构内,外墙以外为主体结构外。

2)框架结构:柱梁体系之内为主体结构内,柱梁体系之外为主体结构外。

3)剪力墙结构:情况比较复杂,分四类。

①如阳台在剪力墙包围之内,则属于主体结构内,应计算全面积。

②如相对两侧均为剪力墙时,也属于主体结构内,应计算全面积。

③如相对两侧仅一侧为剪力墙时,属于主体结构外,计算半面积。

④如相对两侧均无剪力墙时,属于主体结构外,计算半面积。

4)阳台处剪力墙与框架混合时,分两种情况:

①角柱为受力结构,根基落地,则阳台为主体结构内,计算全面积(图 4-36)。

②角柱仅为造型,无根基,则阳台为主体结构外,计算 1/2 面积(图 4-37)。

图 4-36

图 4-37

(3)顶盖不再是判断阳台的必备条件,无论有盖无盖,只要满足阳台的三个主要属性(附设于建筑物外墙;设有栏杆或栏板;可供人活动的室外空间),都应归为阳台。

图 4-38 所示的阳台,一有底板,二有栏杆,三是附设于建筑物外墙,故无论是否有盖,均应计算 1/2 面积。

(4)无论上下层之间是否对齐,只要满足阳台的三个主要属性,也应归为阳台(图 4-39)。

有盖无盖都视为阳台

图 4-38

图 4-39

（5）阳台的其他几种典型情况：

1）不因其名称而改变其阳台属性。

2）主体内外结合的阳台，面积分别计算。

3）附属于阳台可进出的花槽也计算面积。

4）与阳台板连体的平台。

5）空中花园具有阳台属性。

（6）综上所述，判断阳台是在主体结构内还是在主体结构外，与以下四个方面无关：

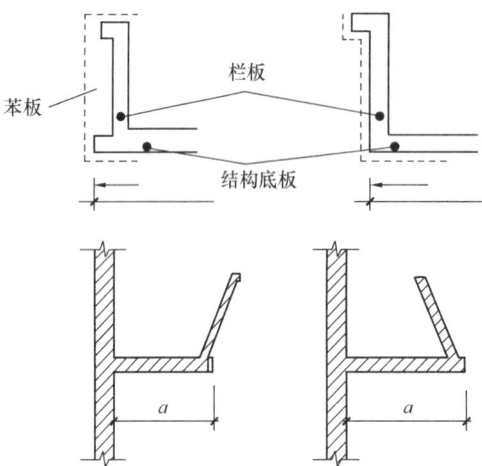

图 4-40

1）阳台与室内空间之间是否有隔断。

2）阳台是否封闭。

3）阳台是否采暖。

4）保温层做在哪里。

（7）阳台在主体结构外时，按结构底板计算建筑面积，此时无论围护设施是否垂直于水平面，都按结构底板计算建筑面积，同时应包括底板处突出的部分（图 4-40）。

（8）如自然层结构层高在 2.20m 以下时，主体结构内的阳台随楼层一样，均计算 1/2 面积；但主体结构外的阳台，仍计算 1/2 面积，不应出现 1/4 面积。

4. 阳台建筑面积的计算

【例 4-13】计算建筑物阳台的建筑面积（图 4-41）。

解： 主体结构内的阳台，则：$S_建 = (3.3 - 0.24) \times 1.5 + 1.2 \times (3.6 + 0.24) = 9.20 \text{m}^2$

【例 4-14】计算建筑物阳台的建筑面积（图 4-42）。

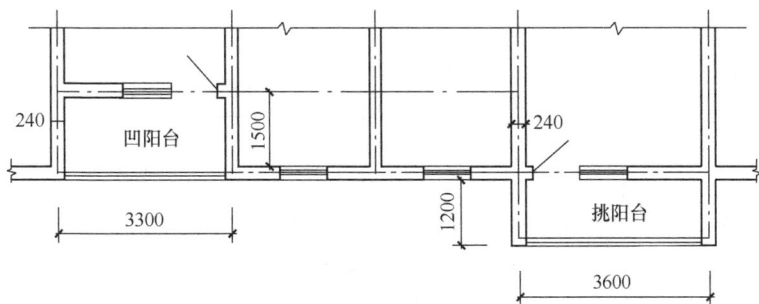

图 4-41

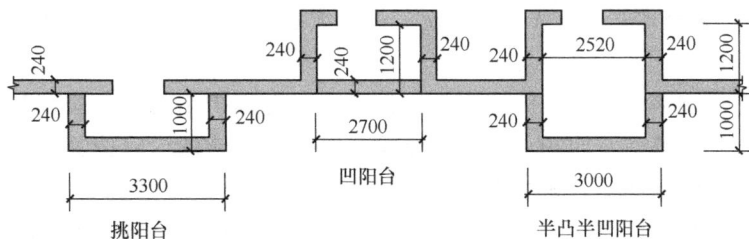

图 4-42

解： 挑阳台属于主体结构外的阳台，凹阳台属于主体结构内的阳台，半凸半凹阳台：凹的部分属于主体结构内，凸的部分属于主体结构外。

$$S_建＝3.3×1×1/2＋2.7×1.2＋2.52×1.2＋3×1×1/2＝9.41\text{m}^2$$

5. 其他建筑物建筑面积计算规则

（1）建筑物的门厅、大厅应按一层计算建筑面积，门厅、大厅内设置的走廊应按走廊结构底板水平投影面积计算建筑面积。结构层高在 2.20m 及以上的，应计算全面积；结构层高在 2.20m 以下的，应计算 1/2 面积。

（2）对于建筑物间的架空走廊，有顶盖和围护结构的，应按其围护结构外围水平面积计算全面积；无围护结构、有围护设施的，应按其结构底板水平投影面积计算 1/2 面积。

1）架空走廊，是指"专门设置在建筑物的二层或二层以上，作为不同建筑物之间水平交通的空间"。

2）关于规范中"有顶盖和围护结构"的含义：

旧规范仅提到"有围护结构"，本规范修改为"有顶盖和围护结构"，两本规范表述方式不同，但本质含义未发生变化（图 4-43）。

3）架空走廊建筑面积计算分为两种情况：

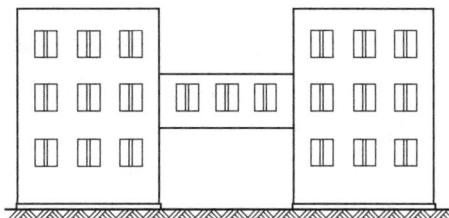

图 4-43　有顶盖和围护结构的架空走廊

一是有围护结构且有顶盖，计算全面积；二是无围护结构、有围护设施，无论是否有顶盖，均计算 1/2 面积（图 4-44）。

图 4-44　无围护结构、有围护设施的架空走廊

有围护结构的，按围护结构计算面积；无围护结构的，按底板计算面积。

4）由于架空走廊存在无盖的情况，有时无法计算结构层高，故规范中不考虑层高的因素。

（3）对于立体书库、立体仓库、立体车库，有围护结构的，应按其围护结构外围水平面积计算建筑面积；无围护结构、有围护设施的，应按其结构底板水平投影面积计算建筑面积。无结构层的应按一层计算，有结构层的应按其结构层面积分别计算。结构层高在 2.20m 及以上的，应计算全面积；结构层高在 2.20m 以下的，应计算1/2面积。

1）本规范增加了无围护结构、有围护设施的立体书库、立体仓库、立体车库。

2）有围护结构的，按围护结构计算面积；无围护结构的，按底板计算面积。

3）结构层是指"整体结构体系中承重的楼板层"。特指整体结构体系中承重的楼层，包括板、梁等构件，而非局部结构起承重作用的分隔层。结构层承受整个楼层的全部荷载，并对楼层的隔声、防火等起主要作用。

注意：立体车库中的升降设备，不属于结构层，不计算建筑面积。仓库中的立体货架、书库中的立体书架都不算结构层。

（4）有围护结构的舞台灯光控制室，应按其围护结构外围水平面积计算。结构层高在 2.20m 及以上的，应计算全面积；结构层高在 2.20m 以下的，应计算1/2面积。

（5）附属在建筑物外墙的落地橱窗，应按其围护结构外围水平面积计算。结构层高在 2.20m 及以上的，应计算全面积；结构层高在 2.20m 以下的，应计算1/2面积。

1）落地橱窗的界定，本规范有所调整，由旧规范"建筑物外有围护结构的落地橱窗"调整为"附属在建筑物外墙的落地橱窗"。

橱窗有在建筑物主体结构内的，有在建筑物主体结构外的。

在建筑物主体结构内的橱窗，其建筑面积随自然层一起计算，不执行本条款。

在建筑物主体结构外的橱窗，属于建筑物的附属结构，"附属在建筑物外墙"明确体现了这个含义。"落地"系指该橱窗下设置有基础。

由于"附属在建筑物外墙的落地橱窗"的顶板、底板标高不一定与自然层的划分相一致，故此条单列，未随自然层一起规定。

2）本条规范仅适用于"落地橱窗"。如橱窗无基础，为悬挑式时，按 3.0.13

凸（飘）窗的规则计算建筑面积。

（6）窗台与室内楼地面高差在 0.45m 以下且结构净高在 2.10m 及以上的凸（飘）窗，应按其围护结构外围水平面积计算 1/2 面积。

1）目前俗称的凸窗或飘窗，从外立面上看主要有两类：间断式、连续式，如图 4-45、图 4-46 所示。

图 4-45　间断式

图 4-46　连续式

从室内看，也分两类：一类是凸（飘）窗地面与室内地面同标高，另一类是凸（飘）窗与室内地面有高差（有高差时，高差可能在 0.45m 以上，也可能在 0.45m 以下）。

2）无高差或高差在 0.45m 以下的，则凸（飘）窗实际上具备了一定的使用功能，因此本规范计算建筑面积。本规范高差是指结构高差。结构高差取定 0.45m，是基于设计规范取定。

3）凸（飘）窗须同时满足两个条件方能计算建筑面积：一是结构高差在 0.45m 以下，二是结构净高在 2.10m 及以上。

（7）有围护设施的室外走廊（挑廊），应按其结构底板水平投影面积计算 1/2 面积；有围护设施（或柱）的檐廊，应按其围护设施（或柱）外围水平面积计算 1/2 面积。

1）室外走廊（包括挑廊）、檐廊都是室外水平交通空间。其中挑廊是悬挑的水平交通空间；檐廊是底层的水平交通空间，由屋檐或挑檐作为顶盖，且一般有柱或栏杆、栏板等。底层无围护设施但有柱的室外走廊可参照檐廊的规则计算建筑面积。

无论哪一种廊，除了必须有地面结构外，还必须有栏杆、栏板等围护设施或柱，这两个条件缺一不可，缺少任何一个条件都不计算建筑面积。

2）室外走廊（挑廊）、檐廊虽然都算 1/2 面积，但取定的计算部位不同：室外走廊（挑廊）按结构底板计算，檐廊按围护设施（或柱）外围计算。

(8) 门斗应按其围护结构外围水平面积计算建筑面积，且结构层高在 2.20m 及以上的，应计算全面积；结构层高在 2.20m 以下的，应计算 1/2 面积。

1) 门斗是"建筑物出入口两道门之间的空间"，它是有顶盖和围护结构的全围合空间（图 4-47）。

图 4-47

2) 门斗是全围合的，门廊、雨篷至少有一面不围合。

(9) 设在建筑物顶部的、有围护结构的楼梯间、水箱间、电梯机房等，结构层高在 2.20m 及以上的应计算全面积；结构层高在 2.20m 以下的，应计算 1/2 面积。

目前建筑物屋顶上的装饰性结构构件（即屋顶造型），各种材质均有，且形式各异。除了本条款规定的"三间"以外，屋顶上的建筑部件属于建筑空间的可以计算建筑面积，不属于建筑空间的则归为屋顶造型，不计算建筑面积。

(10) 围护结构不垂直于水平面的楼层，应按其底板面的外墙外围水平面积计算。结构净高在 2.10m 及以上的部位，应计算全面积；结构净高在 1.20m 及以上至 2.10m 以下的部位，应计算 1/2 面积；结构净高在 1.20m 以下的部位，不应计算建筑面积。

1) 旧规范中仅对围护结构向外倾斜的情况进行了规定，本规范对于向内、向外倾斜均适用。在划分高度上，本条使用的是"净高"，与其他正常平楼层按层高划分不同，但与斜屋面的划分原则相一致。

由于目前很多建筑设计追求新、奇、特，造型越来越复杂，很多时候我们根本无法明确区分什么是围护结构、什么是屋顶，例如国家大剧院的蛋壳形外壳，我们无法准确说其到底是算墙还是算屋顶，因此本规范中对于斜围护结构与斜屋顶采用相同的计算规则，即只要外壳倾斜，就按净高划段，分别计算建筑面积。

注意：因为围护结构本身是应计算建筑面积的，如果我们认定是斜围护结构时，围护结构本身应计算建筑面积，而如果认定是斜屋顶时，屋面结构不计算建筑面积。因此虽然有时很难对二者明确区分，但为了统一计算的原则，对于围护结构向内倾斜的情况做如下规定：

①多（高）层建筑物顶层，楼板以上部位的外侧均视为屋顶，按净高不同，

68

算1/2面积或不算面积（图4-48）。

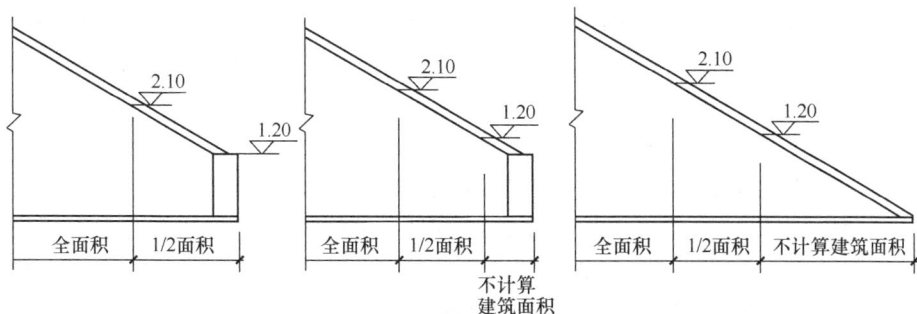

图 4-48

②多（高）层建筑物其他层，倾斜部位均视为围护结构，底板面处的围护结构应计算全面积（图4-49）。

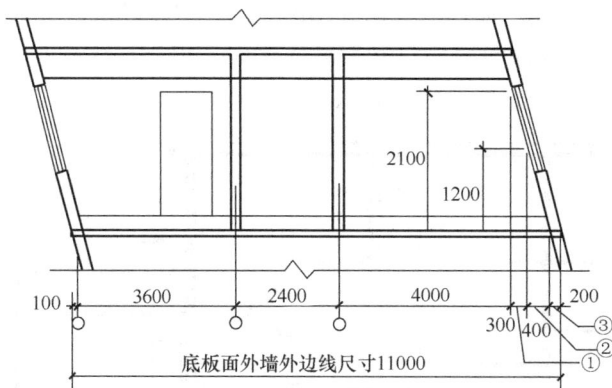

图 4-49

①—计算1/2面积；②—不计算建筑面积；③—部分计算全面积

③单层建筑物时，计算原则同多（高）层建筑物其他层，即：倾斜部位均视为围护结构，底板面处的围护结构应计算全面积（图4-50）。

2）本条款计算规则比较复杂，按"底板面的外墙外围水平面积"计算建筑面积，这是由于围护结构不垂直，可能向内倾斜，也可能向外倾斜，各个标高处的外墙外围水平面积可能是不同的，因此本规范取定为结构底板处的外墙外围水平面积。

（11）建筑物的室内楼梯、电梯井、提物井、管道井、通风排气竖井、烟道，应并入建筑物的自然层计算建筑面积。

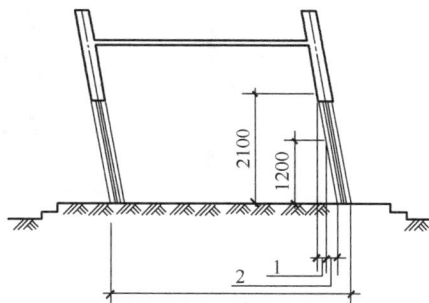

图 4-50

1—计算1/2面积；2—不计算建筑面积

有顶盖的采光井应按一层计算面积，且结构净高在2.10m及以上的，应计算全面积；结构净高在2.10m以下的，应计算1/2面积。

1）本规范将旧规范的"室内楼梯间"改为"室内楼梯"，包括了形成井道的楼梯（即室内楼梯间）和没有形成井道的楼梯（即室内楼梯），明确了没有形成井道的室内楼梯也应该计算建筑面积。例如建筑物大堂内的楼梯、跃层（或复式）住宅的室内楼梯等应计算建筑面积。

2）室内楼梯间并入建筑物自然层计算建筑面积。

3）未形成楼梯间的室内楼梯按楼梯水平投影面积计算建筑面积。

4）室内楼梯计算建筑面积时注意：如图纸中画出了楼梯，无论是否用户自理，均按楼梯水平投影面积计算建筑面积；如图纸中未画出楼梯，仅以洞口符号表示，则计算建筑面积时不扣除该洞口面积。

5）跃层和复式房屋的室内公共楼梯间：跃层房屋，按两个自然层计算；复式房屋，按一个自然层计算。跃层房屋是指房屋占有上下两个自然层，卧室、起居室、客厅、卫生间、厨房及其他辅助用房分层布置。复式房屋在概念上是一个自然层，但层高较普通的房屋高，在局部掏出夹层，安排卧室或书房等内容。

6）当室内公共楼梯间两侧自然层数不同时，以楼层多的层数计算。图 4-51 所示楼梯间应计算 6 个自然层建筑面积。

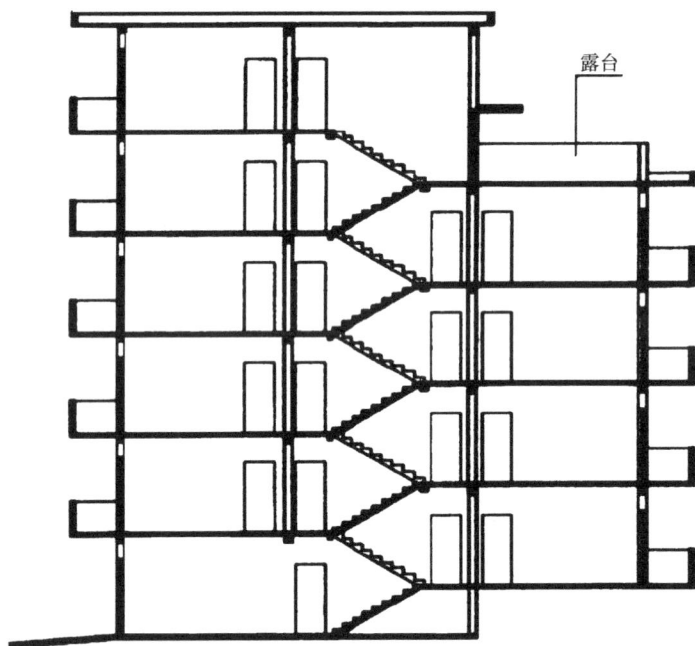

图 4-51

7）设备管道层，尽管通常设计描述的层数中不包括，但在计算楼梯间建筑面积时，应算 1 个自然层。

8）利用室内楼梯下部的建筑空间不重复计算建筑面积。例如，利用梯段下方做卫生间或库房时，该卫生间或库房不另计算建筑面积。

9）本规范电梯井、观光电梯井合并，统一称为电梯井。

10）井道（包括电梯井、提物井、管道井、通风排气竖井、烟道），不分建筑物内外，均按自然层计算建筑面积，例如附墙烟道。但独立烟道不计算建筑面积。

11）井道（包括室内楼梯、电梯井、提物井、管道井、通风排气竖井、烟道）按建筑物的自然层计算建筑面积。如自然层结构层高在 2.20m 以下，楼层本身计算 1/2 面积时，相应的井道也应计算 1/2 面积。

12）采光井

由于目前建筑物设计的多样化，采光井的构造也发了很大的变化。本规范增加了有顶盖的采光井计算建筑面积的规定（有顶盖的采光井包括建筑物中的采光井和地下室采光井）。有顶盖的采光井如图 4-52 所示。

无顶盖的采光井仍然不计算建筑面积。有顶盖的采光井不论多深、采光多少层，均只计算一层建筑面积。下图采光两层，但只计算一层建筑面积（图 4-53）。

图 4-52

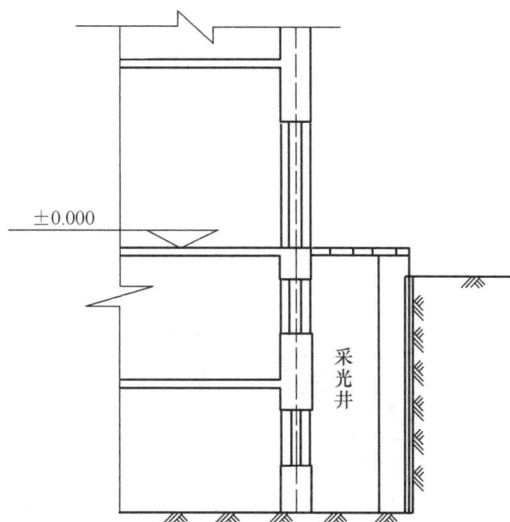

图 4-53

（12）室外楼梯应并入所依附建筑物自然层，并应按其水平投影面积的 1/2 计算建筑面积。

1）本条中的"自然层"是指所依附建筑物的自然层，层数为室外楼梯所依附的主体建筑物的楼层数，即梯段部分垂直投影到建筑物范围的层数。

2）本规范取消了室外楼梯计算建筑面积要有永久性顶盖的条件，室外楼梯无论有盖或无盖均应计算一半建筑面积。

3）利用室外楼梯下部的建筑空间不重复计算建筑面积。

（13）有顶盖无围护结构的车棚、货棚、站台、加油站、收费站等，应按其顶盖水平投影面积的 1/2 计算建筑面积。

1）本规范与旧规范含义完全一致，仅将"永久性顶盖"改为"顶盖"。

2）不分顶盖材质，不分单、双排柱，不分矩形柱、异形柱，均按顶盖水平投影面积的 1/2 计算建筑面积。

3）顶盖下有其他能计算建筑面积的建筑物时，仍按顶盖水平投影面积计算 1/2 面积，顶盖下的建筑物另行计算建筑面积。

（14）以幕墙作为围护结构的建筑物，应按幕墙外边线计算建筑面积（图4-54）。

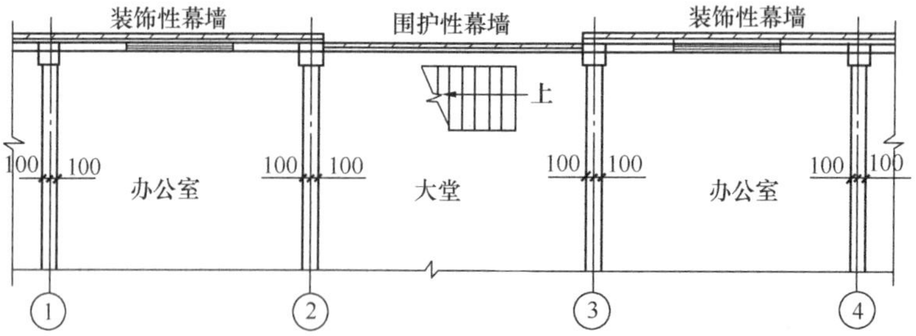

图 4-54

1）围护性幕墙：直接作为外墙起围护作用的幕墙（图 4-55）。

装饰性幕墙：设置在建筑物墙体外起装饰性作用的幕墙（图 4-56）。

图 4-55　围护性幕墙 　　　　　　　　图 4-56　装饰性幕墙

2）智能呼吸式玻璃幕墙（双层幕墙），两层幕墙及两层之间的空间共同构成外墙结构，因此应以外层幕墙外边线计算建筑面积（图4-57）。

（15）建筑物的外墙外保温层，应按其保温材料的水平截面积计算，并计入自然层建筑面积。

1）本规范明确了外保温层的计算范围：建筑面积仅计算保温材料本身（例如外贴苯板时，仅苯板本身算保温材料），抹灰层、防水（潮）层、粘结层（空气层）及保护层（墙）等均不计入建筑面积。即建筑物的建筑面积仍然是先按外墙结构计算，外保温层的建筑面积另行计算，并入建筑面积（图4-58）。

具体计算方法为：

①保温隔热层以保温材料的净厚度乘以外墙结构外边线长度按建筑物的自然层计算建筑面积。

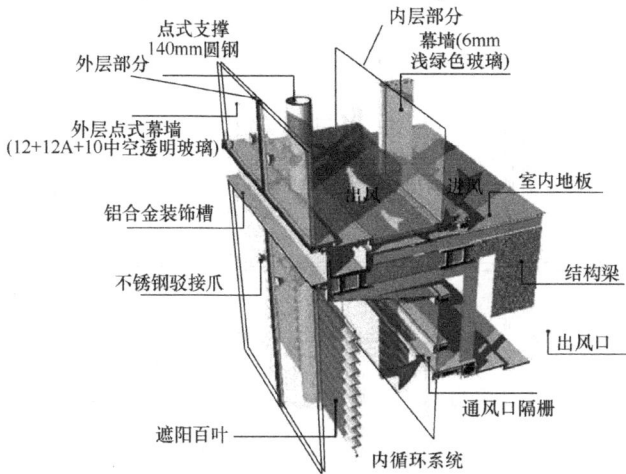

图 4-57

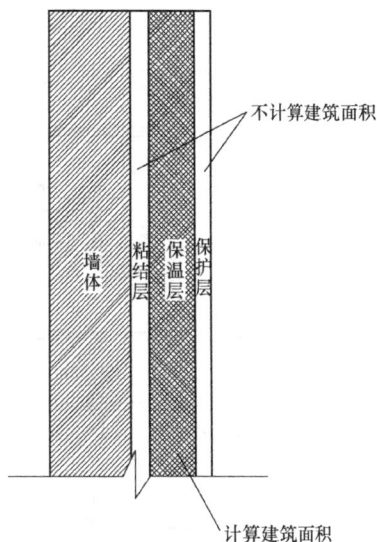

图 4-58

②其外墙外边线长度不扣除门窗和建筑物外已计算建筑面积的构件（如阳台、室外走廊、门斗、落地橱窗等部件）所占长度。

③当建筑物外已计算建筑面积的构件（如阳台、室外走廊、门斗、落地橱窗等部件）有保温隔热层时，其保温隔热层也不再计算建筑面积。

2）外保温层计算建筑面积是以沿高度方向满铺为准。如地下室等外保温层铺设高度未达到楼层全部高度时，保温层不计算建筑面积。

3）复合墙体（如图 4-59、图 4-60 所示）不属于外墙外保温层，整体视为外墙结构，按 3.0.1 条执行。

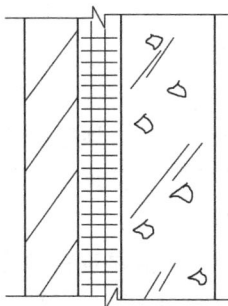

图 4-59 砌体与混凝土墙夹保温板

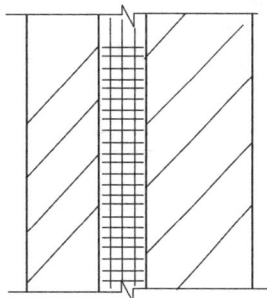

图 4-60 两侧砌体夹保温板

（16）与室内相通的变形缝，应按其自然层合并在建筑物建筑面积内计算。对于高低联跨的建筑物，当高低跨内部连通时，其变形缝应计算在低跨面积内。

1）与室内不相通的变形缝不计算建筑面积（图 4-61）。

2）高低联跨的建筑物，当高低跨内部连通或局部连通时，其连通部分变形缝的面积计算在低跨面积内。

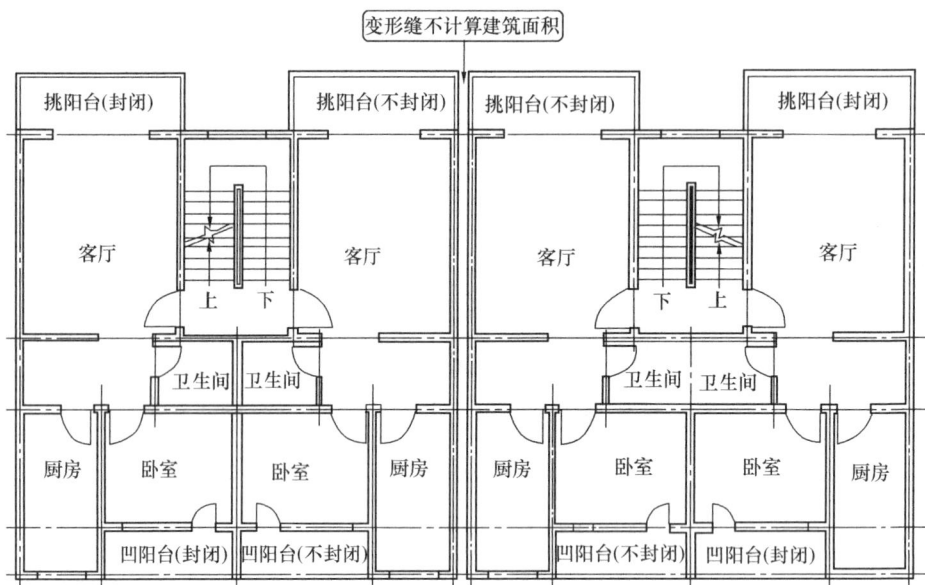

图 4-61

（17）对于建筑物内的设备层、管道层、避难层等有结构层的楼层，结构层高在 2.20m 及以上的，应计算全面积；结构层高在 2.20m 以下的，应计算 1/2 面积。

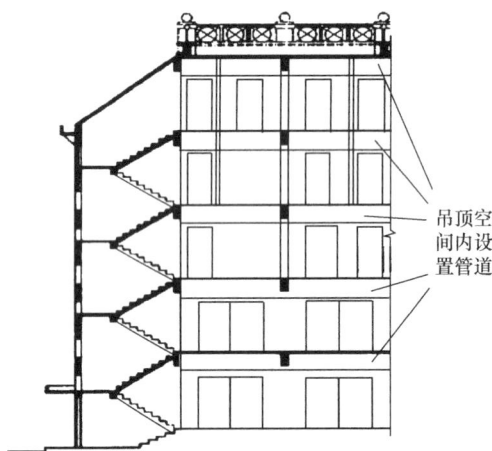

图 4-62

1）设备层、管道层虽然其具体功能与普通楼层不同，但在结构上及施工消耗上并无本质区别，且本规范定义自然层为"按楼地面结构分层的楼层"，因此设备、管道层也归为自然层，其计算规则与普通楼层相同。

2）在吊顶空间内设置管道及检修马道的，吊顶空间部分不能被视为设备层、管道层，不计算建筑面积（图 4-62）。

6. 其他建筑物建筑面积的计算

【例 4-15】计算如图 4-63 所示建筑物的建筑面积（门厅）。

解：$S_建 = (3.6 \times 6 + 9.0 + 0.3 + 0.24) \times (6.0 \times 2 + 2.4 + 0.24)$
$\times 3 + (9.0 + 0.24) \times 2.1 \times 2 - (9 - 0.24) \times 6$
$= 1353.92m^2$

【例 4-16】架空走廊一层为通道，三层无顶盖，计算该架空走廊如图 4-64 所示的建筑面积。

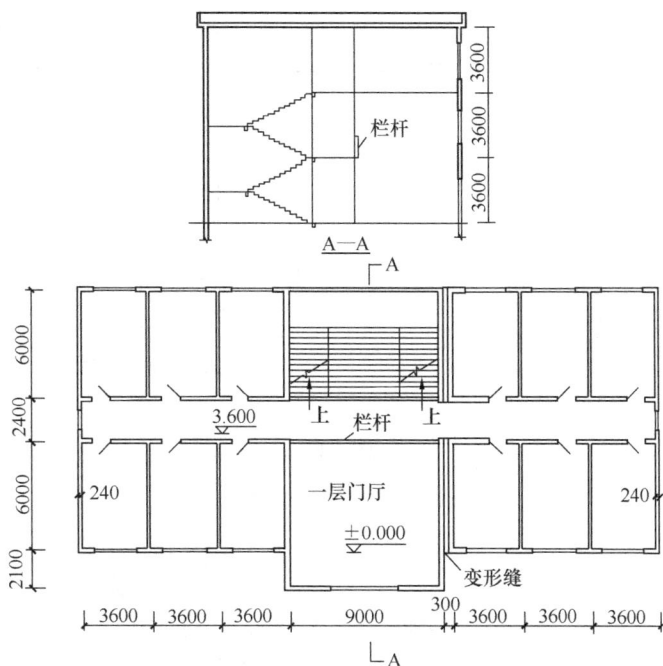

图 4-63

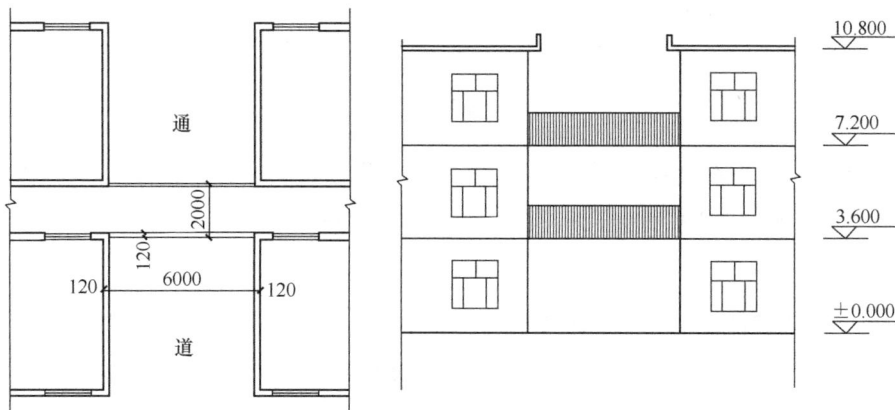

图 4-64

解： 一层为通道，不属于架空走廊，故不计算面积。

二层和三层属于无围护结构、有围护设施，无论是否有顶盖，均计算 1/2 面积。

$$S_建 = (6 - 0.24) \times 2 \times 1/2 \times 2 = 11.52 \text{m}^2$$

【例 4-17】 求某图书馆建筑面积，如图 4-65 所示。

解： $S_建 = (30 + 0.24) \times (15 + 0.24) \times 3 + (6 + 0.24) \times (30 + 0.24) \times 4 + (6 + 0.24) \times (30 + 0.24) \times 2 \times 0.5 = 2326.06 \text{m}^2$

【例 4-18】 某个能计算建筑面积的凸（飘）窗平面尺寸如图 4-66 所示，计算凸（飘）窗建筑面积。

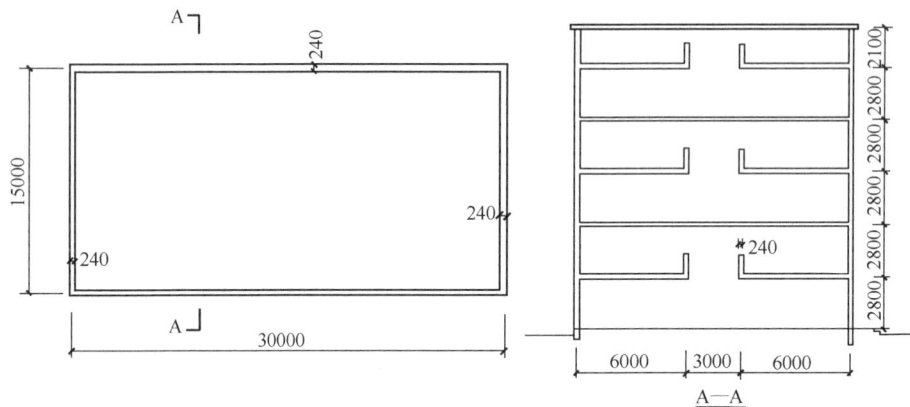

图 4-65

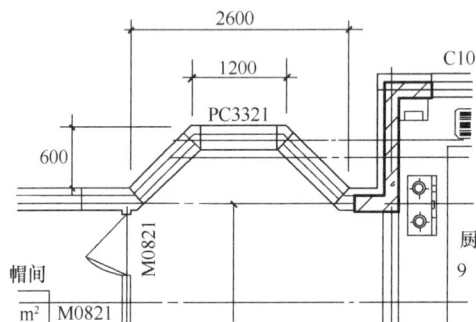

图 4-66

解：$S_建=[1/2\times(1.2+2.6)\times0.6]\times1/2=0.57m^2$

【例 4-19】 计算图 4-67 所示建筑物门斗的建筑面积。

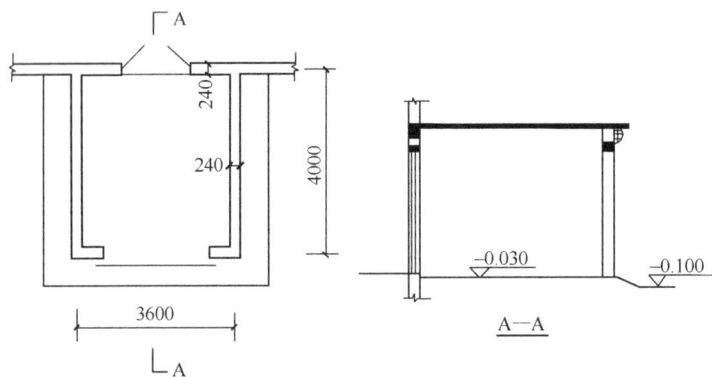

图 4-67

解：$S_建=(3.6+0.24)\times4=15.36m^2$

【例 4-20】 某高层建筑标准层剖面如图 4-68 所示，建筑物宽 10m，计算其建筑面积。

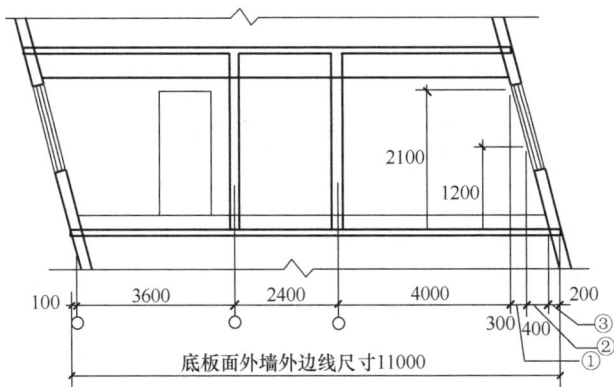

图 4-68

①—计算 1/2 面积；②—不计算建筑面积；③—部分计算全面积

解： $S_建 = (0.1 + 3.6 + 2.4 + 4 + 0.2) \times 10 + 0.3 \times 10 \times 0.5 = 103 + 1.5$
$= 104.50 \mathrm{m}^2$

或 $S_建 = 11 \times 10 - 0.4 \times 10 - 0.3 \times 10 \times 0.5 = 104.50 \mathrm{m}^2$

【**例 4-21**】计算自行车车棚的建筑面积（图 4-69）。

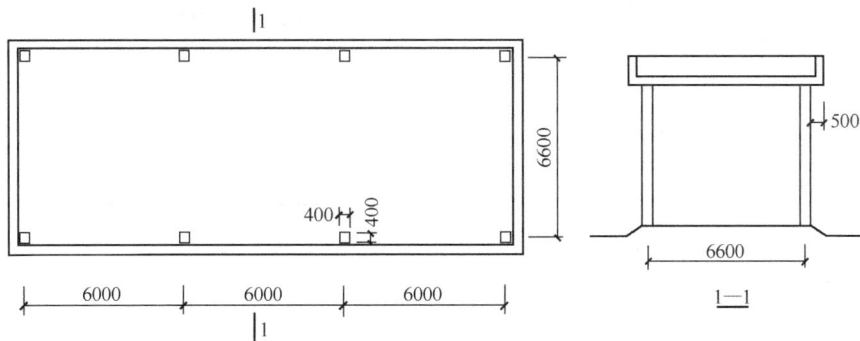

图 4-69

解： $S_建 = (6 \times 3 + 0.4 + 0.5 \times 2) \times (6.6 + 0.4 + 0.5 \times 2) \times 1/2$
$= 77.60 \mathrm{m}^2$

【**例 4-22**】计算火车站单排柱站台的建筑面积（图 4-70）。

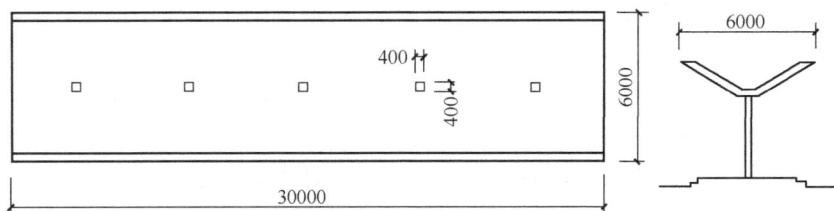

图 4-70

解： $S_建 = 30 \times 6 \times 1/2 = 90\text{m}^2$

任务 4.5　不应计算建筑面积的项目

（1）与建筑物内不相连通的建筑部件

"与建筑物内不相连通"是指没有正常的出入口。即：通过门进出的，视为"连通"，通过窗或栏杆等翻出去的，视为"不连通"。

（2）骑楼、过街楼底层的开放公共空间和建筑物通道（图 4-71）。

（3）舞台及后台悬挂幕布和布景的天桥、挑台等。

舞台及后台悬挂幕布和布景的天桥、挑台指的是影剧院的舞台及为舞台服务的可供上人维修、悬挂幕布、布置灯光及布景等搭设的天桥和挑台等构件设施（图 4-72）。

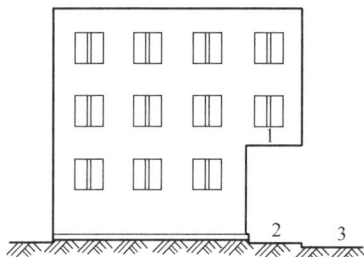

图 4-71
1—骑楼；2—人行道；3—街道

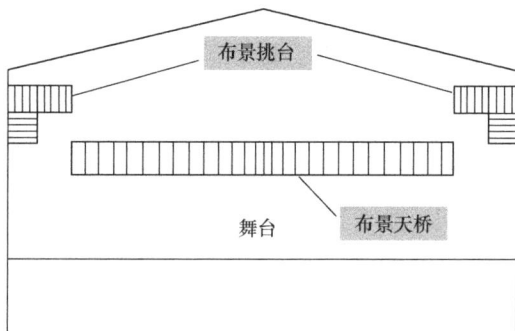

图 4-72

（4）露台、露天游泳池、花架、屋顶的水箱及装饰性结构构件。

（5）建筑物内的操作平台、上料平台、安装箱和罐体的平台。

（6）勒脚、附墙柱、垛、台阶、墙面抹灰、装饰面、镶贴块料面层、装饰性幕墙，主体结构外的空调室外机搁板（箱）、构件、配件，挑出宽度在 2.10m 以下的无柱雨篷和顶盖高度达到或超过两个楼层的无柱雨篷。

1）结构柱应计算建筑面积。不计算建筑面积的"附墙柱"是指非结构性装饰柱。

2）台阶是"联系室内外地坪或同楼层不同标高而设置的阶梯形踏步"，室外台阶还包括与建筑物出入口连接处的平台。

3）由于楼梯是"楼层之间垂直交通"的建筑部件，故由起点至终点的高度达到一个自然层及以上的称为楼梯。在一个自然层以内的称为台阶。

如图 4-73 所示，阶梯型踏步下部架空，起点至终点的高度达到一个自然层高，故应归为室外楼梯。

图 4-73

（7）窗台与室内地面高差在 0.45m 以下且结构净高在 2.10m 以下的凸（飘）窗，窗台与室内地面高差在 0.45m 及以上的凸（飘）窗。

（8）室外爬梯、室外专用消防钢楼梯。

1）本规范将"用于"二字调整为"专用"二字，即专用的消防钢楼梯是不计算建筑面积的。

2）当钢楼梯是建筑物通道，兼顾消防用途时，则应计算建筑面积。

（9）无围护结构的观光电梯。

1）无围护结构的观光电梯见图 4-74，即电梯轿厢直接暴露，外侧无井壁，不计算建筑面积。

2）如果观光电梯在电梯井内运行时（井壁不限材质），观光电梯井执行 3.0.19 条规定按自然层计算建筑面积（图 4-75）。

图 4-74

图 4-75

3）本规范不计算建筑面积的内容中未提"自动扶梯、自动人行道"。自动扶梯、自动人行道应计算建筑面积。

自动扶梯按 3.0.19 条规定按自然层计算建筑面积。

自动人行道在建筑物内时，建筑面积不应扣除自动人行道所占的面积。

（10）建筑物以外的地下人防通道，独立的烟囱、烟道、地沟、油（水）罐、气柜、水塔、贮油（水）池、贮仓、栈桥等构筑物。

1）本规范调整了语言顺序，将"地下人防通道"移至前面，无论是独立的还是与建筑物相连通的，都不计算建筑面积。原规范容易理解为独立的地下人防通道。

2）取消"地铁隧道"。地铁隧道属于市政工程，不计算建筑面积非常明确，故本规范不再提及。

3）独立烟道属于构筑物，不计算建筑面积；但附墙烟道应按自然层计算建筑面积（见 3.0.19 条）。

4）独立贮油（水）池属于构筑物，不计算建筑面积。

任务 4.6 建筑面积计算规则综合应用

【例 4-23】计算建筑面积（图 4-76）。

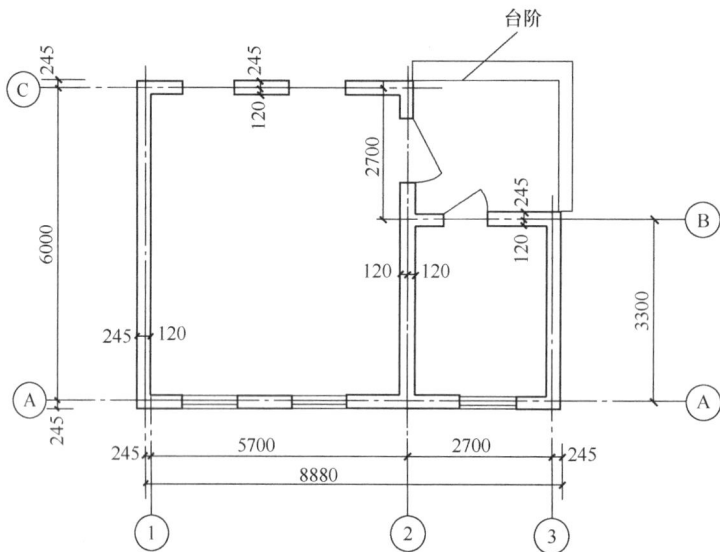

图 4-76

解：$S_建 = [(5.7+2.7+0.245\times2)\times(6+0.245\times2)-2.7\times2.7]$

$\qquad = (57.696-7.29) = 50.41\text{m}^2$

【例 4-24】计算建筑面积（图 4-77）。

解：建筑物顶部电梯机房层高不足 2.2m，应计算 1/2 面积。

该建筑物雨篷为无柱雨篷，挑出宽度<2.1m，故不计算建筑面积。

$\qquad S_建 = (3.9\times6+6+0.24)\times(6\times2+2.4+0.24)\times3+(2.7+0.2)$

$\qquad\qquad \times(2.7+0.2)\times1/2$

$\qquad = 1305.99\text{m}^2$

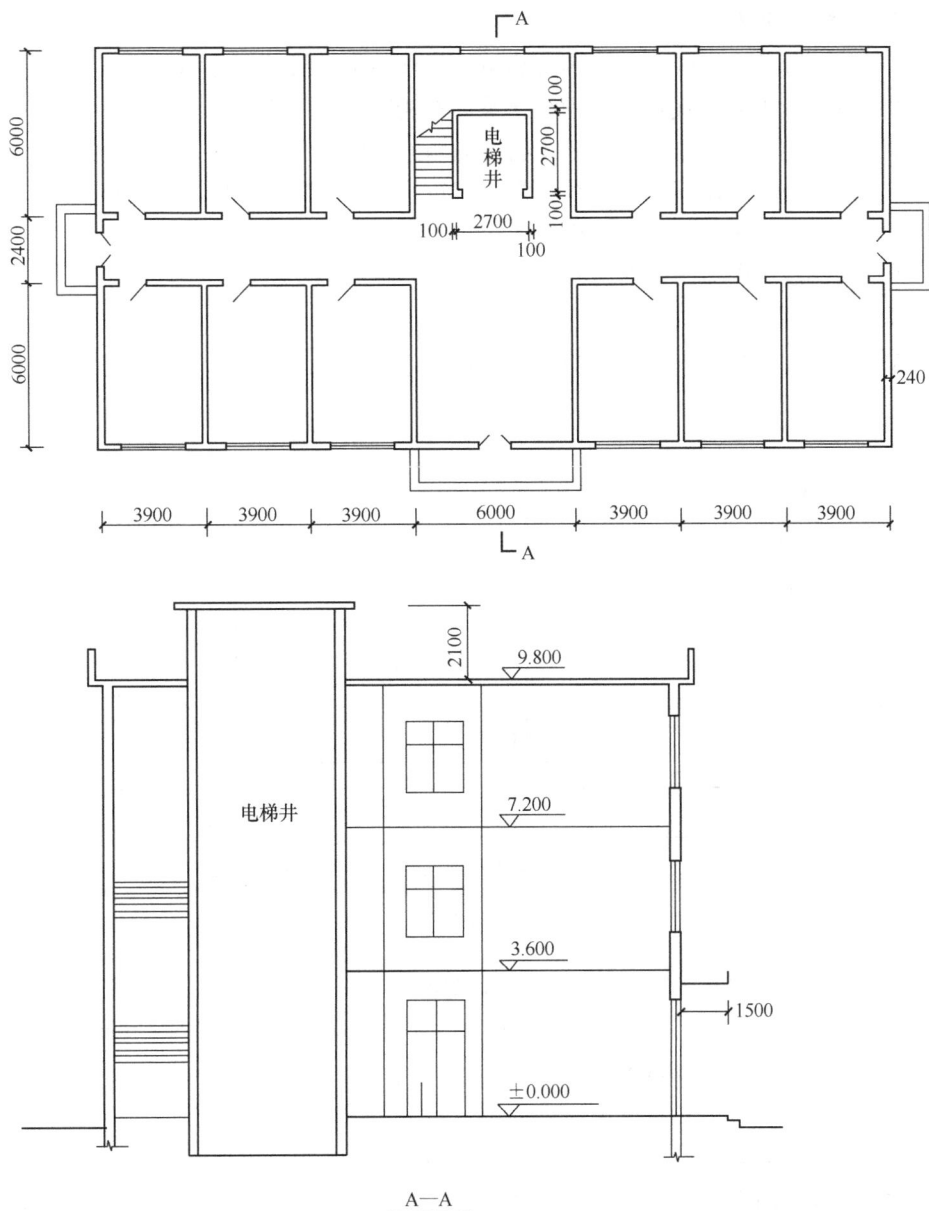

图 4-77

任务 4.7　基数的计算

　　在工程量计算过程中，有些数据要反复使用多次，我们把这些数据称为基数，包括 $L_{中}$、$L_{外}$、$L_{内}$、$L_{净}$、$S_{底}$、$S_{房}$，简称"四线两面"。如外墙中心线（$L_{中}$），在计算基础、墙体、圈梁等部位工程量时要用多次；又如房心净面积（$S_{房}$），在计算楼地面工程量和顶棚工程量时要用多次。基数计算准确与否直接关系到编制预算的质量和速度，因此计算基数时要尽量通过多种方法计算，以保证基数的准确性。

1. 基数的含义

1）$L_\text{中}$：外墙中心线，是指围绕建筑物的外墙中心线长度之和。

2）$L_\text{外}$：外墙外边线，是指围绕建筑物外墙边的长度之和。

3）$L_\text{内}$：内墙净长线，是指建筑物内隔墙的长度之和。

4）$L_\text{净}$：内墙垫层间的净长线，是指建筑物内墙混凝土基础或垫层净长度。

5）$S_\text{底}$：建筑物底层建筑面积。

6）$S_\text{房}$：建筑平面图中的房心净面积。

2. 基数的计算

【例 4-25】计算一般线面基数（图 4-78）。

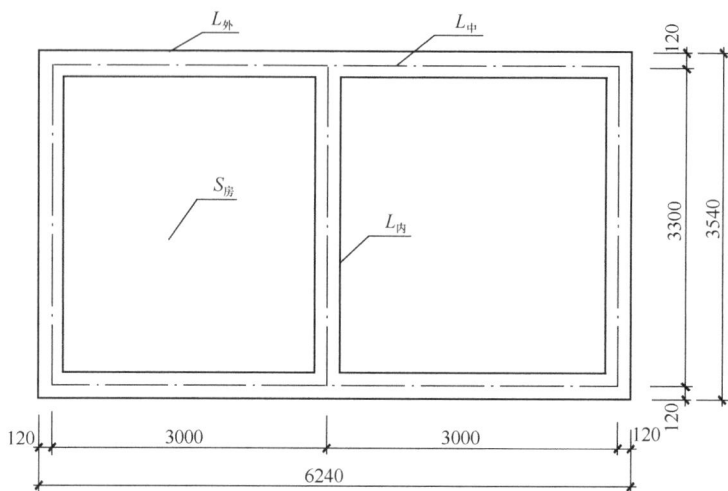

图 4-78

解： $L_\text{中}=(3.00\times2+3.30)\times2=18.60\text{m}$

$L_\text{外}=(6.24+3.54)\times2=19.56\text{m}$ 或 $L_\text{外}=18.60+0.24\times4=19.56\text{m}$

$L_\text{内}=3.30-0.24=3.06\text{m}$

$S_\text{底}=6.24\times3.54=22.09\text{m}^2$

$S_\text{房}=(3.00\times2-0.24\times2)\times(3.30-0.24)=16.89\text{m}^2$

【例 4-26】偏轴线基数的计算：当轴线与中心线不重合时，可以根据两者之间的关系计算（图 4-79）。

解： $L_\text{外}=(7.80+5.30)\times2=26.20\text{m}$

$L_\text{中}=(7.80-0.37)\times2+(5.30-0.37)\times2=24.72\text{m}$

或：$L_\text{中}=L_\text{外}-墙厚\times4=26.20-0.37\times4=24.72\text{m}$

$L_\text{内}=3.30-0.24=3.06\text{m}$

（垫层）$L_\text{净}=L_\text{内}+墙厚-垫层宽=3.06+0.37-1.50=1.93\text{m}$

$S_\text{底}=7.80\times5.30-4.00\times1.50=35.34\text{m}^2$

$S_\text{房}=(4.00-0.24)\times(3.30-0.24)+(3.30-0.24)\times(3.30+1.50-0.24)$

$\qquad=25.46\text{m}^2$

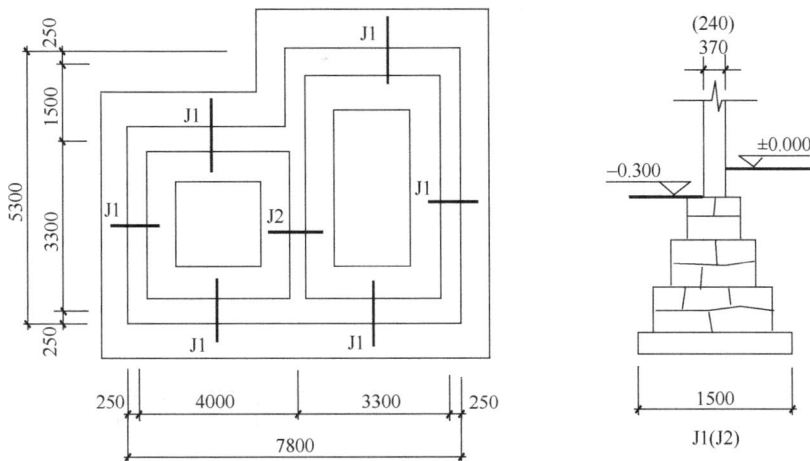

图 4-79

或：$S_房 = S_底 - L_中 \times 墙厚 - L_内 \times 墙厚 = 35.34 - 24.72 \times 0.37 - 3.06 \times 0.24$
$= 25.46m^2$

【例 4-27】 基数的扩展计算：某些工程项目的计算不能直接使用基数，但与基数之间有必然的联系，可以利用基数扩展计算。计算女儿墙、散水工程量（图4-80）。

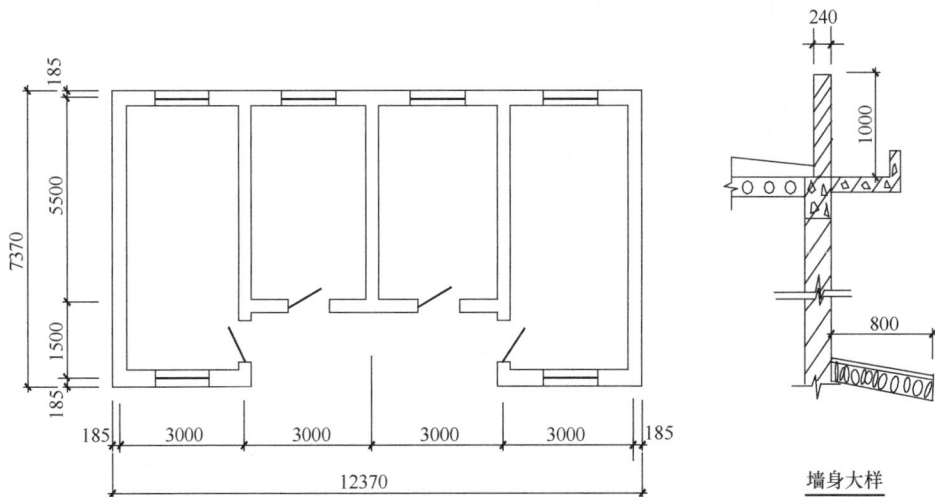

图 4-80

解：1. 女儿墙：

$$L_外 = (12.37 + 7.37 + 1.50) \times 2 = 42.48m$$

女儿墙中心线长度 = $L_外$ - 女儿墙厚 $\times 4 = 42.48 - 0.24 \times 4 = 41.52m$

女儿墙工程量 = 女儿墙中心线长度 $\times$ 女儿墙厚 $\times$ 女儿墙高 = $41.52 \times 0.24 \times$
$1.00 = 9.96m^3$

2. 散水：散水中心线长度 = $L_外$ + 散水宽 $\times 4$
$$= 42.48 + 0.80 \times 4 = 45.68m$$

散水工程量＝散水中心线长度×散水宽＝45.68×0.80＝36.54m²

项 目 习 题

1. 什么是建筑面积？建筑面积包括哪些内容？

2. 建筑中的哪些部分按1/2计算建筑面积？怎样计算？

3. 计算如图1所示建筑的建筑面积。

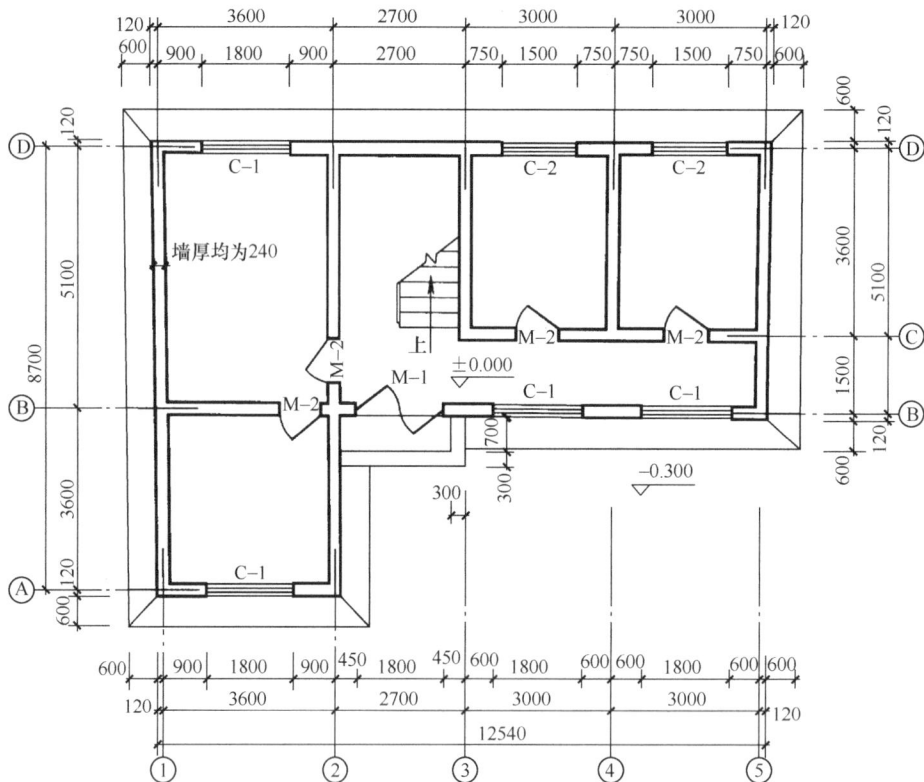

图1

4. 某建筑一层如图2所示，计算其建筑面积。

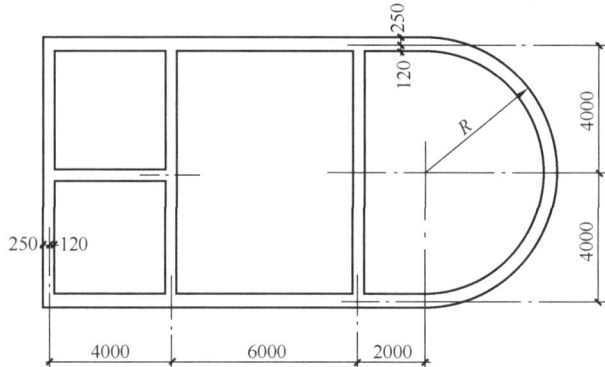

图2

5. 单层建筑物平面图如图 3 所示，计算它的各种基数。

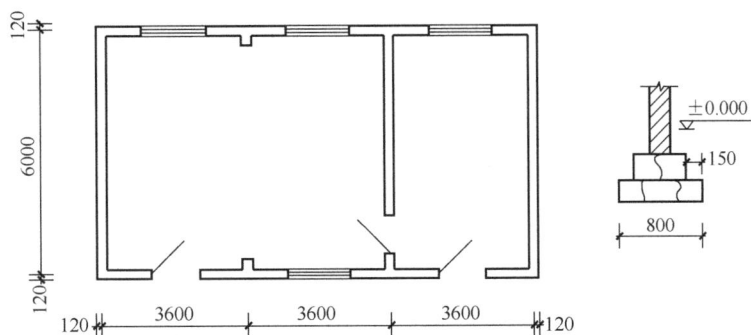

图 3

6. 建筑物平面图见图 4，计算它的各种基数。

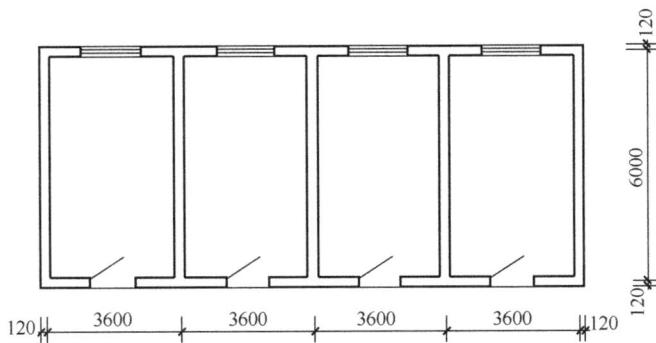

图 4

模块 2
建筑工程
计量与计价

项目 **5**

土石方工程

任务 5.1 定额说明及解释

1. 土壤、岩石类别的划分

土壤及岩石按普通土、坚土、松石、坚石分类，其具体分类见"土壤分类表"（表 5-1）和"岩石分类表"（表 5-2）。

土壤分类表

表 5-1

定额分类	《房屋建筑与装饰工程工程量计算规范》GB 50854—2013 分类		
	土壤分类	土壤名称	开挖方法
普通土	一、二类土	粉土、砂土（粉砂、细砂、中砂、粗砂、砾砂）、粉质黏土、弱中盐渍土、软土（淤泥质土、泥炭、泥炭质土）、软塑红黏土、冲填土	用锹、少许用镐、条锄开挖。机械能全部直接铲挖满载者
坚土	三类土	黏土、碎石土（圆硕、角硕）、混合土、可塑红黏土、硬塑红黏土、强盐渍土、素填土、压实填土	主要用镐、条锄，少许用锹开挖。机械需部分刨松方能铲挖满载者，或可直接铲挖但不能满载者
	四类土	碎石土（卵石、碎石、漂石、块石）、坚硬红黏土、超盐渍土、杂填土	全部用镐、条锄挖掘，少许用撬棍，挖掘机械须普遍刨松方能铲挖满载者

定额分类	《房屋建筑与装饰工程工程量计算规范》GB 50854—2013 分类		
	岩石分类	代表性岩石	开挖方法
松石	极软岩	1. 全风化的各种岩石 2. 各种半成岩	部分用手凿工具、部分用爆破法开挖
	软质岩 软岩	1. 强风化的坚硬岩或较硬岩 2. 中等风化～强风化的较软岩 3. 未风化～微风化的页岩、泥岩、泥质砂岩等	用风镐和爆破法开挖
	较软岩	1. 中等风化～强风化的坚硬岩或较硬岩 2. 未风化～微风化的凝灰岩、千枚岩、泥灰岩、砂质泥岩等	用爆破法开挖
坚石	硬质岩 较硬岩	1. 中风化的坚硬岩 2. 未风化～微风化的大理岩、板岩、石灰岩、白云岩、钙质砂岩等	用爆破法开挖
	坚硬岩	未风化～微风化的花岗岩、闪长岩、辉绿岩、玄武岩、安山岩、片麻岩、石英岩、石英砂岩、硅质砾岩、硅质石灰岩等	用爆破法开挖

2. 干土、湿土、淤泥的划分

1）干土、湿土的划分，以地质勘测资料的地下常水位为准。地下常水位以上为干土，以下为湿土。地表水排出后，土壤含水率≥25%时为湿土。

含水率超过液限，上和水的混合物呈现流动状态时为淤泥。

温度在0℃及以下，并夹含有冰的土壤为冻土。定额中的冻土，指短时冻土和季节冻土。

2）土方子目按干土编制

人工挖、运湿土时，相应子目人工乘以系数1.18；机械挖、运湿土时，相应子目人工、机械乘以系数1.15。采取降水措施后，人工挖、运土相应子目人工乘以系数1.09，机械挖、运土不再乘系数。

3. 单独土石方、基础土石方的划分

单独土石方子目，适用于自然地坪与设计室外地坪之间、挖方或填方工程量>5000m³的土石方工程；且同时适用于建筑、安装、市政、园林绿化、修缮等工程中的单独土石方工程。

基础土石方子目，适用于设计室外地坪以下的基础土石方工程，以及自然地坪与设计室外地坪之间、挖方或填方工程量<5000m³的土石方工程。

单独土石方子目不能满足施工需要时，可以借用基础土石方子目，但应乘以系数0.90。

4. 沟槽、地坑、一般土石方

底宽（设计图示垫层或基础的底宽，下同）≤3m，且底长>3倍底宽为沟槽。

坑底面积≤20m²，且底长≤3倍底宽为地坑。

超出上述范围，又非平整场地的，为一般土石方。

5. 小型挖掘机，系指斗容量≤0.30m³ 的挖掘机，适用于基础（含垫层）底宽≤1.20m 的沟槽土方工程或底面积≤8m² 的地坑土方工程。

6. 下列土石方工程，执行相应子目时乘以系数：

1）人工挖一般土方、沟槽土方、基坑土方，6m<深度≤7m 时，按深度≤6m 相应子目人工乘以系数 1.25；7m<深度≤8m 时，按深度≤7m 相应子目人工乘以系数 1.252；以此类推。

2）挡土板下人工挖槽坑时，相应子目人工乘以系数 1.43。

3）桩间挖土不扣除桩体和空孔所占体积，相应子目人工、机械乘以系数 1.50。

4）在强夯后的地基上挖土方和基底钎探，相应子目人工、机械乘以系数 1.15。

5）满堂基础垫层底以下局部加深的槽坑，按槽坑相应规则计算工程量，相应子目人工、机械乘以系数 1.25。

6）人工清理修整，系指机械挖土后，对于基底和边坡遗留厚度<0.30m 的土方，由人工进行的基底清理与边坡修整。

机械挖土以及机械挖土后的人工清理修整，按机械挖土相应规则一并计算挖方总量。其中，机械挖土按挖方总量执行相应子目，乘以下表规定的系数；人工清理修整，按挖方总量执行表 5-3 规定的子目并乘以相应系数。

机械挖土及人工清理修整系数表   表 5-3

基础类型	机械挖土		人工清理修整	
	执行子目	系数	执行子目	系数
一般土方	相应子目	0.95	1-2-3	0.063
沟槽土方		0.90	1-2-8	0.125
地坑土方		0.85	1-2-13	0.188

注：人工挖土方，不计算人工清底修边。

7）推土机推运土（不含平整场地）、装载机装运土土层平均厚度≤0.30m 时，相应子目人工、机械乘以系数 1.25。

8）挖掘机挖筑、维护、挖掘施工坡道（施工坡道斜面以下）土方，相应子目人工、机械乘以系数 1.50。

9）挖掘机在垫板上作业时，相应子目人工、机械乘以系数 1.25。挖掘机下铺设垫板、汽车运输道路上铺设材料时，其人工、材料、机械按实另计。

10）场区（含地下室顶板以上）回填，相应子目人工、机械乘以系数 0.90。

7. 土石方运输

1）土石方运输，按施工现场范围内运输编制。在施工现场范围之外的市政道路上运输，不适用本定额。弃土外运以及弃土处理等其他费用，按各地市有关规定执行。

2）土石方运输的运距上限，是根据合理的施工组织设计设置的。超出运距上限的土石方运输，不适用本定额。自卸汽车、拖拉机运输土石方子目，定额虽未设定运距上限，但仅限于施工现场范围内增加运距。

3）土石方运距，按挖土区重心至填方区（或堆放区）重心间的最短运输距离计算。

4）人工、人力车、汽车的负载上坡（坡度＜15%）降效因素已综合在相应运输子目中，不另计算。

推土机、装载机、铲运机负载上坡时，其降效因素按坡道斜长乘以表 5-4 规定的系数计算。

负载上坡降效系数表   表 5-4

坡度（%）	≤10	≤15	≤20	≤25
系数	1.75	2.00	2.25	2.50

8. 平整场地，系指建筑物（构筑物）所在现场厚度在±30cm 以内的就地挖、填及平整。挖填土方厚度超过 30cm 时，全部厚度按一般土方相应规定另行计算，但仍应计算平整场地。

9. 竣工清理，系指建筑物（构筑物）内、外围四周 2m 范围内建筑垃圾的清理、场内运输和场内指定地点的集中堆放，建筑物（构筑物）竣工验收前的清理、清洁等工作内容。

10. 定额中的砂，为符合规范要求的过筛净砂，包括配制各种砂浆、混凝土时的操作损耗。毛砂过筛，系指来自砂场的毛砂进入施工现场后的过筛。

砌筑砂浆、抹灰砂浆等各种砂浆以外的混凝土及其他用砂，不计算过筛用工。

11. 基础（地下室）周边回填材料时，按本定额"地基处理与边坡支护工程"相应子目，人工、机械乘以系数 0.90。

12. 施工现场障碍物清除、边坡支护、地表水排除以及地下常水位以下施工降水等内容，实际发生时，另按定额其他章节相应规定计算。

任务 5.2　工程量计算规则

（1）土石方开挖、运输，均按开挖前的天然密实体积计算。土方回填，按回填后的竣工体积计算。不同状态的土方体积，按表 5-5 换算。

土石方体积换算系数表   表 5-5

名称	虚方	松填	天然密实	夯填
	1.00	0.83	0.77	0.67
土方	1.20	1.00	0.92	0.80
	1.30	1.08	1.00	0.87
	1.50	1.25	1.15	1.00

名称	虚方	松填	天然密实	夯填
石方	1.00	0.85	0.65	—
	1.18	1.00	0.76	—
	1.54	1.31	1.00	—
块石	1.75	1.43	1.00	（码方）1.67
砂夹石	1.07	0.94	1.00	

【例 5-1】 某工程外购黄土用于室内回填，已知室内回填土工程量 500m³，试求买土的数量，确定定额项目。

解： 室内回填土按夯填考虑，工程量＝500m³。

套：1-4-12

买土体积按虚方计算，买土数量＝500×1.50＝750m³。

（2）自然地坪与设计室外地坪之间的单独土石方，依据设计土方竖向布置图，以体积计算。

（3）基础土石方的开挖深度，按基础（含垫层）底标高至设计室外地坪之间的高度计算，如图 5-1 所示。交付施工场地标高与设计室外地坪不同时，应按交付施工场地标高计算。岩石爆破时，基础石方的开挖深度，还应包括岩石爆破的允许超挖深度。

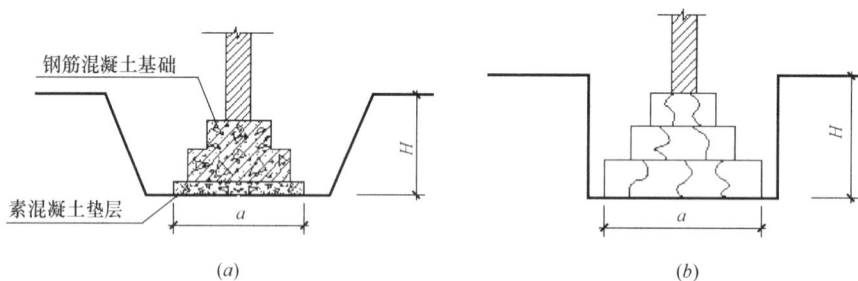

图 5-1　土石方开挖深度示意图

（4）基础施工的工作面

1）工作面宽度的含义

构成基础的各个台阶（各种材料），均应满足其各自工作面宽度的要求，各个台阶的单边工作面宽度，均指在台阶底坪高程上台阶外边线至土方边坡之间的水平宽度，如图 5-2（a）中 c_1、c_2、c_3 所示。

基础工作面宽度，是指基础的各个台阶（各种材料）要求的工作面宽度的最大者，也就是开挖边线（图 5-2 中的实线）满足各个台阶工作面的要求。比如图 5-2（b）中的虚线虽然满足了垫层工作面 c_1 的要求，但是不满足（按规定放坡）基础工作面 c_2 的要求，所以不能沿虚线开挖放坡，应该沿 c_2 的外边线放坡，其中 d 为沿 c_2 外边线开挖放坡时，垫层底坪增加的开挖宽度。

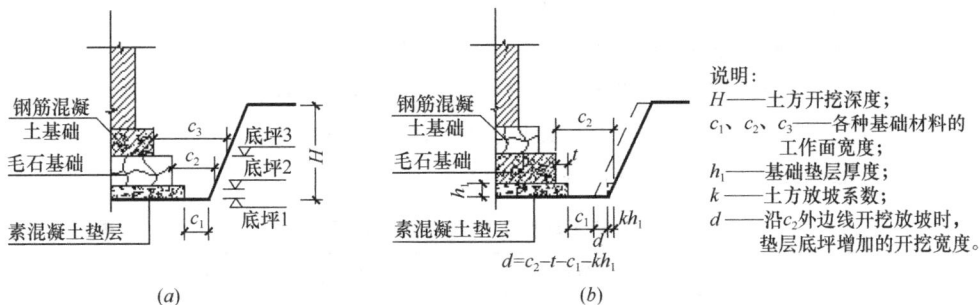

说明:
H——土方开挖深度;
c_1、c_2、c_3——各种基础材料的工作面宽度;
h_1——基础垫层厚度;
k——土方放坡系数;
d——沿c_2外边线开挖放坡时,垫层底坪增加的开挖宽度。

(a) (b)

图 5-2 基础工作面宽度示意图

在考查基础上一个台阶的工作面时,要考虑由于下一个台阶的厚度所带来的土方放坡宽度如图 5-2 (b) 中 kh_1 所示。

土方的每一边坡(含直坡),均应为连续坡,边坡上不能出现错台,如图 5-3 所示。

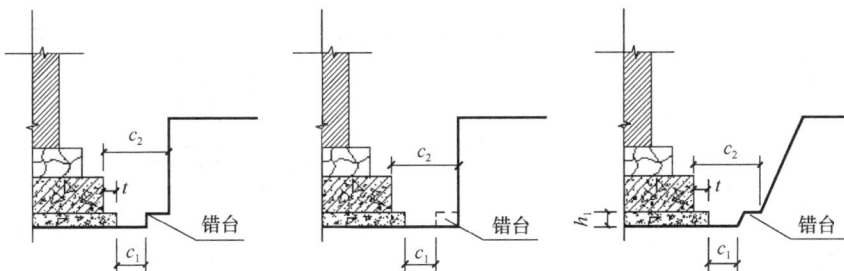

图 5-3 基础挖土错台示意图

2)基础工作面宽度规定

基础施工的工作面宽度,按设计规定计算;设计无规定时,按批准的施工组织设计规定计算;设计、施工组织设计均无规定时,自基础(含垫层)外沿向外计算,基础材料不同或做法不同时,其工作面宽度按表 5-6 计算。

基础施工单面工作面宽度计算表   表 5-6

基础材料	单面工作面宽度(mm)
砖基础	200
毛石、方整石基础	250
混凝土基础(支模板)	400
混凝土基础垫层(支模板)	150
基础垂直面做砂浆防潮层	400(自防潮层外表面)
基础垂直面做防水层或防腐层	1000(自防水、防腐层外表面)
支挡土板	100(自上述宽度外另加)

3）基础施工需要搭设脚手架时，其工作面宽度，条形基础按 1.50m 计算（只计算一面）；独立基础按 0.45m 计算（四面均计算）

4）基坑土方大开挖需做边坡支护时，其工作面宽度均按 2.00m 计算。

5）基坑内施工各种桩时，其工作面宽度均按 2.00m 计算。

6）管道施工的工作面宽度按表 5-7 计算。

管道施工单位工作面宽度计算表   表 5-7

管道材质	管道基础宽度（无基础时指管道外径）（mm）			
	≤500	≤1000	≤2500	＞2500
混凝土管、水泥管	400	500	600	700
其他管道	300	400	500	600

（5）基础土方放坡

1）土方放坡的起点深度和放坡坡度，设计、施工组织无规定时，按表 5-8 计算。

土方放坡起点深度和放坡坡度表   表 5-8

土壤类别	起点深度（＞m）	放坡坡度			
		人工挖土	机械挖土		
			基坑内作业	基坑上作业	槽坑上作业
普通土	1.20	1：0.50	1：0.33	1：0.75	1：0.50
坚土	1.70	1：0.30	1：0.20	1：0.50	1：0.30

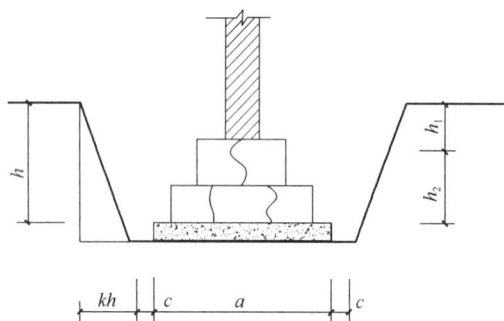

图 5-4　混合土放坡开挖示意图

2）基础土方放坡，自基础（含垫层）底标高算起。如图 5-1、图 5-2 中开挖实线的下部转角处。

3）混合土质的基础土方，其放坡的起点深度和放坡系数，按不同土类厚度加权平均计算，如图 5-4 所示。

混合土放坡起点深度计算公式：$h_0 = (1.2 \times h_1 + 1.7 \times h_2) \div h$

经计算，如果放坡起点深度（h_0）＜挖土总深度（h），那么需要放坡开挖，则计算综合放坡系数 k，否则不必计算 k。

综合放坡系数计算公式：$k = (k_1 \times h_1 + k_2 \times h_2) \div h$

式中　k——综合放坡系数；

k_1——普通土放坡系数；

k_2——坚土放坡系数；

h_1——普通土厚度；

h_2——坚土厚度；

h——挖土总深度。

4）计算基础土方放坡时，不扣除放坡交叉处的重复工程量。

5）基础土方支挡土板时，土方放坡不另计算。

6）土方开挖实际未放坡或实际放坡小于相应规定时，仍应按规定的放坡系数计算土方工程量。

（6）基础石方爆破时，槽坑四周及底部的允许超挖量，设计、施工组织设计无规定时，按松石 0.20m、坚石 0.15m 计算。

（7）沟槽土石方，按设计图示沟槽长度乘以沟槽断面面积，以体积计算

1）沟槽土方工程量＝沟槽断面面积 $S_{断}$×长度 L

① L：外墙条形基础沟槽，按外墙中心线长度（$L_{中}$）计算；内墙条形基础沟槽，按内墙条形基础的垫层（基础底坪）净长度（$L_{净}$）计算；框架间墙条形基础沟槽，按框架间墙条形基础的垫层（基础底坪）净长度（$L_{净}$）计算；

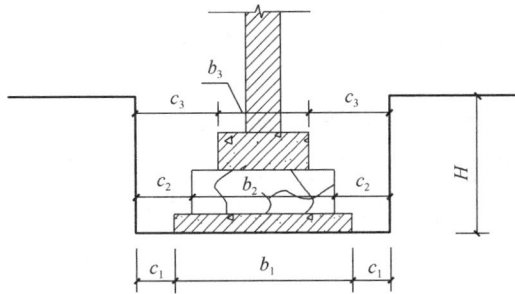

图 5-5　沟槽直立开挖示意图

突出墙面的墙垛的沟槽，按墙垛突出墙面的中心线长度，并入相应工程量内计算。

② $S_{断}$：沟槽断面面积，包括工作面、土方放坡或石方允许超挖量的面积。

A. 沟槽不放坡，直立开挖断面如图 5-5 所示。

$$S_{断}=B×H$$

式中　$S_{断}$——沟槽断面面积；

　　　B——max（b_1+2c_1；b_2+2c_2；b_3+2c_3）；

　　　H——挖土总深度。

B. 沟槽放坡开挖，（$c_1+k×h_1$）≥c_2时，$S_{断}=$（$b_1+2c_1+k×h$）×h，如图 5-6（a）所示。

C. 沟槽放坡开挖，（$c_1+k×h_1$）<c_2时，$S_{断}=$（$b_1+2c_1+d+k×h$）×h，其中，$d=c_2-t-c_1-k×h_1$，如图 5-6（b）所示。

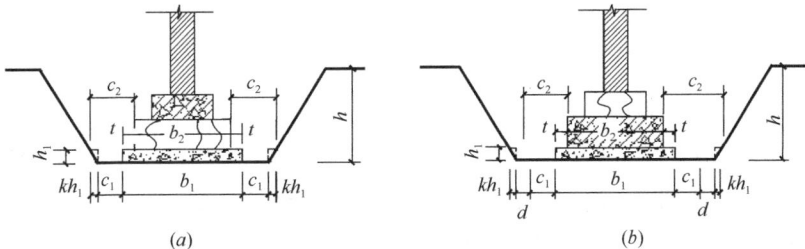

（a）　　　　　　　　　　　　　　　　（b）

图 5-6　沟槽放坡开挖示意图

式中 $S_{断}$——沟槽断面面积；

b_1——基础垫层（最下面一步大放脚）宽度；

c_1——基础垫层（最下面一步大放脚）的工作面；

k——放坡系数；

h——挖土总深度；

d——沿 c_2 外边线开挖放坡时，垫层底坪增加的开挖宽度；

c_2——基础垫层（最下面一步大放脚）的上面一步大放脚的工作面；

t——基础最下面一步台阶的宽度；

h_1——基础垫层（最下面一步大放脚）的高度。

③ 管道的沟槽长度，按设计规定计算；设计无规定时，以设计图示管道垫层（无垫层时，按管道）中心线长度（不扣除下口直径或边长≤1.5m 的井池）计算。下口直径或边长>1.5m 的井池的土石方，另按地坑的相应规定计算。

（8）地坑土石方，按设计图示基础（含垫层）尺寸，另加工作面宽度、土方放坡宽度或石方允许超挖量乘以开挖深度，以体积计算。

1）不放坡，地坑直立开挖的断面图和立体图，如图 5-7 所示。

$$V = A \times B \times H$$

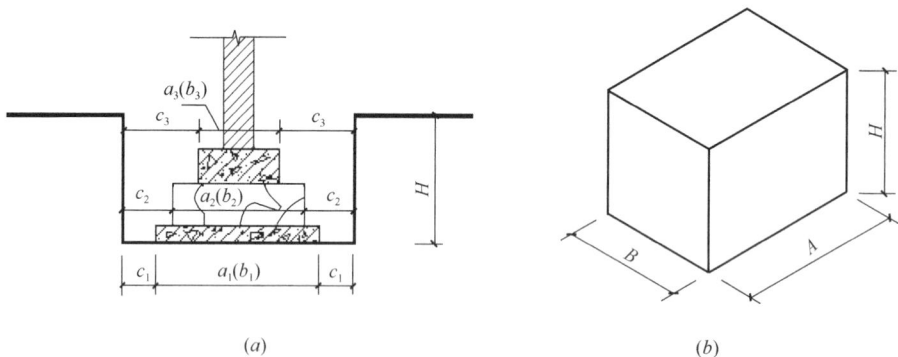

（a）

（b）

图 5-7 地坑直立开挖示意图

（a）断面图；（b）立体图

式中 V——地坑挖土体积；

A——max（a_1+2c_1；a_2+2c_2；a_3+2c_3）；

B——max（b_1+2c_1；b_2+2c_2；b_3+2c_3）；

H——挖土总深度。

2）地坑放坡开挖，（$c_1+k \times h_1$）≥c_2 时，$V = (A+kH) \times (B+kH) \times H + 1/3 \times k^2 H^3$，如图 5-8 所示，其中 $A=a_1+2c_1$，$B=b_1+2c_1$。

3）地坑放坡开挖，（$c_1+k \times h_1$）<c_2 时，$V = (A+kH) \times (B+kH) \times H + 1/3 \times k^2 H^3$，如图 5-8 所示，其中 $A=a_1+2c_1+d$，$B=b_1+2c_1+d$，$d=c_2-t-c_1-k \times h_1$。

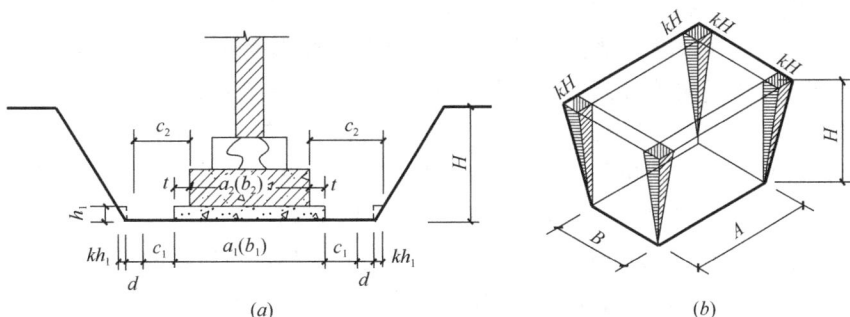

图 5-8　地坑放坡开挖示意图

（a）断面图；（b）立体图

式中　V——地坑挖土体积；

a_1——基础垫层（最下面一步大放脚）长度；

b_1——基础垫层（最下面一步大放脚）宽度；

c_1——基础垫层（最下面一步大放脚）的工作面；

k——放坡系数；

H——挖土总深度；

d——沿 c_2 外边线开挖放坡时，垫层底坪增加的开挖宽度；

c_2——基础垫层（最下面一步大放脚）的上面一步大放脚的工作面；

t——基础最下面一步台阶的宽度；

h_1——基础垫层（最下面一步大放脚）的高度。

（9）一般土石方，按设计图示基础（含垫层）尺寸，另加工作面宽度、土方放坡宽度或石方允许超挖量乘以开挖深度，以体积计算。机械施工坡道的土石方工程量，并入相应工程量内计算。一般土石方的计算方法同地坑土石方。

（10）桩孔土石方，按桩（含桩壁）设计断面面积乘以桩孔中心线深度，以体积计算。

（11）淤泥流沙，按设计或施工组织设计规定的位置、界限，以实际挖方体积计算。

（12）岩石爆破后人工检底修边，按岩石爆破的规定尺寸（含工作面宽度和允许超挖量），以槽坑底面积计算。

（13）建筑垃圾，以实际堆积体积计算。

（14）平整场地，按设计图示尺寸，以建筑物首层建筑面积（或构筑物首层结构外围内包面积）计算。建筑物（构筑物）地下室结构外边线突出首层结构外边线时，其突出部分的建筑面积（结构外围内包面积）合并计算。

建筑物首层外围，若计算 1/2 面积或不计算建筑面积的构造需要配置基础且需要与主体结构同时施工时，计算了 1/2 面积的（如：主体结构外的阳台、有柱混凝土雨篷等）应补齐全面积；不计算建筑面积的（如：装饰性阳台等），应按其基准面积合并于首层建筑面积内，一并计算平整场地。

基准面积：是指同类构件计算建筑面积（含 1/2 面积）时所依据的面积。如，主体结构外阳台的建筑面积，以其结构底板水平投影面积为准，计算 1/2 面积，那么，配置基础的装饰性阳台也按其结构底板水平投影面积计算场地平整等。

（15）竣工清理，按设计图示尺寸，以建筑物（构筑物）结构外围（四周结构外围及屋面板顶坪）内包的空间体积计算。具体地说，建筑物内、外，凡产生建筑垃圾的空间，均应按其全部空间体积计算竣工清理。

1）建筑物按全面积计算建筑面积的建筑空间，如：建筑物的自然层等。

竣工清理 1＝∑（建筑面积×相应结构层高）

2）建筑物按 1/2 面积计算建筑面积的建筑空间，如：有顶盖的出入口坡道等。

竣工清理 2＝∑（建筑面积×2×相应结构层高）

3）建筑物不计算建筑面积的建筑空间，如：挑出宽度在 2.10m 以下的无柱雨篷，窗台与室内地面高差≥0.45m 的飘窗等。

竣工清理 3＝∑（基准面积×相应结构层高）

4）不能形成建筑空间的室外地坪以上的花坛、水池、围墙、屋面顶坪以上的装饰性花架、水箱、风机和冷却塔配套基础、信号收发柱塔（以上仅计算主体结构工程量）、道路、停车场、厂区铺装（以上仅计算面层工程量）等应按其主要工程量乘以系数 2.5，计算竣工清理。

竣工清理 4＝∑（主要工程量×2.5）

5）构筑物，如：独立式烟囱、水塔、贮水（油）池、贮仓、筒仓等，应按建筑物竣工清理的计算原则，计算竣工清理。

6）建筑物（构筑物）设计室内、外地坪以下不能计算建筑面积的工程内容，计算竣工清理。

（16）基底钎探，按垫层（或基础）底面积计算。

（17）毛砂过筛，按砌筑砂浆、抹灰砂浆等各种砂浆用砂的定额消耗量之和计算。

（18）原土夯实与碾压，按设计或施工组织设计规定的尺寸，以面积计算。

（19）回填（按下列规定，以体积计算）

1）槽坑回填，按挖方体积减去设计室外地坪以下建筑物（构筑物）、基础（含垫层）的体积计算。

2）管道沟槽回填，按挖方体积减去管道基础和表 5-9 管道折合回填体积计算。

管道折合回填体积表（m³/m）　　　　　　　　表 5-9

管道	公称直径（mm 以内）					
	500	600	800	1000	1200	1500
混凝土、钢筋混凝土管道	—	0.33	0.60	0.92	1.15	1.45
其他材质管道	—	0.22	0.46	0.74	—	—

3）房心（含地下室内）回填，按主墙间净面积（扣除连续底面积＞2m² 的设

备基础等面积）乘以平均回填厚度计算。

4）场区（含地下室顶板以上）回填，按回填面积乘以平均回填厚度计算。

（20）土方运输，按挖土总体积减去回填土（折合天然密实）总体积，以体积计算。

（21）钻孔桩泥浆运输，按桩设计断面尺寸乘以桩孔中心线深度，以体积计算。

任务 5.3 定额应用

1. 单独土石方

【例 5-2】某工程施工前土石方施工。反铲挖掘机挖土 5200m³，自卸汽车运土，运距 3000m，部分土方填入大坑内，其体积为 2500m³，机械碾压。确定定额项目。

解：①反铲挖掘机挖坚土工程量＝5200m³

反铲挖掘机挖坚土自卸汽车运土 1km 内，套 1-1-15。

定额单价（含税）＝113.52 元/10m³

分部分项工程费 113.52÷10×5200＝59030.4 元

定额单价（除税）＝102.93 元/10m³

分部分项工程费 102.93÷10×5200＝53523.6 元

② 自卸汽车运土每增运 1km，套 1-1-16（共需增运 2km）。

定额单价（含税）＝12.68 元/10m³

分部分项工程费 12.68×2÷10×5200＝13187.2 元

定额单价（除税）＝11.38 元/10m³

分部分项工程费 11.38×2÷10×5200＝11835.2 元

③ 机械填土碾压工程量＝2500m³

机械填土碾压，套 1-4-15。

定额单价（含税）＝93.53 元/10m³

分部分项工程费 93.53÷10×2500＝23382.5 元

定额单价（除税）＝91.99 元/10m³

分部分项工程费 91.99÷10×2500＝22997.5 元

分部分项工程费共计：含税 59030.4＋13187.2＋23382.5＝95600.1 元

除税 53523.6＋11835.2＋22997.5＝88356.3 元

2. 人工土石方

【例 5-3】某工程基础平面图及详图如图 5-9 所示，毛石基础为 M10 水泥砂浆砌筑，素混凝土垫层；独立基础为 C25 混凝土，C15 混凝土垫层，土质为普通土。试计算人工挖沟槽、地坑工程量及费用。

解：1）计算基数

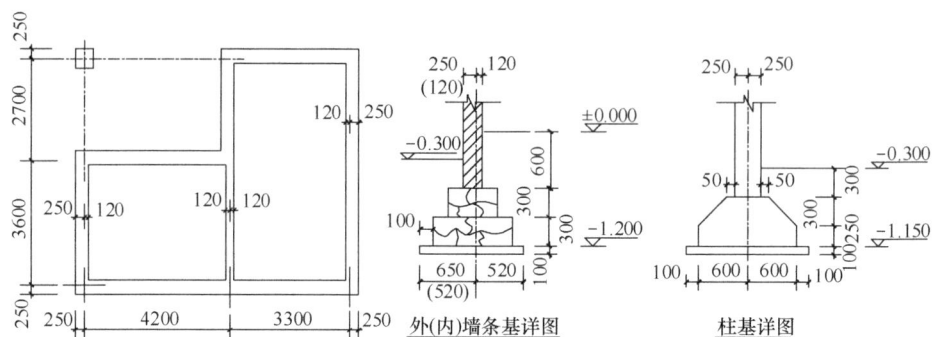

图 5-9

$L_{中}=(4.20m+3.30m+0.25m\times2)\times2+(3.60m+2.70m+0.25m\times2)\times2-4\times0.37m=28.12m$

$L_{净}=3.6m-0.52m\times2=2.56m$

2）条基挖土

查表 5-2 得：毛石基础工作面 250mm，混凝土基础（支模板）工作面 400mm，混凝土基础垫层（支模板）工作面 150mm 查表 5-4 得：人工挖普通土起点深度 1.20m。

挖土深度：$H=1.20m+0.10m-0.30m=1.0m<1.20m$，不放坡。

$V_{外条}=28.12m\times(0.52m+0.65m+0.15m\times2)\times1.0m=41.34m^3$

$V_{内条}=2.56m\times(0.52m+0.15m)\times2\times1.0m=3.43m^3$

$V_{条}=41.34m^3+3.43m^3=44.77m^3$

人工挖沟槽土方，槽深$\leqslant$2m，普通土，套 1-2-6。

定额单价（含税）＝334.40 元/10m³

分部分项工程费：334.40÷10×44.77＝1497.11 元

定额单价（除税）＝334.40 元/10m³

分部分项工程费：334.40÷10×44.77＝1497.11 元

3）柱基挖土

挖土深度：$H=1.15m+0.10m-0.30m=0.95m<1.20m$，不放坡。

分析：查表 5-2 得，混凝土垫层的工作面为 150mm，混凝土的工作面为 400mm，（100mm＋150mm）＝250mm<400mm。定额规定：基础开挖边线上不允许出现错台，故地坑开挖边线为自混凝土基础外边线向外 400mm，如图 5-10 右边开挖线所示。

$V_{柱}=(0.60m\times2+0.40m\times2)\times(0.60m\times2+0.40m\times2)\times0.95=3.80m^3$

人工挖地坑土方，坑深$\leqslant$2m，普通土。

套 1-2-11，定额单价（含税）＝354.35 元/10m³

费用：354.35÷10×3.80＝134.65 元

定额单价（除税）＝354.35 元/10m³

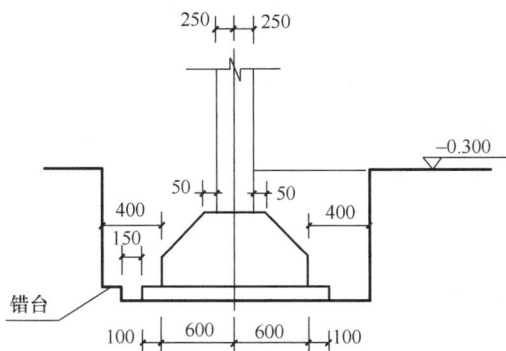

图 5-10 地坑开挖示意图

费用：$354.35 \div 10 \times 3.80 = 134.65$ 元

3. 机械土石方

【例 5-3】某工程挖掘机大开挖土方工程（图 5-11），土质为普通土，设计放坡系数为 0.3，自卸汽车运土，余土需运至 800m。计算挖运土工程量，确定定额项目（不考虑坡道挖土）。

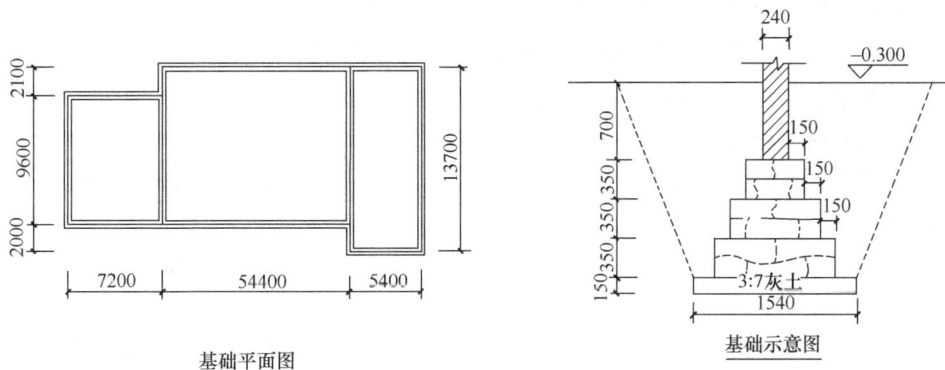

基础平面图

基础示意图

图 5-11

解： 1）土方总的工程量为：

$V = (10 + 1.54 + 0.3 \times 1.75) \times (14 + 1.54 + 0.37 \times 1.75) \times 1.75 + 0.3^2 \times 1.75^3 \div 3 + (10 + 1.54) \times (14 + 1.54) \times 0.15 = 368.84 \text{m}^3$

2）其中机械挖运土工程量 $= 368.84 \times 0.95 = 350.40 \text{m}^3$

挖掘机挖普通土，套 1-2-39。

定额单价（含税）28.75 元/10m³

分部分项工程费 a_1：$28.75 \div 10 \times 350.40 = 1007.4$ 元

定额单价（除税）26.23 元/10m³

分部分项工程费 a_2：$26.23 \div 10 \times 350.40 = 919.10$ 元

自卸汽车运土 1km 以内，套 1-2-58。

定额单价（含税）62.78 元/10m³

分部分项工程费 b_1：62.78÷10×350.40＝2199.81 元

定额单价（除税）56.69 元/10m³

分部分项工程费 b_2：56.69÷10×350.40＝1986.42 元

3）其中人工挖土工程量＝368.84×0.063＝23.24m³

人工挖普通土，深度 2m 以内，套 1-2-1。

定额单价（含税）234.65 元/10m³

分部分项工程费 c_1：234.65÷10×23.24＝545.33 元

定额单价（除税）234.65 元/10m³

分部分项工程费 c_2：234.65÷10×23.24＝545.33 元

4）人工装车工程量 23.24m³

人工装车，土方，套 1-2-25。

定额单价（含税）135.85 元/10m³

分部分项工程费 d_1：23.24×135.85÷10×23.24＝325.72 元

定额单价（除税）135.85 元/10m³

分部分项工程费 d_2：135.85÷10×23.24＝325.72 元

5）自卸汽车运土 1km 以内，套 1-2-58。

定额单价（含税）62.78 元/10m³

分部分项工程费 e_1：62.78÷10×23.24＝145.90 元

定额单价（除税）56.69 元/10m³

分部分项工程费 e_2：56.69÷10×23.24＝131.75 元

分部分项工程总费用（含税） 1007.4＋2199.81＋545.33＋325.72＋145.90
＝4224.16 元

分部分项工程总费用（除税） 919.10＋1986.42＋545.33＋325.72＋131.75
＝3908.32 元

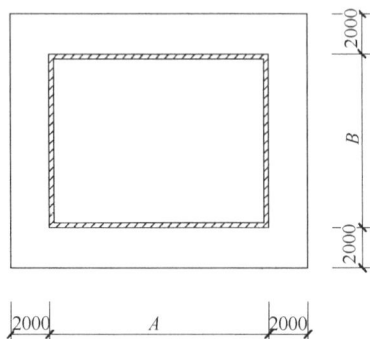

图 5-12

注：机械挖土以及机械挖土后的人工清理修整，按机械挖土相应规则一并计算挖方总量。其中，机械挖土按挖方总量执行相应子目，乘以规定的系数；人工清理修整，按挖方总量执行规定的子目并乘以相应系数。

4. 场地平整

【例 5-5】某场地如图 5-12 所示，设 $L＝$ 28m，$B＝18m$，计算人工平整场地的工程量及费用。

解：工程量＝$S_{场}＝S×d＝28×18＝504m$

平整场地，人工，套 1-4-1。

定额单价（含税）39.90 元/10m³

分部分项工程费 39.90÷10×504＝1970.14 元

定额单价（除税）39.90 元/10m³

分部分项工程费　39.90÷10×504＝1970.14 元

5. 竣工清理

【例 5-6】 某工程如图 5-13 所示，计算竣工清理工程量，确定定额项目。

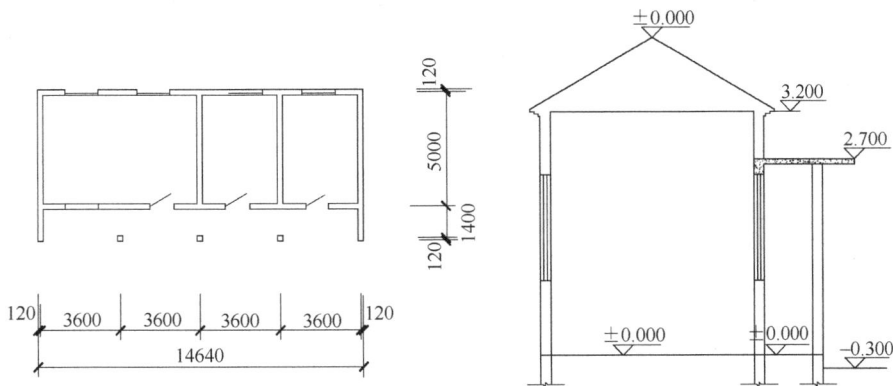

图 5-13

解：工程量＝14.64×（5.00＋0.24）×（3.2＋1.50÷2）＋14.64×1.4×2.7
＝358.36m³

竣工清理，套 1-4-3。

定额单价（含税）20.90 元/10m³

分部分项工程费　20.90÷10×358.36＝748.97 元

定额单价（除税）20.90 元/10m³

分部分项工程费　20.90÷10×358.36＝748.97 元

项　目　习　题

一、单选题

1. 平整场地是指对施工场地高低不平且自然地坪与设计室外地坪高差在
（　　）以内的部位进行就地挖填找平。

A. ±30cm　　　B. ±50cm　　　C. ±60cm　　　D. ±120cm

2. 凡平整场地厚度在±30cm 以上，沟槽底宽度在（　　）以上，坑底面积在
20m² 以上的挖土按挖土方计算。

A. 1m　　　　B. 2m　　　　C. 3m　　　　D. 5m

3. 人工挖、运湿土时，相应子目人工乘以系数（　　）。

A. 1　　　　B. 1.10　　　C. 1.15　　　D. 1.18

4. 房心回填土按实际填土（　　）计算，并执行素土垫层定额。

A. 体积　　　B. 面积　　　C. 厚度　　　D. 层数

5. 单独土石方子目不能满足施工需要时，可以借用基础土石方子目，但应乘
以系数（　　）。

A. 0.5　　　B. 0.9　　　C. 1　　　　D. 1.5

二、问答题

1. 土方工程量计算前应掌握哪些基础资料？

2. 如何确定土方工程的开挖深度？

3. 什么是平整场地、原土和填土碾压、基础钎探？其工程量应如何计算？

4. 土方开挖中，挖地槽、挖基坑、挖土方如何界定？分别列出土方工程量的计算公式。

项目 6

地基处理与边坡支护

任务 6.1　定额说明及解释

1. 地基处理

（1）垫层

垫层指的是设于基层以下的结构层。其主要作用是隔水、排水、防冻以改善基层和土基的工作条件，其水稳定性较好（图 6-1）。

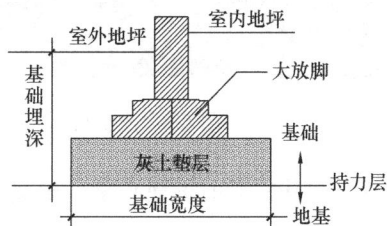

（*a*）　　　　　　　　　　　　　　　　　（*b*）

图 6-1　垫层

1）机械碾压垫层定额适用于场区道路垫层采用压路机械的情况。

2）垫层定额按地面垫层编制。若为基础垫层，人工、机械分别乘以下列系数：条形基础 1.05；独立基础 1.10；满堂基础 1.00。若为场区道路垫层，人工乘以系数 0.9。

3）在原土上打夯（碾压）者另按本定额"土石方工程"相应项目执行。垫层材料配合比与定额不同时，可以调整。

4）灰土垫层及填料加固夯填灰土就地取土时，应扣除灰土配比中的黏土。

5）褥垫层套用相应项目。

（2）填料加固定额用于软弱地基挖土后的换填材料加固工程。

（3）土工合成材料定额用于软弱地基加固工程。

（4）强夯

1）强夯定额中每单位面积夯点数，指设计文件规定单位面积内的夯点数量，若设计文件中夯点数与定额不同时，采用内插法计算消耗量。

2）强夯的夯击击数系指强夯机械就位后，夯锤在同一夯点上下起落的次数（落锤高度应满足设计夯击能量的要求，否则按低锤满拍计算）。

3）强夯工程量应区别不同夯击能量和夯点密度，按设计图示夯击范围及夯击遍数分别计算。

（5）注浆地基

注浆地基是指将配置好的化学浆液或水泥浆液，通过导管注入土体间隙中，与土体结合，发生物化反应，从而提高土体强度。

1）注浆地基所用的浆体材料用量与定额不同时可以调整。

2）注浆定额中注浆管消耗量为摊销量，若为一次性使用，可按实际用量进行调整。废泥浆处理及外运套用本定额"土石方工程"相应项目。

图 6-2　支护桩

（6）支护桩

支护桩（Soldier piles），是由间距 2～3m 的 H 型钢组成的支护系统。主要承受横向推力的桩。一般用于基坑支护、边坡支护以及滑坡治理，承受水平土压力或滑坡推力，一般比承受竖向力的基础桩需要更高的配筋，也经常和锚杆（索）一起使用（桩锚结构），如图 6-2 所示。

1）桩基施工前场地平整、压实地表、地下障碍物处理等，定额均未考虑，发生时另行计算。

2）探桩位已综合考虑在各类桩基定额内，不另行计算。

3）支护桩已包括桩体充盈部分的消耗量。其中灌注砂、石桩还包括级配密实的消耗量。

4）深层水泥搅拌桩定额已综合了正常施工工艺需要的重复喷浆（粉）和搅拌。空搅部分按相应定额的人工及搅拌桩机台班乘以系数 0.5 计算。

5）水泥搅拌桩定额按不掺添加剂（如石膏粉、木质素硫酸钙、硅酸钠等）编制，如设计有要求，定额应按设计要求增加添加剂材料费，其余不变。

6）深层水泥搅拌桩定额按1喷2搅施工编制，实际施工为2喷4搅时，定额的人工、机械乘以系数1.43；2喷2搅、4喷4搅分别按1喷2搅、2喷4搅计算。

7）三轴水泥搅拌桩的水泥掺入量按加固土重（1800kg/m³）的18%考虑，如设计不同时按深层水泥搅拌桩每增减1%定额计算；三轴水泥搅拌桩定额按二搅二喷施工工艺考虑，设计不同时，每增（减）一搅一喷按相应定额人工和机械费增（减）40%计算。空搅部分按相应定额的人工及搅拌桩机台班乘以系数0.5计算。

8）三轴水泥搅拌桩设计要求全断面套打时，相应定额的人工及机械乘以系数1.5，其余不变。

9）高压旋喷桩定额已综合接头处的复喷工料；高压旋喷桩中设计水泥用量与定额不同时可以调整。

10）打、拔钢板桩，定额仅考虑打、拔施工费用，未包含钢工具桩制作、除锈和刷油，实际发生时另行计算。打、拔槽钢或钢轨，其机械用量乘以系数0.77。

11）钢工具桩在桩位半径<15m内移动、起吊和就位，已包括在打桩子目中。桩位半径>15m时的场内运输按构件运输<1km子目的相应规定计算。

12）单位（群体）工程打桩工程量少于表6-1中规定的，相应定额的打桩人工及机械乘以系数1.25。

打桩工程量表 表6-1

桩类	工程量
碎石桩、砂石桩	60m³
钢板桩	50t
水泥搅拌桩	100m³
高压旋喷桩	100m³

13）打桩工程按陆地打垂直桩编制。设计要求打斜桩时，斜度<1：6时，相应定额人工、机械乘以系数1.25；斜度>1：6时，相应定额人工、机械乘以系数1.43。

14）桩间补桩或在地槽（坑）中及强夯后的地基上打桩时，相应定额人工、机械乘以系数1.15。

15）单独打试桩、锚桩，按相应定额的打桩人工及机械乘以系数1.5。

16）试验桩按相应定额人工、机械乘以系数2.0。

2. 基坑与边坡支护

1）挡土板定额分为疏板和密板。疏板是指间隔支挡土板，且板间净空<150cm的情况；密板是指满堂支挡土板或板间净空<30cm的情况（图6-3）。

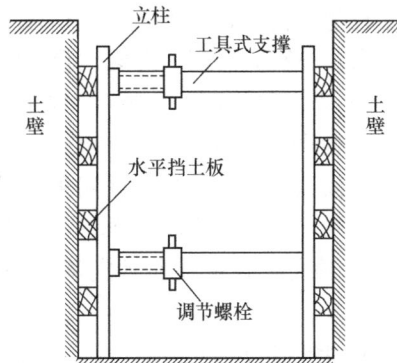

图6-3 支挡土板

2）钢支撑仅适用于基坑开挖的大型支撑安装、拆除。

3）土钉与锚喷联合支护的工作平台套用本定额"脚手架工程"相应项目。锚杆的制作与安装套用本定额"钢筋及混凝土工程"相应项目。

4）地下连续墙适用于黏土、砂土及冲填土等软土层；导墙土方的运输、回填，套用本定额"土石方工程"相应项目；废泥浆处理及外运套用本定额"土石方工程"相应项目；钢筋加工套用本定额"钢筋及混凝土工程"相应项目。

3. 排水与降水

基坑降水是指在开挖基坑时，地下水位高于开挖底面，地下水会不断渗入坑内，为保证基坑能在干燥条件下施工，防止边坡失稳、基础流沙、坑底隆起、坑底管涌和地基承载力下降而做的降水工作(图6-4)。

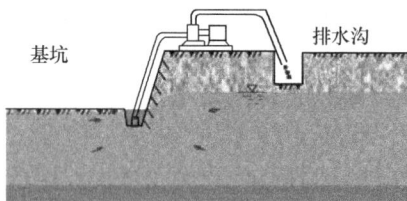

图 6-4　排水与降水

1）抽水机集水井排水定额，以每台抽水机工作 24 小时为一台日。

2）井点降水分为轻型井点、喷射井点、大口径井点、水平井点、电渗井点和射流泵井点。井管间距应根据地质条件和施工降水要求，依据设计文件或施工组织设计确定。设计无规定时，可按轻型井点管距 0.8～1.6m，喷射井点管距 2～3m确定。井点设备使用套的组成如下：轻型井点 50 根/套、喷射井点 30 根/套、大口径井点 45 根/套、水平井点 10 根/套、电渗井点 30 根/套，累计不足一套者按一套计算。井点设备使用，以每昼夜 24 小时为一天。

3）水泵类型、管径与定额不一致时，可以调整。

任务 6.2　工程量计算规则

（1）垫层

1）地面垫层按室内主墙间净面积乘以设计厚度，以体积计算。计算时应扣除凸出地面的构筑物、设备基础、室内铁道、地沟以及单个面积＞0.3m² 的孔洞、独立柱等所占体积；不扣除间壁墙、附墙烟囱、墙垛以及单个面积＜0.3m² 的孔洞等所占体积，门洞、空圈、暖气壁龛等开口部分也不增加。

2）基础垫层按下列规定，以体积计算。

① 条形基础垫层，外墙按外墙中心线长度、内墙按其设计净长度乘以垫层平均断面面积以体积计算。柱间条形基础垫层，按柱基础（含垫层）之间的设计净长度，乘以垫层平均断面面积以体积计算。

② 独立基础垫层和满堂基础垫层，按设计图示尺寸乘以平均厚度，以体积计算。

3）场区道路垫层按其设计长度乘以宽度乘以厚度，以体积计算。

4）爆破岩石增加垫层的工程量，按现场实测结果以体积计算。

（2）填料加固，按设计图示尺寸以体积计算。

（3）土工合成材料，按设计图示尺寸以面积计算，平铺以坡度＜15％为准。

（4）强夯，按设计图示强夯处理范围以面积计算。设计无规定时，按建筑物基础外围轴线每边各加 4m 以面积计算。

（5）注浆地基

1）分层注浆钻孔按设计图示钻孔深度以长度计算，注浆按设计图纸注明的加固土体以体积计算。

2）压密注浆钻孔按设计图示深度以长度计算。注浆按下列规定以体积计算：

① 设计图纸明确加固土体体积的，按设计图纸注明的体积计算；

② 设计图纸以布点形式图示土体加固范围的，则按两孔间距的一半作为扩散半径，以布点边线各加扩散半径，形成计算平面，计算注浆体积；

③ 如果设计图纸注浆点在钻孔灌注桩之间，按两注浆孔的一半作为每孔的扩散半径，以此圆柱体积计算注浆体积。

（6）支护桩

1）填料桩、深层水泥搅拌桩按设计桩长（有桩尖时包括桩尖）乘以设计桩外径截面积，以体积计算。填料桩、深层水泥搅拌桩截面有重叠时，不扣除重叠面积。

2）预钻孔道高压旋喷（摆喷）水泥桩工程量，成（钻）孔按自然地坪标高至设计桩底的长度计算，喷浆按设计加固桩截面面积乘以设计桩长以体积计算。

3）三轴水泥搅拌桩按设计桩长（有桩尖时包括桩尖）乘以设计桩外径截面积，以体积计算。

4）三轴水泥搅拌桩设计要求全断面套打时，相应定额的人工及机械乘以系数1.5，其余不变。

5）凿桩头适用于深层搅拌水泥桩、三轴水泥搅拌桩、高压旋喷水泥桩定额子目，按凿桩长度乘以桩断面以体积计算。

6）打、拔钢板桩工程量按设计图示桩的尺寸以质量计算，安、拆导向夹具，按设计图示尺寸以长度计算。

（7）基坑与边坡支护

1）挡土板按设计文件（或施工组织设计）规定的支挡范围，以面积计算。袋土围堰按设计文件（或施工组织设计）规定的支挡范围，以体积计算。

2）钢支撑按设计图示尺寸以质量计算。不扣除孔眼质量，焊条、铆钉、螺栓等不另增加质量。

3）砂浆土钉的钻孔灌浆，按设计文件（或施工组织设计）规定的钻孔深度，以长度计算。土层锚杆机械钻孔、注浆，按设计孔径尺寸，以长度计算。喷射混凝土护坡区分土层与岩层，按设计文件（或施工组织设计）规定的尺寸，以面积计算。锚头制作、安装、张拉、锁定按设计图示以数量计算。

4）现浇导墙混凝土按设计图示，以体积计算。现浇导墙混凝土模板按混凝土与模板接触面的面积，以面积计算。成槽工程量按设计长度乘以墙厚及成槽深度

（设计室外地坪至连续墙底），以体积计算。锁扣管以"段"为单位（段指槽壁单元槽段），锁口管吊拔按连续墙段数计算，定额中已包括锁口管的摊销费用。清底置换以"段"为单位（段指槽壁单元槽段）。连续墙混凝土浇筑工程量按设计长度乘以墙厚及墙身加 0.5m，以体积计算。凿地下连续墙超灌混凝土，设计无规定时，其工程量按墙体断面面积乘以 0.5m，以体积计算。

（8）排水与降水

1）抽水机基底排水分不同排水深度，按设计基底以面积计算。

2）集水井按不同成井方式，分别以设计文件（或施工组织设计）规定的数量，以"座"或以长度计算。抽水机集水井排水按设计文件（或施工组织设计）规定的抽水机台数和工作天数，以"台日"计算。

3）井点降水区分不同的井管深度，其井管安拆，按设计文件或施工组织设计规定的井管数量，以数量计算；设备使用按设计文件（或施工组织设计）规定的使用时间，以"每套天"计算。

4）大口径深井降水打井按设计文件（或施工组织设计）规定的井深，以长度计算。降水抽水按设计文件或施工组织设计规定的时间，以"台日"计算。

任务 6.3　定额应用

1. 垫层

【例 6-1】建筑物如图 6-5 所示，若房心垫层采用碎石灌浆厚为 200mm，C15 素混凝土垫层厚 40mm，1：2 水泥砂浆抹面厚 20mm。计算条形基础垫层和房心垫层的工程量，确定定额项目及费用（3：7 灰土采用机械振动填铺）。

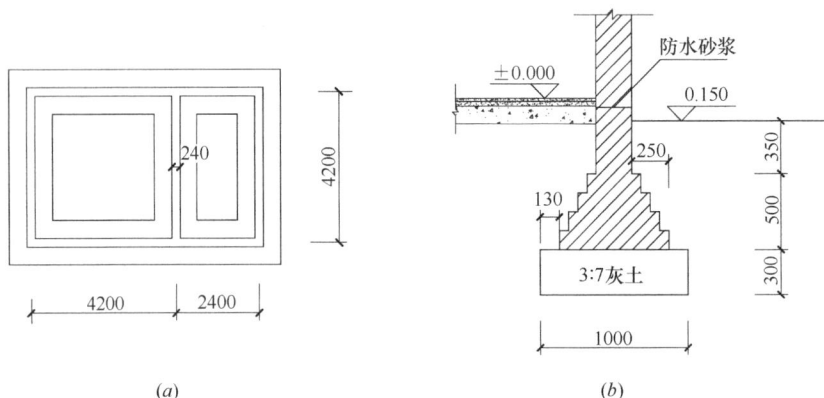

图 6-5

解：1）条基垫层：$L_中=(4.2+2.4+4.2)\times 2=21.6$m

$L_净=4.2-1=3.2$m

工程量$=1.0\times 0.3\times(21.6+3.2)=7.44$m³

3:7 灰土垫层机械振动套 2-1-1。

定额单价（含税）换算：1823.14 ＋（653.60 ＋ 14.19）× 0.05
＝1856.53 元/10m³

分部分项工程费：1856.53÷10×7.44＝1381.26 元

定额单价（除税）换算：1788.06＋（653.60＋12.77）×0.05＝1821.38 元/10m³

分部分项工程费：1821.38÷10×7.44＝1355.11 元

注：垫层定额按地面垫层编制。若为条形基础垫层，人工、机械分别乘以系数 1.05。

2）房心垫层

碎石灌浆工程量＝(4.2＋2.4－0.24×2)×(4.2－0.24)×0.2＝4.85m³

碎石灌浆垫层套 2-1-7。

定额单价（含税）：2806.71 元/10m³

分部分项工程费：2806.71÷10×4.85＝1361.25 元

定额单价（除税）：2689.10 元/10m³

分部分项工程费：2689.10÷10×4.85＝1304.21 元

C15 素混凝土垫层工程量＝(4.2＋2.4－0.24×2)×(4.2－0.24)×0.04
＝0.97m³

C15 现浇无筋混凝土套 2-1-28。

定额单价（含税）：3943.07 元/10m³

分部分项工程费：3943.07÷10×0.97＝382.48 元

定额单价（除税）：3850.59 元/10m³

分部分项工程费：3850.59÷10×0.97＝373.51 元

【例 6-2】某海鲜市场大棚地面如图 6-6 所示，C15 混凝土 100 厚，面层 1:2 水泥砂浆 20 厚，室内柱断面为 600mm×600mm，水池面积为 2.5m×3m，室内排水沟宽 300mm。计算地面垫层工程量，确定定额项目及费用。

解：地面垫层工程量＝[(24－0.24)×(12－0.24)－0.6×0.6×3－2.5×3－

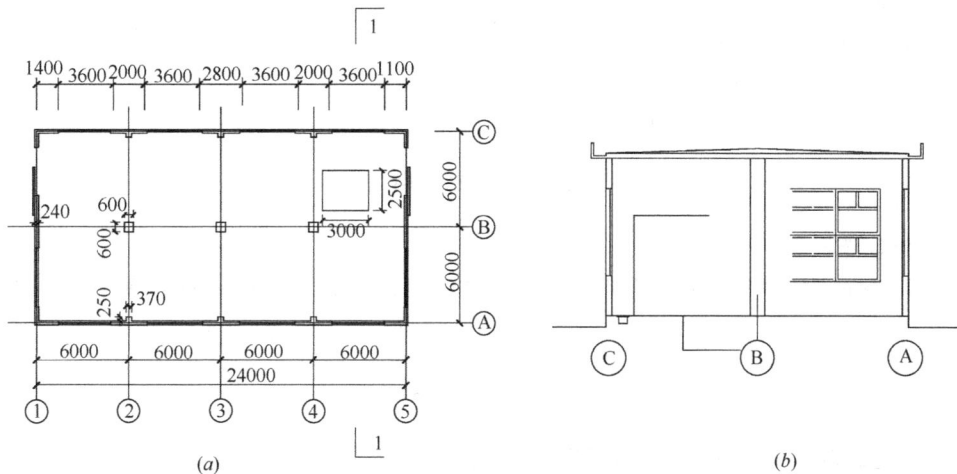

图 6-6

(a) 底层平面图；(b) 1—1 剖面图

$(24-0.24) \times 0.3] \times 0.1 = 26.73 m^3$

C15 现浇无筋混凝土套 2-1-28。

定额单价（含税）：3943.07 元/10m³

分部分项工程费：3943.07÷10×26.73=10539.83 元

定额单价（含除）：3850.59 元/10m³

分部分项工程费：3850.59÷10×26.73=10292.63 元

2. 强夯

【例 6-3】某设计要求强夯面积为 1120m² 的地基土，要求夯击能力为 2000kN·m，若每十平方米内夯击点为 7，每点为 5 击。计算强夯工程量确定定额项目及费用。

解：工程量＝1120m²

夯击能 2000kN·m，7 夯点，每点 4 击，套 2-1-49。

定额单价（含税）：88.27 元/10m²

分部分项工程费：88.27÷10×1120=9886.24 元

定额单价（除税）：81.38 元/10m²

分部分项工程费：81.38÷10×1120=9114.56 元

夯击能 2000kN·m，7 夯点，每增减 1 击，套 2-1-50。

定额单价（含税）：14.28 元/10m²

分部分项工程费：14.28÷10×1120=1599.36 元

定额单价（除税）：13.02 元/10m²

分部分项工程费：13.02÷10×1120=1458.24 元

3. 排水降水

【例 6-4】某工程采用集水井排水，钢筋笼排水井三座，集水井井深 3m，确定定额项目并计算费用。

解：集水井井深 3m 钢筋笼排水井套 2-3-5。

定额单价（含税）：2499.18 元/座

分部分项工程费：2499.18×3=7497.54 元

定额单价（除税）：2441.69 元/座

分部分项工程费：2441.69×3=7325.07 元

项 目 习 题

单项选择题：

1. 垫层定额按地面垫层编制。若为基础垫层，人工、机械分别乘以下列系数：条形基础（　　）独立基础（　　），满堂基础（　　）。若为场区道路垫层，人工乘以系数（　　）。

A. 0.9　　　　　　　　B. 1　　　　　　　　C. 1.05　　　　　　　　D. 1.10

2. 强夯的夯击击数系指强夯机械就位后，夯锤在（　　）上下起落的次数。

A. 同一夯点　　　　B. 1m² 范围内　　　C. 10m² 范围内　　　D. 任意夯点

3. 深层水泥搅拌桩定额已综合了正常施工工艺需要的重复喷浆（粉）和搅

拌。空搅部分按相应定额的人工及搅拌桩机台班乘以系数（　　）计算。

    A. 0. 1   B. 0. 5   C. 1   D. 1. 5

    4. 打、拔钢板桩，定额仅考虑打、拔施工费用，未包含钢工具桩制作、除锈和刷油，实际发生时另行计算。打、拔槽钢或钢轨，其机械用量乘以系数（　　）。

    A. 0. 05   B. 0. 5   C. 0. 77   D. 1

    5. 打桩工程按陆地打垂直桩编制。设计要求打斜桩时，斜度＜1∶6时，相应定额人工、机械乘以系数（　　）；斜度＞1∶6时，相应定额人工、机械乘以系数（　　）。

    A. 1. 25   B. 1. 43   C. 1. 5   D. 2

项目 7

桩 基 础 工 程

任务 7.1　定额说明及解释

灌注桩是在现场位置用人工或成孔机械直接成孔，然后灌注混凝土或放入钢筋骨架后再灌注混凝土而形成桩（图 7-1）。

（1）本项目定额适用于陆地上桩基工程，所列打桩机械的规格、型号是按常

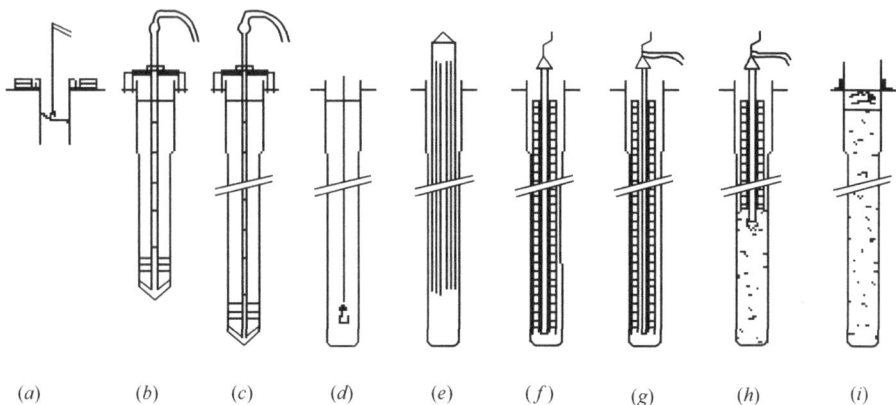

图 7-1　钻孔灌注桩施工示意图

(a) 埋设护筒；(b) 安装钻机、钻进；(c) 第一次清孔；(d) 测定孔壁；(e) 吊放钢筋笼；
(f) 插入导管；(g) 第二次清孔；(h) 灌注水下混凝土、拔出导管；(i) 拔出护筒

规施工工艺和方法综合取定。定额已综合考虑了各类土层、岩石层的分类因素，对施工场地的土质、岩石级别进行了综合取定。

（2）桩基施工前场地平整、压实地表、地下障碍处理等，定额均未考虑，发生时另行计算。

（3）探桩位已综合考虑在各类桩基定额内，不另行计算。

（4）单位（群体）工程的桩基工程量少于表 7-1 对应数量时，相应定额人工、机械乘以系数 1.25。灌注桩单位（群体）工程的桩基工程量指灌注混凝土量。

单位工程的桩基工程量表   表 7-1

项目	单位工程的工程量	项目	单位工程的工程量
预制钢筋混凝土方桩	200m³	钻孔、旋挖成孔灌注桩	150m³
预应力钢筋混凝土管桩	1000m	沉管、冲击灌注桩	100m³
预制钢筋混凝土板桩	100m³	钢管桩	50t

（5）打桩

1）单独打试桩、锚桩，按相应定额的打桩人工及机械乘以系数 1.5。

2）打桩工程按陆地打垂直桩编制。设计要求打斜桩时，斜度＜1∶6 时，相应定额人工、机械乘以系数 1.25；斜度＞1∶6 时，相应定额人工、机械乘以系数 1.43。

3）打桩工程以平地（坡度＜15°）打桩为准，坡度＞15°打桩时，按相应定额人工、机械乘以系数 1.15。如在基坑内（基坑深度＞1.5m，基坑面积＜500m²）打桩或在地坪上打坑槽内（坑槽深度＞1m）桩时，按相应定额人工、机械乘以系数 1.11。

4）在桩间补桩或在强夯后的地基上打桩时，相应定额人工、机械乘以系数 1.15。

5）打桩工程，如遇送桩时，可按打桩相应定额人工、机械乘以表 7-2 中的系数：

送桩深度系数表   表 7-2

送桩深度	系数
≤2m	1.25
≤4m	1.43
＞4m	1.67

6）打、压预制钢筋混凝土桩、预应力钢筋混凝土管桩，定额按购入成品构件考虑，已包含桩位半径＜15m 内的移动、起吊、就位。桩位半径＞15m 时的构件场内运输，按本定额"施工运输工程"中的预制构件水平运输 1km 以内的相应项目执行。

7）定额内未包括预应力钢筋混凝土管桩钢桩尖制安项目，实际发生时按本定额"钢筋及混凝土工程"中的预埋铁件定额执行。

8) 预应力钢筋混凝土管桩桩头灌芯部分按人工挖孔桩灌桩芯定额执行。

（6）灌注桩

1）钻孔、旋挖成孔等灌注桩设计要求进入岩石层时执行入岩子目，入岩指钻入中风化的坚硬岩。

2）旋挖成孔灌注桩定额按湿作业成孔考虑，如采用干作业成孔工艺时，则扣除相应定额中的黏土、水和机械中的泥浆泵。

3）定额各种灌注桩的材料用量中，均已包括了充盈系数和材料损耗，见表 7-3。

灌注桩充盈系数和材料损耗率表
表 7-3

项目名称	充盈系数	损耗率（%）
旋挖、冲击钻机成孔灌注混凝土桩	1.25	1
回旋、螺旋钻机钻孔灌注混凝土桩	1.20	1
沉管桩机成孔灌注混凝土桩	1.15	1

4）桩孔空钻部分回填应根据施工组织设计的要求套用相应定额，填土者按本定额"土石方工程"松填土方定额计算，填碎石者按本定额"地基处理与边坡支护工程"碎石垫层定额乘以 0.7 计算。

5）旋挖桩、螺旋桩、人工挖孔桩等采用干作业成孔工艺的桩的土石方场内、场外运输，执行本定额"土石方工程"相应项目及规定。

6）定额内未包括泥浆池制作，实际发生时按本定额"砌筑工程"的相应项目执行。

7）定额内未包括废泥浆场内（外）运输，实际发生时按本定额"土石方工程"相关项目及规定执行。

8）定额内未包括桩钢筋笼、铁件制安项目，实际发生时按本定额"钢筋及混凝土工程"的相应项目执行。

9）定额内未包括沉管灌注桩的预制桩尖制安项目，实际发生时按本定额"钢筋及混凝土工程"中的小型构件定额执行。

10）灌注桩后压浆注浆管、声测管埋设，注浆管、声测管如遇材质、规格不同时，可以换算，其余不变。

11）注浆管埋设定额按桩底注浆考虑，如设计采用侧向注浆，则相应定额人工、机械乘以系数 1.2。

任务 7.2　工程量计算规则

（1）打桩

1）预制钢筋混凝土桩

打、压预制钢筋混凝土桩按设计桩长（包括桩尖）乘以桩截面面积，以体积计算。

2）预应力钢筋混凝土管桩

① 打、压预应力钢筋混凝土管桩按设计桩长（不包括桩尖），以长度计算。

② 预应力钢筋混凝土管桩钢桩尖按设计图示尺寸，以质量计算。

③ 预应力钢筋混凝土管桩，如设计要求加注填充材料时，填充部分另按本章钢管桩填芯相应项目执行。

④ 桩头灌芯按设计尺寸以灌注体积计算。

3）钢管桩

① 钢管桩按设计要求的桩体质量计算。

② 钢管桩内切割、精割盖帽按设计要求的数量计算。

③ 钢管桩管内钻孔取土、填芯，按设计桩长（包括桩尖）乘以填芯截面积，以体积计算。

4）打桩工程的送桩按设计桩顶标高至打桩前的自然地坪标高另加 0.5m 计算相应项目的送桩工程量。

5）预制混凝土桩、钢管桩电焊接桩，按设计要求接桩头的数量计算。

6）预制混凝土桩截桩按设计要求截桩的数量计算。截桩长度时，不扣减相应桩的打桩工程量；截桩长度＞1m 时，其超过部分按实扣减打桩工程量，但桩体的价格和预制桩场内运输的工程量不扣除。

7）预制混凝土桩凿桩头按设计图示桩截面积乘以凿桩头长度，以体积计算。凿桩头长度设计无规定时，桩头长度按桩体高 40d（d 为桩体主筋直径，主筋直径不同时取大者）计算；灌注混凝土桩凿桩头按设计超灌高度（设计有规定按设计要求，设计无规定按 0.5m）乘以桩截面积，以体积计算。

8）桩头钢筋整理，按所整理的桩的数量计算。

（2）灌注桩

1）钻孔桩、旋挖桩成孔工程量按打桩前自然地坪标高至设计桩底标高的成孔长度乘以设计桩径截面积，以体积计算。入岩增加工程量按实际入岩深度乘以设计桩径截面积，以体积计算。

2）钻孔桩、旋挖桩灌注混凝土工程量按设计桩径截面积乘以设计桩长（包括桩尖）另加加灌长度，以体积计算。加灌长度设计有规定者，按设计要求计算；无规定者，按 0.5m 计算。

3）沉管成孔工程量按打桩前自然地坪标高至设计桩底标高（不包括预制桩尖）的成孔长度乘以钢管外径截面积，以体积计算。

4）沉管桩灌注混凝土工程量按钢管外径截面积乘以设计桩长（不包括预制桩尖）另加加灌长度，以体积计算。加灌长度设计有规定者，按设计要求计算，无规定者，按 0.5m 计算。

5）人工挖孔灌注混凝土桩护壁和桩芯工程量，分别按设计图示截面积乘以设计桩长另加加灌长度，以体积计算。加灌长度设计有规定者，按设计要求计算；无规定者，按 0.25m 计算。

6）钻孔灌注桩、人工挖孔桩设计要求扩底时，其扩底工程量按设计尺寸，以体积计算，并入相应桩的工程量内。

7）桩孔回填工程量按桩加灌长度顶面至打桩前自然地坪标高的长度乘以桩孔截面积，以体积计算。

8）钻孔压浆桩工程量按设计桩顶标高至设计桩底标高的长度另加 0.5m，以长度计算。

9）注浆管、声测管理设工程量按打桩前的自然地坪标高至设计桩底标高的长度另加 0.5m，以长度计算。

10）桩底（侧）后压浆工程量按设计注入水泥用量，以质量计算。

任务 7.3　定额应用

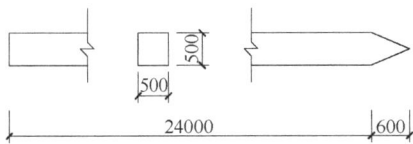

图 7-2

【例 7-1】某工程用打桩机，打如图 7-2 所示钢筋混凝土预制方桩，共 50 根。求其工程量，确定定额项目及费用。

解： 工程量 $= 0.5 \times 0.5 \times (24 + 0.6) \times 50 = 307.50 m^3$

注：单位（群体）工程的桩基工程量少于一定数量时，相应定额人工、机械乘以系数 1.25。$307.50 m^3 > 200 m^3$（单位工程的桩基工程量表）所以不用乘以系数。

打预制钢筋混凝土方桩，套 3-1-2。

定额单价（含税）：2283.67 元/10m³

分部分项工程费：2283.67 × （307.50 ÷ 10）＝70222.85 元

定额单价（除税）：2078.98 元/10m³

分部分项工程费：2078.98 ÷ 10 × 307.50 ＝ 63928.64 元

【例 7-2】某基础工程打预应力钢筋混凝土管桩，23 根。尺寸如图 7-3 所示，计算打管桩工程量及费用。

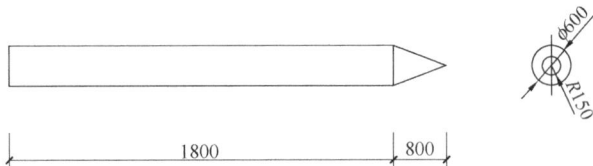

图 7-3

解： 工程量 $= [\pi/4 \times 0.6^2 \times (18 + 0.8) - \pi \times 0.15^2 \times 18] \times 23 = 92.99 m^3$

打预制钢筋混凝土管桩（桩径 600mm），套 3-1-11。

18.8 × 23 ＝ 432.4m ＜ 1000m

注：单位（群体）工程的桩基工程量少于一定数量时，相应定额人工、机械乘以系数

1.25。18.8×23＝432.4m＜1000m（单位工程的桩基工程量表）所以乘以系数。

定额单价（含税）：2283.67 元/10m³

分部分项工程费：2283.67×（307.50÷10）＝70222.85 元

定额单价（除税）：2078.98 元/10m³

分部分项工程费：2078.98÷10×307.50＝63928.64 元

项 目 习 题

一、单项选择题：

1. 单位（群体）工程的桩基工程量少于单位工程的桩基工程量表对应数量时，相应定额人工、机械乘以系数（　　）。

A. 1　　　　　B. 1. 25　　　　　C. 1. 5　　　　　D. 1. 75

2. 单独打试桩、锚桩，按相应定额的打桩人工及机械乘以系数（　　）。

A. 1　　　　　B. 1. 25　　　　　C. 1. 5　　　　　D. 1. 75

3. 设计要求打斜桩时，斜度＜1：6时，相应定额人工、机械乘以系数（　　）；斜度＞1：6时，相应定额人工、机械乘以系数（　　）。

A. 1　　　　　B. 1. 25　　　　　C. 1. 43　　　　　D. 1. 75

4. 打桩工程以平地（坡度＜15°）打桩为准，坡度＞15°打桩时，按相应定额人工、机械乘以系数（　　）。如在基坑内（基坑深度＞1.5m，基坑面积＜500m²）打桩或在地坪上打坑槽内（坑槽深度＞1m）桩时，按相应定额人工、机械乘以系数（　　）。

A. 1　　　　　B. 1. 11　　　　　C. 1. 14　　　　　D. 1. 15

5. 在桩间补桩或在强夯后的地基上打桩时，相应定额人工、机械乘以系数（　　）。

A. 1　　　　　B. 1. 11　　　　　C. 1. 14　　　　　D. 1. 15

6. 打桩工程，如遇送桩时，送桩深为 3m 时，相应定额人工、机械乘以下选项中的系数（　　）。

A. 1　　　　　B. 1. 25　　　　　C. 1. 43　　　　　D. 1. 75

7. 打桩工程的送桩按设计桩顶标高至打桩前的自然地坪标高另加（　　）计算相应项目的送桩工程量。

A. 0. 1m　　　　　B. 0. 2m　　　　　C. 0. 5m　　　　　D. 1m

8. 注浆管、声测管埋设工程量按打桩前的自然地坪标高至设计桩底标高的长度另加（　　），以长度计算。

A. 0. 1m　　　　　B. 0. 2m　　　　　C. 0. 5m　　　　　D. 1m

9. 打、压预应力钢筋混凝土管桩按设计桩长（不包括桩尖），以（　　）计算。

A. 面积　　　　　B. 体积　　　　　C. 周长　　　　　D. 长度

10. 人工挖孔灌注混凝土桩护壁和桩芯工程量，分别按设计图示截面积乘以设计桩长另加加灌长度，以体积计算。加灌长度设计有规定者，按设计要求计算，无规定者，按（　　）计算。

A. 0. 1m　　　　　B. 0. 2m　　　　　C. 0. 25m　　　　　D. 0. 5m

项目 8

砌筑工程

任务 8.1 定额说明及解释

本项目定额包括砖砌体、砌块砌体、石砌体和轻质板墙四个任务（图 8-1）。

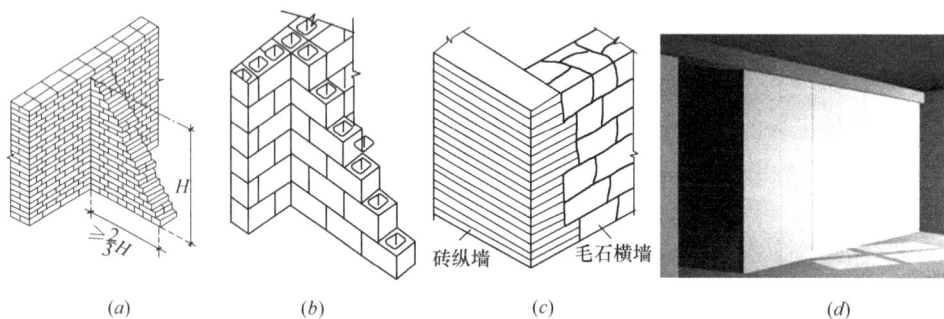

图 8-1

(*a*) 砖砌体；(*b*) 砌块砌体；(*c*) 石砌体；(*d*) 轻质板墙

（1）定额中砖、砌块和石料按标准或常用规格编制，设计材料规格与定额不同时允许换算。

（2）砌筑砂浆按现场搅拌编制，定额所列砌筑砂浆的强度等级和种类，设计与定额不同时允许换算。

（3）定额中各类砖、砌块、石砌体的砌筑均按直形砌筑编制。如为圆弧形砌筑时，按相应定额人工用量乘以系数 1.1，材料用量乘以系数 1.03。

（4）砖砌体、砌块砌体、石砌体

1）标准砖砌体计算厚度（表 8-1）

墙厚（砖数）	1/4	1/2	3/4	1	1.5	2	2.5
计算厚度（mm）	53	115	180	240	365	490	615

2）砌筑材料选用规格（单位为 mm）

实心砖：240×115×53；多孔砖：M 型 190×90×90，190×190×90；P 型 240×115×90；空心砖：240×115×115，240×180×115；加气混凝土砌块：600×200×240；空心砌块：390×190×190，290×190×190；装饰混凝土砌块：390×90×190；毛料石：1000×300×300；方整石墙：400×220×200；方整石柱：450×220×200；零星方整石：400×200×100。

3）定额中的墙体砌筑层高是按 3.6m 编制的，如超过 3.6m 时，其超过部分工程量的定额人工乘以系数 1.3。

4）砖砌体均包括原浆勾缝用工，加浆勾缝时，按本定额"墙、柱面装饰与隔断、幕墙工程"的规定另行计算。

5）零星砌体系指台阶、台阶挡墙、阳台栏板、施工过人洞、梯带、蹲台、池槽、池槽腿、花台、隔热板下砖墩、炉灶、锅台，以及石墙和轻质墙中的墙角、窗台、门窗洞口立边、梁垫、楼板或梁下的零星砌砖等。

6）砖砌挡土墙，墙厚＞2 砖执行砖基础相应项目，墙厚＜2 砖执行砖墙相应项目。

7）砖柱和零星砌体等子目按实心砖列项，如用多孔砖砌筑时，按相应子目乘以系数 1.15。

8）砌块砌体中已综合考虑了墙底小青砖所需工料，使用时不得调整。墙顶部与楼板或梁的连接依据《蒸压加气混凝土砌块构造详图（山东省）》L10J125 按铁件连接考虑，铁件制作和安装按本定额"钢筋及混凝土工程"的规定另行计算。

9）装饰砌块夹芯保温复合墙体是指由外叶墙（非承重）、保温层、内叶墙（承重）三部分组成的集装饰、保温、承重于一体的复合墙体。

10）砌块零星砌体执行砖零星砌体子目，人工含量不变。

11）砌块墙中用于固定门窗或吊柜、窗帘盒、暖气片等配件所需的灌注混凝土或预埋构件，按本定额"钢筋及混凝土工程"的规定另行计算。

12）定额中石材按其材料加工程度，分为毛石、毛料石、方整石，使用时应根据石料名称、规格分别执行。

13）毛石护坡高度＞4m 时，定额人工乘以系数 1.15。

14）方整石零星砌体子目，适用于窗台、门窗洞口立边、压顶、台阶、栏杆、墙面点缀石等定额未列项目的方整石的砌筑。

15）石砌体子目中均不包括勾缝用工，勾缝按本定额"墙、柱面装饰与隔断、幕墙工程"的规定另行计算。

16）设计用于各种砌体中的砌体加固筋，按本定额"钢筋及混凝土工程"的规定另行计算。

（5）轻质板墙

1）轻质板墙：适用于框架、框剪结构中的内外墙或隔墙。定额按不同材质和板型编制，设计与定额不同时，可以换算。

2）轻质板墙，不论空心板或实心板，均按厂家提供板墙半成品（包括板内预埋件，配套吊挂件、U形卡、S形钢檩条、螺栓、铆钉等），现场安装编制。

3）轻质板墙中与门窗连接的钢筋码和钢板（预埋件），定额已综合考虑。

任务8.2 工程量计算规则

（1）砌筑界线划分

1）基础与墙体：以设计室内地坪为界，有地下室者，以地下室设计室内地坪为界，以下为基础，以上为墙体（图8-2）。

2）室内柱以设计室内地坪为界；室外柱以设计室外地坪为界，以下为柱基础，以上为柱（图8-3）。

3）围墙以设计室外地坪为界，以下为基础，以上为墙体（图8-4）。

4）挡土墙以设计地坪标高低的一侧为界，以下为基础，以上为墙体（图8-5）。

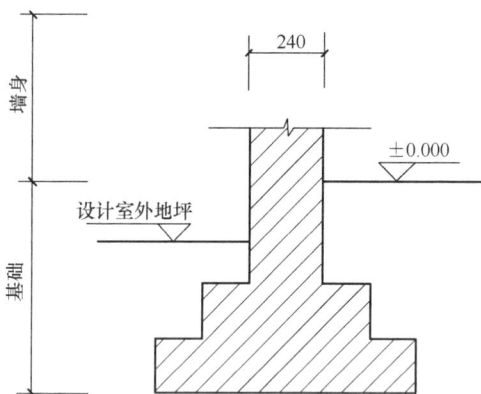

图 8-2

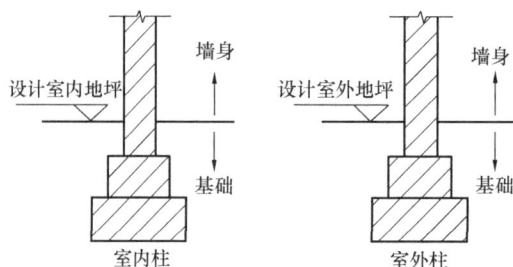

图 8-3

注：上述砌筑界线的划分，系指基础与墙（柱）为同一种材料（或同一种砌筑工艺）的情况；若基础与墙（柱）使用不同材料，且（不同材料的）分界线位于室内地坪≤300mm时，

300mm 以内部分并入相应墙（柱）工程量内计算。

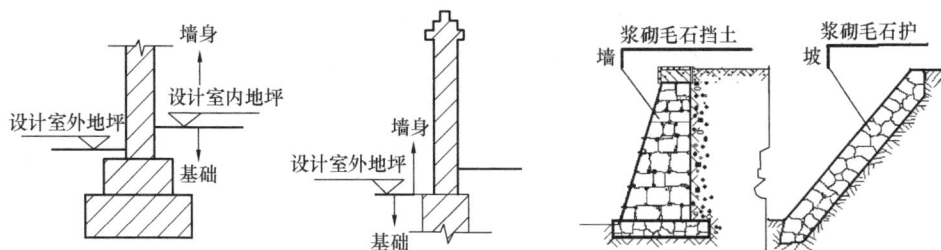

图 8-4

图 8-5

（2）基础工程量计算

1）条形基础：按墙体长度乘以设计断面面积以体积计算。

2）包括附墙垛基础宽出部分体积，扣除地梁（圈梁）、构造柱所占体积，不扣除基础大放脚 T 形接头处的重叠部分，以及嵌入基础的钢筋、铁件、管道、基础防潮层和单个面积≤0.3m² 的孔洞所占 体积，但靠墙暖气沟的挑檐也不增加。

3）基础长度：外墙按外墙中心线，内墙按内墙净长线计算。

4）柱间条形基础，按柱间墙体的设计净长度乘以设计断面面积，以体积计算。

5）独立基础：按设计图示尺寸以体积计算。

（3）墙体工程量计算

1）墙长度：外墙按中心线、内墙按净长计算。

2）外墙高度：斜（坡）屋面无檐口天棚者算至屋面板底，如图 8-6 所示；有屋架且室内外均有顶棚者算至屋架下弦底另加 200mm，如图 8 7 所示；无顶棚者算至屋架下弦底另加 300mm，如图 8-8 所示，出檐宽度超过 600mm 时按实砌高度计算；有钢筋混凝土楼板隔层者算至板顶。平屋顶算至钢筋混凝土板顶，如图 8-9 所示。

图 8-6

3）内墙高度：位于屋架下弦者，算至屋架下弦底，如图 8-8 所示；无屋架者算至天棚底另加 100mm，如图 8-10 所示；有钢筋混凝土楼板隔层者算至楼板底，如图 8-11；有框架梁时算至梁底。

4）女儿墙高度，从屋面板上表面算至女儿墙顶面（如有混凝土压顶时算至压顶下表面），如图 8-12 所示。

5）内、外山墙高度：按其平均高度计算。

6）框架间墙：不分内外墙按墙体净尺寸以体积计算。

7）围墙：高度算至压顶上表面（如有混凝土压顶时算至压顶下表面），围墙柱并入围墙体积内。

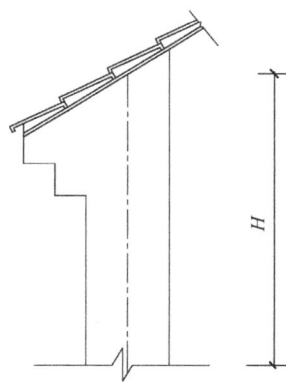

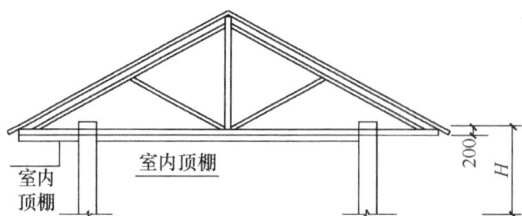

室内顶棚

室内
顶棚

200

H

图 8-7

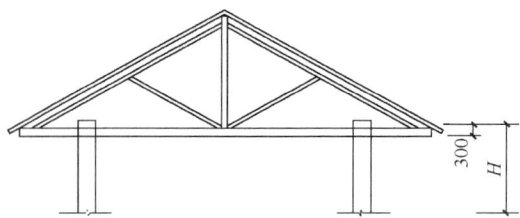

300

H

图 8-8

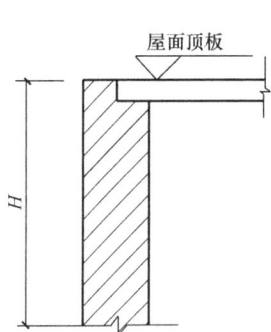

屋面顶板

H

图 8-9

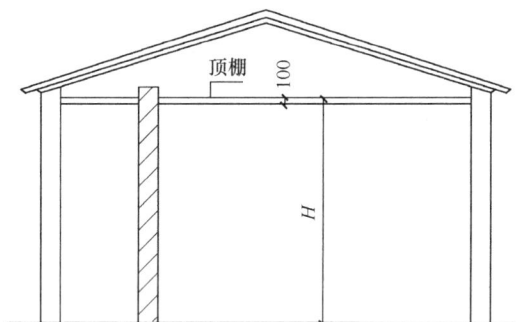

顶棚

100

H

图 8-10

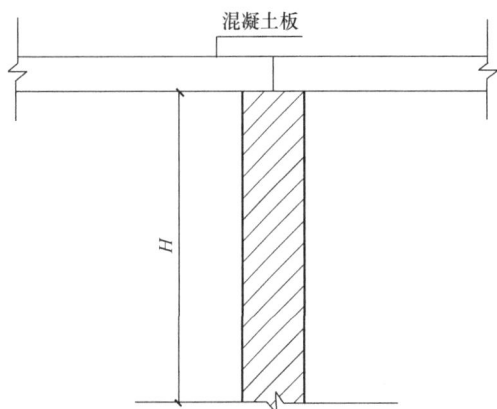

混凝土板

H

图 8-11

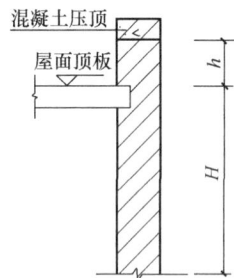

混凝土压顶

屋面顶板

h

H

图 8-12

8）墙体体积：按设计图示尺寸以体积计算。计算墙体工程量时，应扣除门窗、洞口、嵌入墙内的钢筋混凝土柱、梁、圈梁、挑梁、过梁及凹进墙内的壁龛、管槽、暖气槽、消火栓箱所占体积。不扣除梁头、外墙板头、檩头、垫木、木楞头、沿缘木、木砖、门窗走头、墙内的加固钢筋、木筋、铁件、钢管及每个面积<0.3m² 孔洞等所占体积。凸出墙面的窗台虎头砖、压顶线、山墙泛水、烟囱根、门窗套及三皮砖以内的腰线和挑檐等体积也不增加。凸出墙面的砖垛、三皮砖以上的腰线和挑檐等体积，并入所附墙体体积内计算。

9）附墙烟囱（包括附墙通风道、垃圾道，混凝土烟风道除外），按其外形体积并入所依附的墙体 积内计算。如图 8-13 所示。

（4）柱工程量计算：各种柱均按基础分界线以上的柱高乘以柱断面面积，以体积计算。

（5）轻质板墙：按设计图示尺寸以面积计算。

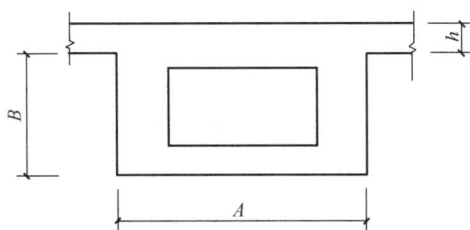

图 8-13

（6）其他砌筑工程量计算

1）砖砌地沟不分沟底、沟壁按设计图示尺寸以体积计算。

2）零星砌体项目，均按设计图示尺寸以体积计算。

3）多孔砖墙、空心砖墙和空心砌块墙，按相应规定计算墙体外形体积，不扣除砌体材料中的孔洞和空心部分的体积。

4）装饰砌块夹芯保温复合墙体按实砌复合墙体以面积计算。

5）混凝土烟风道按设计混凝土砌块体积，以体积计算。计算墙体工程量时，应按混凝土烟风道工程量，扣除其所占墙体的体积。

6）变压式排烟气道，区分不同断面，以长度计算工程量（楼层交接处的混凝土垫块及垫块安装灌缝已综合在子目中，不单独计算）。计算时，自设计室内地坪或安装起点，计算至上一层楼板的上表面；顶端遇坡屋面时，按其高点计算至屋面板面。

7）混凝土镂空花格墙按设计空花部分外形面积（空花部分不予扣除）以面积计算。定额中混凝土镂空花格按半成品考虑。

8）石砌护坡按设计图示尺寸以体积计算。

9）砖背里和毛石背里按设计图示尺寸以体积计算。

10）定额中用砂为符合规范要求的过筛净砂，不包括施工现场的筛砂用工，现场筛砂用工按本定额"土石方工程"的规定另行计算。

任务 8.3　定额应用

1. 基础砌筑

【例 8-1】 某基础工程如图 8-14 所示，M5 水泥砂浆砌筑。计算砖基础的工程量，确定定额项目及费用。

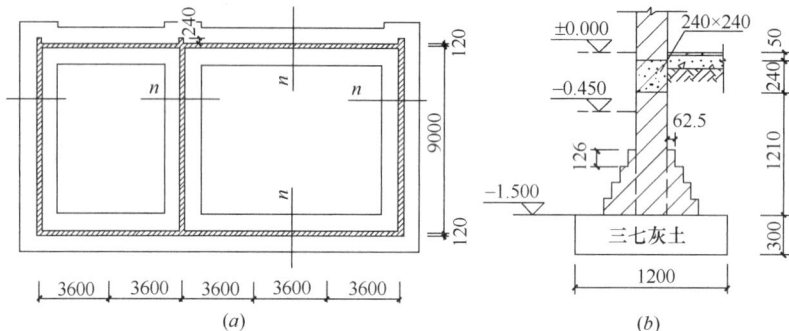

图 8-14

(a) 基础平面图；(b) 1—1 剖面图

解：$L_{中}=(9+3.6\times5)\times2+0.24\times3=54.72\text{m}$

$$L_{内}=9-0.24=8.76\text{m}$$

砖基础工程量 $=(0.24\times1.5+0.0625\times5\times0.126\times0.4-0.24\times0.24)\times(54.72+8.76)=29.19\text{m}^3$

M5 水泥砂浆砖基础，套 4-1-1。

定额单价（含税）：3587.58 元/10m³

分部分项工程费：3587.57÷10×29.19=10472.12 元

定额单价（除税）：3493.09 元/10m³

分部分项工程费：3493.09÷10×29.19=10196.33 元

【例 8-2】 某基础工程如图 8-15 所示，基础用 M5.0 水泥砂浆砌筑。计算该基础工程的工程量，确定定额项目及费用。

解：$L_{中}=(14.4-0.37+9+0.425\times2)\times2=47.76\text{m}$

$$L_{内}=9-0.37=8.63\text{m}$$

1) 毛石条基工程量 $=(47.76+8.63)\times(0.9+0.7+0.5)\times0.35=41.45\text{m}^3$

毛石独立基础工程量 $=(1.0\times1.0+0.7\times0.7)\times0.35\times2=1.04\text{m}^3$

毛石基础合计工程量 $=41.45+1.04=42.49\text{m}^3$

M5 水泥砂浆毛石基础，套 4-3-1。

定额单价（含税）：3020.59 元/10m³

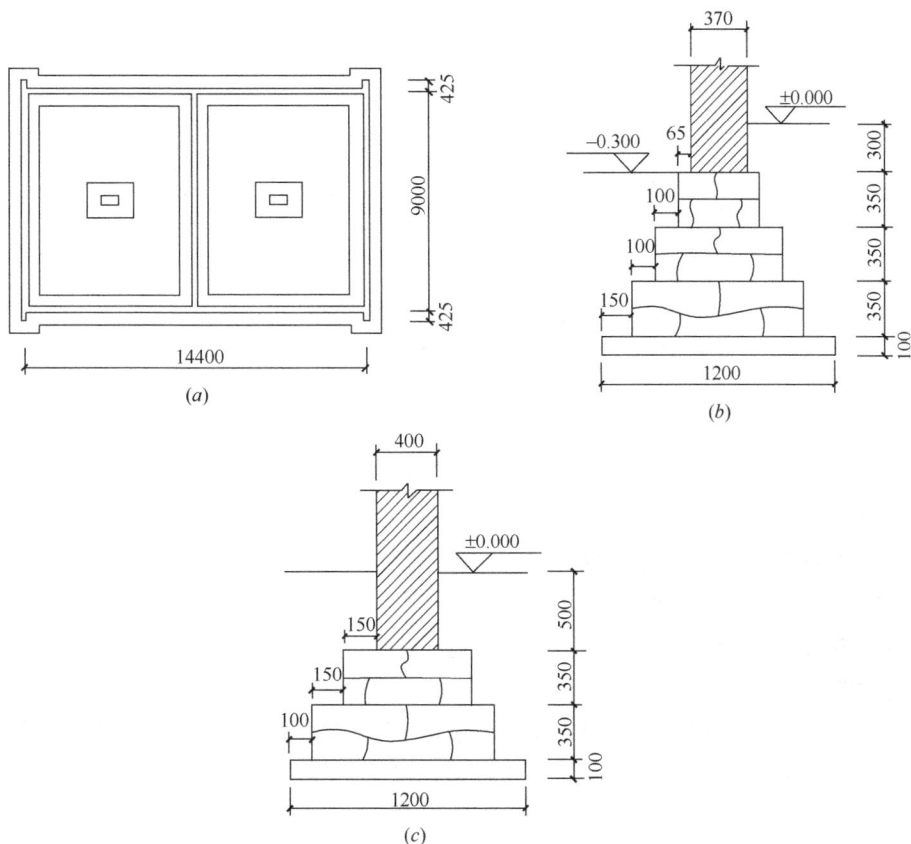

图 8-15

分部分项工程费：3020.59×(42.49÷10)＝12834.49 元

定额单价(除税)：2865.39 元/10m³

分部分项工程费：2865.39÷10×42.49＝12175.04 元

2)砖基础工程量＝0.40×0.40×0.50×2＝0.16m³

M5 水泥砂浆砖基础，套 4-1-1。

定额单价(含税)：3587.58 元/10m³

分部分项工程费：3587.57÷10×0.16＝57.40 元

定额单价(除税)：3493.09 元/10m³

分部分项工程费：3493.09÷10×0.16＝55.89 元

注：条形基础与墙身使用不同材料，且分界线位于设计室内地坪 300mm 以内，300mm 以内部分应并入相应墙身工程量内计算。

【例 8-3】砖独立基础如图 8-16 所示，用 M5 水泥砂浆砌筑，数量为 3 个。计算砖独立基础工程量、确定定额项目及费用。

解： 砖独立基础工程量＝[(0.6×0.6＋0.48×0.48＋0.36×0.36)×0.12＋0.24×0.24×0.3]×3＝0.31m³

砖基础套 4-1-1。

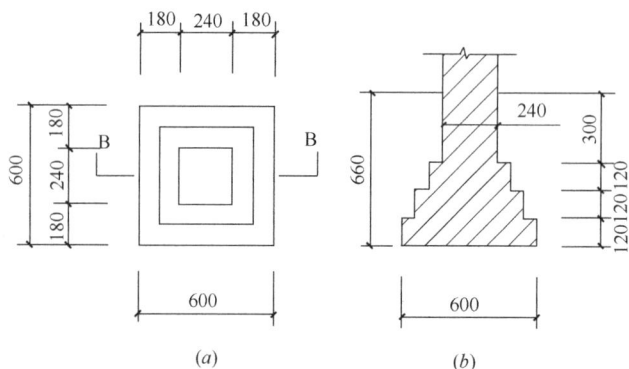

图 8-16

（a）基础平面图；（b）B—B 剖面图

定额单价（含税）：3587.58 元/10m³

分部分项工程费：3587.58÷10×0.31＝111.21 元

定额单价（除税）：3493.09 元/10m³

分部分项工程费：3493.09÷10×0.31＝108.29 元

2. 墙体

【例 8-4】某建筑物如图 8-17 所示，圈梁、过梁高均为 180mm，过梁长度按门窗洞口加 500mm 计算。计算其墙体工程量，确定定额项目。

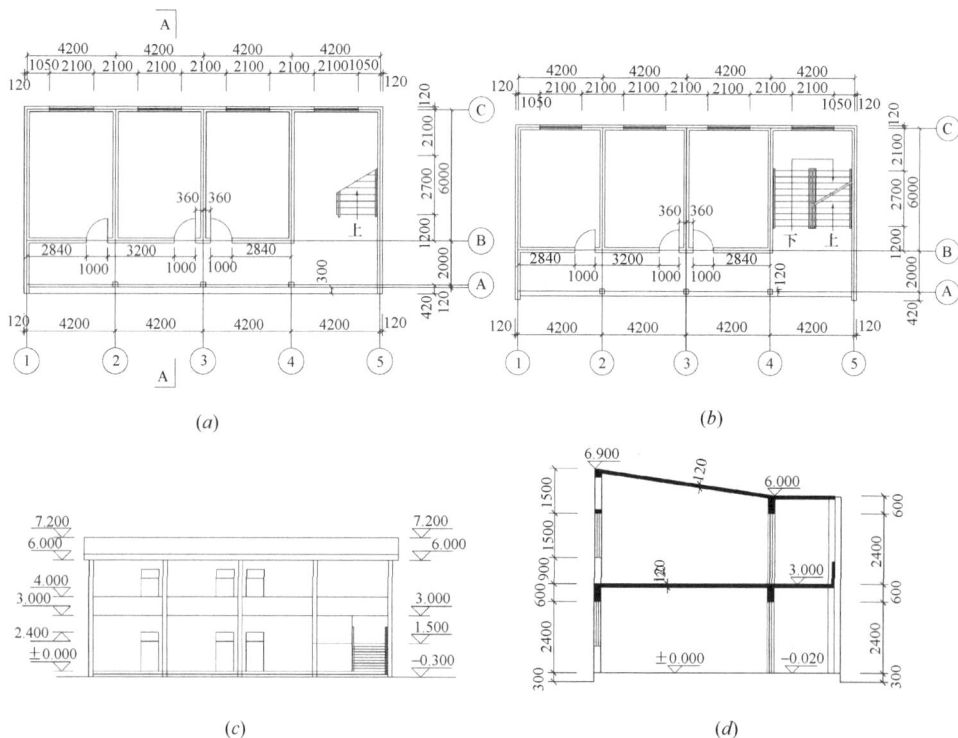

图 8-17

解：外墙体积＝{6.0×[(6.9＋6)÷2－0.18×2]×2＋(2.00＋0.42)×(6.0－0.18×2)×2＋4.2×4×(6.9－0.18×2)－2.1×1.5×8－0.18×2.6×8＋4.2×3×(6－0.18×2)－1.0×2.4×6－0.18×1.50×6}×0.24＝56.73m³

内墙体积＝(6.0－0.24)×[(6.9＋6)÷2－0.18×2]×0.24×3＝25.26m³

墙体工程量合计＝56.73＋25.26＝81.99m³

240mm 混水砖墙(M5 混合砂浆)，套 4-1-7。

定额单价(含税)：3825.30

分部分项工程费：3825.30÷10×81.99＝31363.63 元

定额单价(除税)：3730.41

分部分项工程费：3730.41÷10×81.99＝30585.63 元

【例 8-5】 如图 8-17 所示，砖柱断面 0.24mm×0.24mm，M5 混合砂浆砌筑。计算砖柱工程量，试确定定额项目及费用。

解：砖柱工程量＝0.24×0.24×(6－0.12×2＋0.02)×3＝1.00m³

M5 混合砂浆方形砖柱，套 4-1-2。

定额单价（含税）4505.17 元/10m³

分部分项工程费 4505.17÷10×1＝450.52 元

定额单价（除税）4410.86 元/10m³

分部分项工程费 4410.86÷10×1＝441.09 元

【例 8-6】 某工程如图 8-18 所示，附墙烟道高 3.9m。计算附墙烟道体积，确定定额项目及费用。

解：附墙烟道工程量＝0.84×0.375×3.9＝1.23m³

M5 混合砂浆混凝土烟风道，套 4-2-9。

定额单价（含税）：6316.69 元/10m³

分部分项工程费：6316.69÷10×1.23＝776.95 元

定额单价（除税）：5770.87 元/10m³

分部分项工程费：5770.87÷10×1.23＝709.82 元

【例 8-7】 某单层建筑物，框架结构，尺寸如图 8-19 所示，墙身用 M5 混合砂浆砌筑加气混凝土块，女儿墙砌筑煤矸石空心砖，混凝土压顶断面 240mm×60mm，墙厚均为 240mm，石膏空心条板墙 80mm 厚。框架柱断面 240mm×240mm 到女儿墙顶，框架梁断面 240mm×500mm，门窗洞口上均采用现浇钢筋混凝土过梁，断面 240mm×180mm。M1：1560mm×2700mm；M2：1000mm×2700mm；C1：1800mm×1800mm；C2：1560mm×1800mm。计算墙体工程量，确定定额项目及费用。

图 8-18

解：1）加气混凝土砌块工程量＝[(11.34－0.24＋10.44－0.24－0.24×6)×2×3.6－1.56×2.7－1.8×1.8×6－1.56×1.8]×0.24－(1.56×2＋2.3×6)×0.24×0.18＝27.24m³

240 厚加气混凝土砌块墙，套 4-2-1。

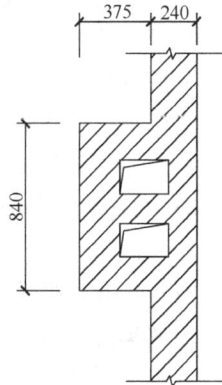

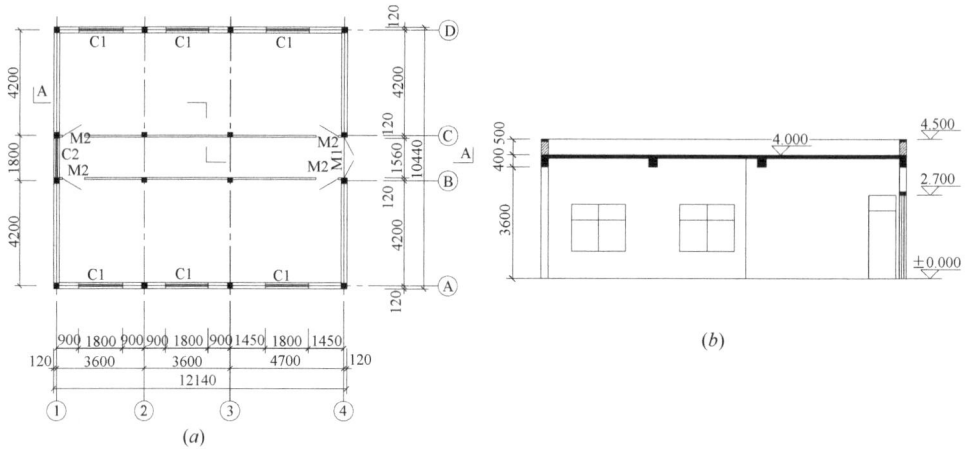

图 8-19

（a）平面图；（b）A—A 剖面图

定额单价（含税）：4200.33 元/10m³

分部分项工程费：4200.33×（27.24÷10）=11441.70 元

定额单价（除税）：4112.49 元/10m³

分部分项工程费：4112.49÷10×27.24=11202.42 元

2) 矸石空心砖女儿墙工程量=（11.34−0.24+10.44−0.24−0.24×6）×2×（0.50−0.06）×0.24=4.19m³

240mm 空心砖墙，套 4-1-18。

定额单价（含税）：3295.83 元/10m³

分部分项工程费：3295.83×（4.19÷10）=1380.95 元

定额单价（除税）：3215.96 元/10m³

分部分项工程费：3215.96÷10×4.19=1347.49 元

3) 石膏空心条板墙工程量=[（11.34−0.24−0.24×3）×3.6−1.00×2.70×2]×2=63.94m²

石膏空心条板墙 80mm 厚，套 4-4-9。

定额单价（含税）：1097.09 元/10m³

分部分项工程费：1097.09×（63.94÷10）=7014.80 元

定额单价（除税）：957.40 元/10m³

分部分项工程费：957.40÷10×63.94=6121.62 元

【例 8-8】某整砌毛石挡土墙如图 8-20 所示，M5 混合砂浆砌筑。计算整砌毛石挡土墙工程量，确定定额项目及费用。

解：1) 整砌毛石挡土墙工程量=（0.6+1.15）×3.0÷2×50.00=132.25m³

M5 混合砂浆毛石挡土墙，套 4-3-4。

定额单价（含税）：3163.30 元/10m³

分部分项工程费：3163.30÷10×132.25=41834.64 元

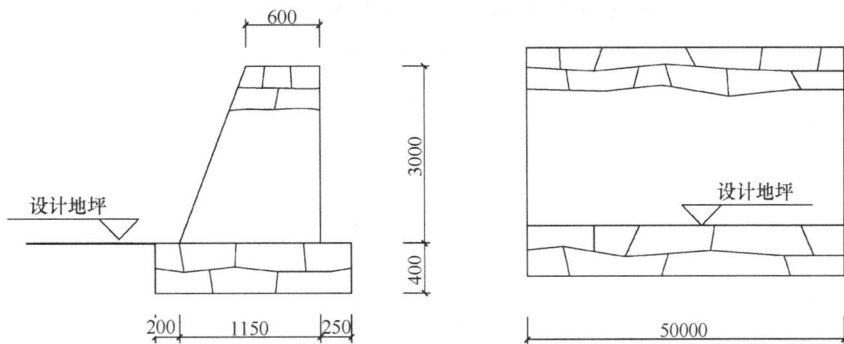

图 8-20

定额单价（除税）：3006.82 元/10m^3

分部分项工程费：3006.82÷10×132.25＝39765.19 元

2）毛石基础工程量＝（0.2＋1.15＋0.25）×0.4×50.00＝32.00m^3

M5 混合砂浆毛石基础，套 4-3-1。

定额单价（含税）：3020.59 元/10m^3

分部分项工程费：3020.59÷10×32.00＝9665.89 元

定额单价（除税）：2865.39 元/10m^3

分部分项工程费：2865.39÷10×32.00＝9169.25 元

项 目 习 题

一、单项选择题

1. 砌筑工程量一般按体积计算，墙体厚度是一个基本指标，37 墙的实际厚度是（　　）。

A. 360mm　　　　B. 365mm　　　　C. 370mm　　　　D. 375mm

2. 有钢筋混凝土楼板隔层者，砖内墙高度算至（　　）。

A. 楼板底面另加 100mm　　　　B. 楼板底面另加 200mm

C. 楼板顶面　　　　D. 楼板底面

3. 墙体的计算长度，框架间墙按（　　）计算。

A. 墙体中心线　　　　B. 内墙净长线

C. 框架间净距离　　　　D. 设计尺寸

4. 基础与墙身划分时，如有地梁分隔，应以（　　）为界。

A. 设计室内地坪　　　　B. 设计室外地坪

C. 地梁下表面　　　　D. 地梁上表面

5. 内墙砖石基础工程量计算长度为（　　）。

A. 内墙基最上一步退台净长线　　B. 内墙中心线

C. 内墙净长线　　　　D. 内墙墙基最下一步退台净长线

二、多项选择题

1. 计算砖墙工程量应扣除门窗洞口、空圈和嵌入墙内的(　　)所占体积。

A. 圈梁　　　　　　　　　　　B. 构造柱

C. 过梁　　　　　　　　　　　D. 钢筋

E. 板头

2. 计算砖墙工程量应包括(　　)所占体积。

A. 铁件　　　　　　　　　　　B. 突出墙面砖垛

C. 过梁　　　　　　　　　　　D. 构造柱

E. 圈梁

3. 砌筑工程量按墙体体积计算，墙体厚度是一个基本指标，一般有(　　)几种实际尺寸。

A. 115mm　　　　　　　　　　B. 120mm

C. 240mm　　　　　　　　　　D. 365mm

E. 370mm

4. 以下(　　)砌体项目执行零星砌砖项目。

A. 砖台阶　　　　　　　　　　B. 台阶挡墙

C. 120 墙体　　　　　　　　　D. 阳台 120 砖砌栏板

E. 围墙

项目 9

钢筋及混凝土工程

任务 9.1　定额说明及解释

（1）混凝土

1）定额内混凝土搅拌项目包括筛砂子、筛洗石子、搅拌、前台运输上料等内容，混凝土浇筑项目包括润湿模板、浇灌、捣固、养护等内容。

2）毛石混凝土，是按毛石占混凝土总体积 20％ 计算的。如设计要求不同时，允许换算。

3）小型混凝土构件，系指单件体积≤0.1m³ 的定额未列项目。

4）现浇钢筋混凝土柱、墙、后浇带定额项目，定额综合了底部灌注 1∶2 水泥砂浆的用量。

5）定额中已列出常用混凝土强度等级，如与设计要求不同时，允许换算。

6）混凝土柱、墙连接时，柱单面突出墙面大于墙厚或双面突出墙面时，柱按其完整断面计算，墙长算至柱侧面；柱单面突出墙面小于墙厚时，其突出部分并入墙体积内计算。

7）轻型框剪墙，是轻型框架剪力墙的简称，结构设计中也称为短肢剪力墙结构。轻型框剪墙，由墙柱、墙身、墙梁三种构件构成。墙柱，即短肢剪力墙，也称边缘构件（又分为约束边缘构件和构造边缘构件），呈十字形、T 形、Y 形、L 形、一字形等形状，柱式配筋。墙身为一般剪力墙。墙柱与墙身相连，还可能形

133

成工、[、Z字等形状。墙梁处于填充墙大洞口或其他洞口上方，梁式配筋。通常情况下，墙柱、墙身、墙梁厚度（≤300mm）相同，构造上没有明显的区分界限。

轻型框剪墙子目，已综合考虑了墙柱、墙身、墙梁的混凝土浇筑因素，计算工程量时执行墙的相应规则，墙柱、墙身、墙梁不分别计算。

8）叠合箱、蜂巢芯混凝土楼板浇筑时，混凝土子目中人工、机械乘以系数1.15。

9）阳台指主体结构外的阳台，定额已综合考虑了阳台的各种类型因素，使用时不得分解。主体结构内的阳台，按梁、板相应规定计算。

10）劲性混凝土柱（梁）中的混凝土在执行定额相应子目时，人工、机械乘以系数1.15。

11）有梁板及平板的区分，见图9-1。

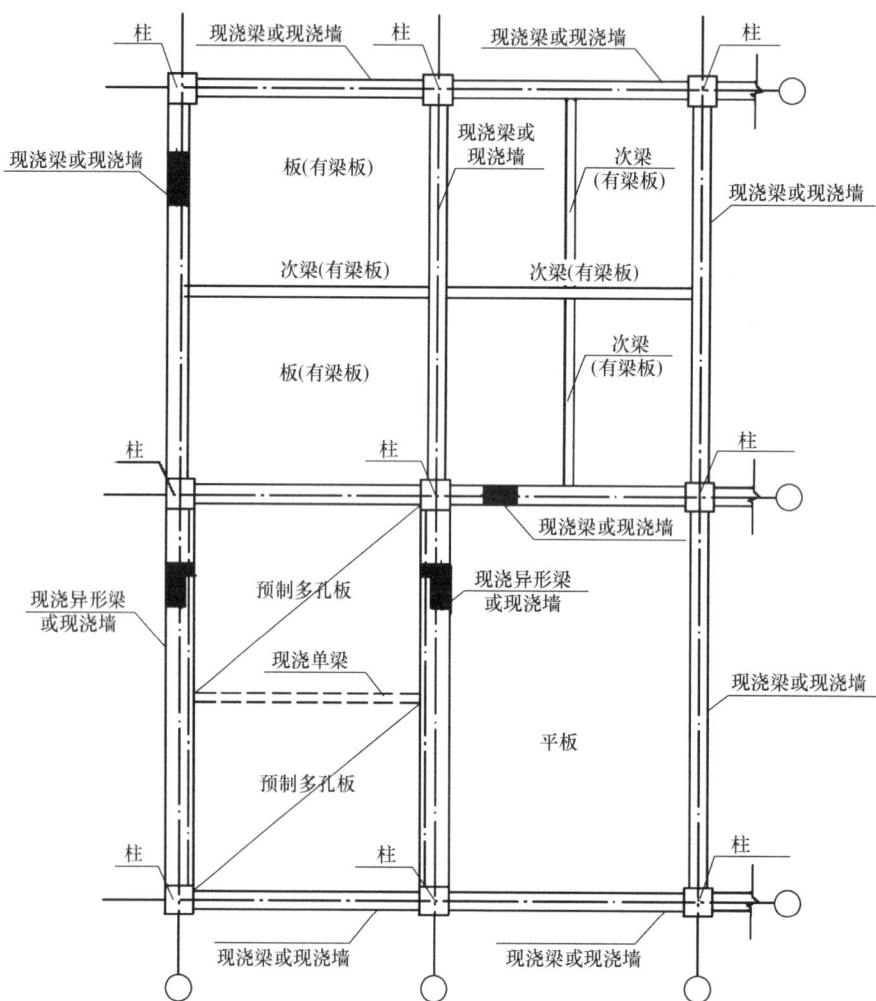

图9-1 现浇梁、板区分示意图

（2）钢筋

1）定额按钢筋新平法规定的 HPB300、HRB335、HRB400、HRB500 综合规定编制，并按现浇构件钢筋、预制构件钢筋、预应力钢筋及箍筋分别列项。

2）预应力构件中非预应力钢筋按预制钢筋相应项目计算。

3）绑扎低碳钢丝、成型点焊和接头焊接用的电焊条已综合在定额项目内，不另行计算。

4）非预应力钢筋不包括冷加工，如设计要求冷加工时，另行计算。

5）预应力钢筋如设计要求人工时效处理时，另行计算。

6）后张法钢筋的锚固是按钢筋帮条焊、U 形插垫编制的。如采用其他方法锚固时，可另行计算。

7）表 9-1 所列构件，其钢筋可按表内系数调整人工、机械用量。

钢筋人工、机械调整系数表   表 9-1

项目	预制构件钢筋		现浇构件钢筋	
系数范围	拱梯型屋架	托架梁	小型构件 （或小型池槽）	构筑物
人工、机械调整系数	1.16	1.05	2	1.25

8）马凳钢筋子目，发生时按实计算。

9）防护工程的钢筋锚杆，护壁钢筋、钢筋网执行现浇构件钢筋子目。

10）冷轧扭钢筋，执行冷轧带肋钢筋子目。

11）砌体加固筋，定额按焊接连接编制。实际采用非焊接方式连接时，不得调整。

12）构件箍筋按钢筋规格 HPB300 编制，实际箍筋采用 HRB335 及以上规格钢筋时，执行构件箍筋 HPB300 子目，换算钢筋种类，机械乘以系数 1.38。

13）圆钢筋电渣压力焊接头，执行螺纹钢筋电渣压力焊接头子目，换算钢筋种类，其他不变。

14）预制混凝土构件中，不同直径的钢筋点焊成一体时，按各自的直径计算钢筋工程量，按不同直径钢筋的总工程量，执行最小直径钢筋的点焊子目。如果最大与最小钢筋的直径比大于 2 时，最小直径钢筋点焊子目的人工乘以系数 1.25。

15）劲性混凝土柱（梁）中的钢筋人工乘以系数 1.25。

16）定额中设置钢筋间隔件子目，发生时按实计算。

17）对拉螺栓增加子目，主要适用于混凝土墙中设置不可周转使用的对拉螺栓的情况，按照混凝土墙的模板接触面积乘以系数 0.5 计算，如地下室墙体止水螺栓。

（3）预制构件安装

1）定额的安装高度<20m。

2）定额中机械吊装是按单机作业编制的。

3）定额安装项目是以轮胎式起重机、塔式起重机（塔式起重机台班消耗量包括在垂直运输机械项目内）分别列项编制的。如使用汽车式起重机时，按轮胎起重机相应定额项目乘以系数 1.05。

4）小型构件安装是指单体体积<0.1m³，且本节定额中未单独列项的构件。

5）升板预制柱加固是指柱安装后，至楼板提升完成期间所需要的加固搭设。

6）预制混凝土构件安装子目均不包括为安装工程所搭设的临时性脚手架及临时平台，发生时按有关规定另行计算。

7）预制混凝土构件必须在跨外安装就位时，按相应构件安装子目中的人工、机械台班乘以系数 1.18。使用塔式起重机安装时，不再乘以系数。

任务9.2　工程量计算规则

1. 现浇混凝土工程量计算规则

混凝土工程量除另有规定者外，均按图示尺寸以体积计算。不扣除构件内钢筋、铁件及墙、板中 ≤0.3m² 的孔洞所占体积，但劲性混凝土中的金属构件、空心楼板中的预埋管道所占体积应予扣除。

（1）基础

1）带形基础，外墙按设计外墙中心线长度、内墙按设计内墙基础净长度乘以设计断面面积，以体积计算。

2）满堂基础，按设计图示尺寸以体积计算。

① 无梁式满堂基础，见图 9-2。

$$V = 底板长 \times 宽 \times 板厚 + 单个柱墩体积 \times 柱墩个数$$

② 有梁式满堂基础，见图 9-3。

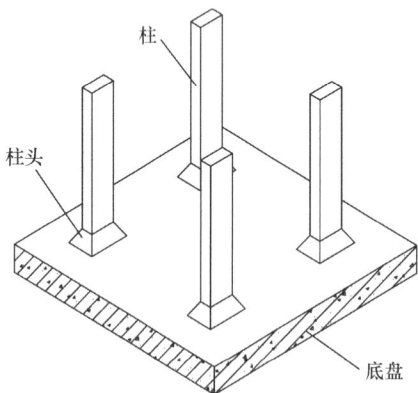

图 9-2　无梁式满堂基础

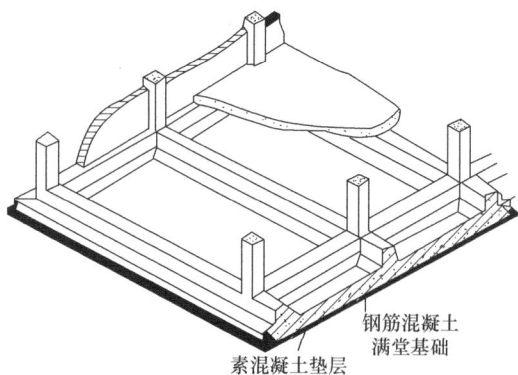

图 9-3　有梁式满堂基础

$$V = 底板长 \times 宽 \times 板厚 + \Sigma(梁断面面积 \times 梁长)$$

3）箱式满堂基础分别按无梁式满堂基础、柱、墙、梁、板有关规定计算，套用相应定额子目,见图9-4。

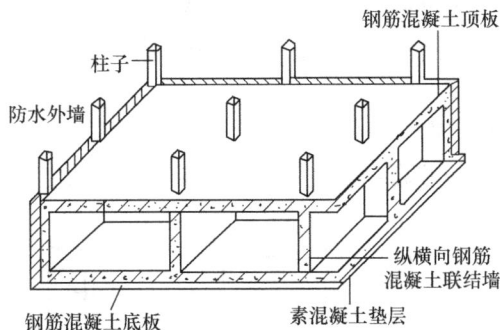

图9-4 箱式满堂基础

4)独立基础,包括各种形式的独立基础及柱墩,其工程量按图示尺寸以体积计算。柱与柱基的划分以柱基的扩大顶面为分界线。

①阶台形基础,见图9-5。

$$V = abh_1 + a_1b_1h_2$$

②锥台形基础,见图9-6。

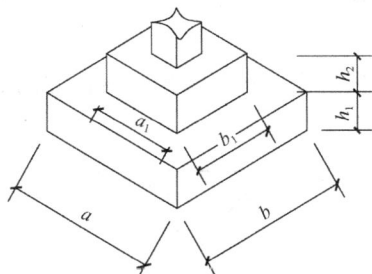

图9-5 阶台形基础   图9-6 锥台形基础

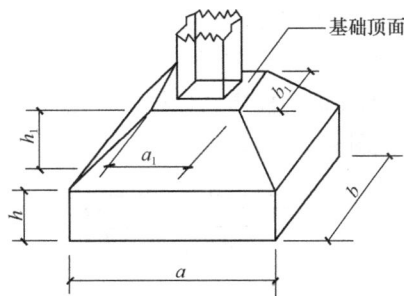

$$V = abh + \frac{h_1}{3}[ab + \sqrt{ab \cdot a_1b_1} + a_1b_1]$$

5)带形桩承台按带形基础的计算规则计算,独立桩承台按独立基础的计算规则计算。不扣除伸入承台基础的桩头所占体积,见图9-7。

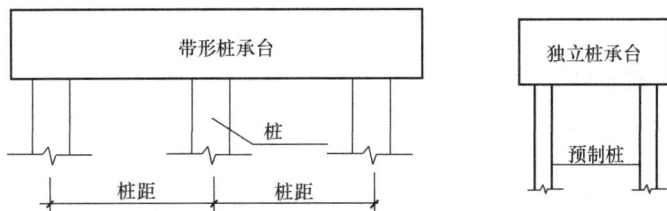

图9-7 带形桩承台

6)设备基础,除块体基础外,分别按基础、柱、梁、板、墙等有关规定计算，套用相应定额子目。楼层上的钢筋混凝土设备基础，按有梁板项目计算。

（2）柱按图示断面尺寸乘以柱高以体积计算

柱混凝土工程量＝图示断面面积×柱高

柱高按下列规定确定：

1）现浇混凝土柱与基础的划分，以基础扩大面的顶面为分界线，以下为基础，以上为柱。框架柱的柱高，自柱基上表面至柱顶高度计算，见图9-8。

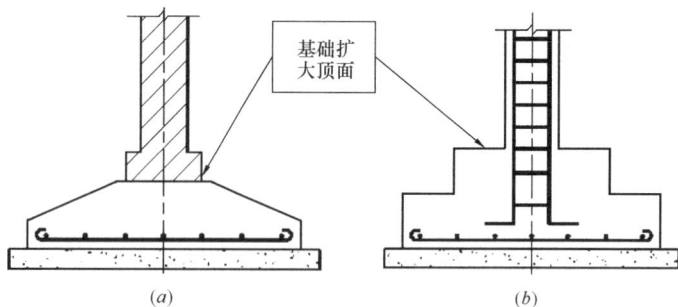

图 9-8
（a）条形基础；（b）独立基础

2）有梁板的柱高，自柱基上表面（或楼板上表面）至上一层楼板上表面之间的高度计算，见图9-9（a）。

3）无梁板的柱高，自柱基上表面（或楼板上表面）至柱帽下表面之间的高度计算，见图9-9（b）。

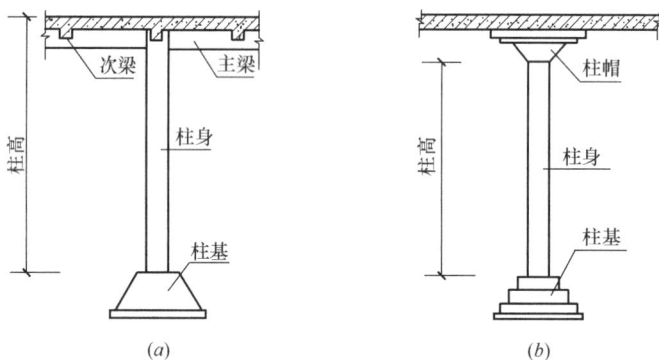

图 9-9

4）构造柱按设计高度计算，与墙嵌接部分（马牙槎）的体积，按构造柱出槎长度的一半（有槎与无槎的平均值）乘以出槎宽度，再乘以构造柱柱高，并入构造柱体积内计算。

构造柱工程量＝柱的折算横截面面积×柱高

① 构造柱高：由于构造柱根部一般锚固在地圈梁内，因此，柱高应自地圈梁的顶部至柱顶部高度计算。

② 构造柱横截面面积：构造柱一般是先砌砖后浇混凝土。在砌砖时一般每隔五皮砖（约 300mm）两边各留一马牙槎，槎口宽度为 60mm，见图 9-10。

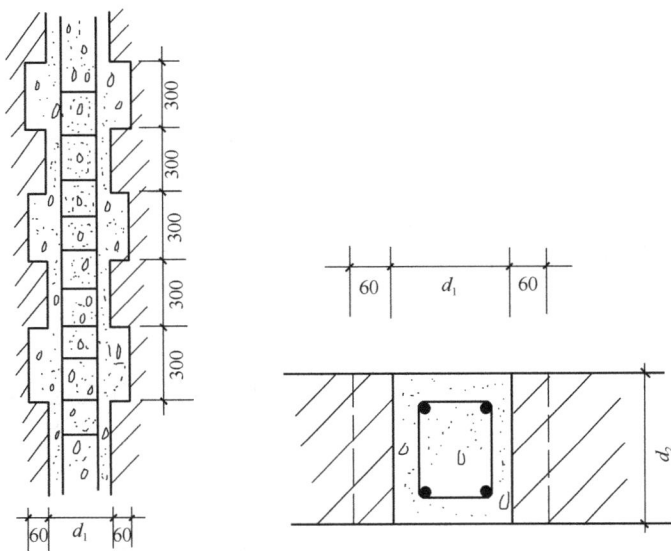

图 9-10

计算构造柱体积时，与墙体嵌接部分的体积应并入到柱身体积内，可按基本截面宽度两边各加 30mm 计算，见图 9-11～图 9-14。

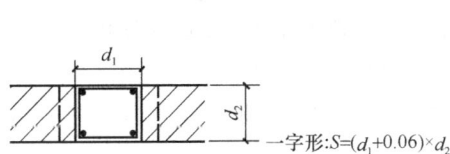

一字形:$S=(d_1+0.06)\times d_2$

图 9-11

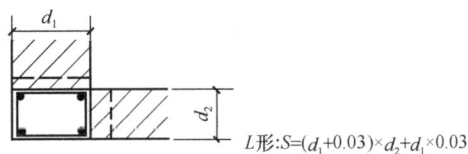

L形:$S=(d_1+0.03)\times d_2+d_1\times 0.03$

图 9-12

十字形:$S=(d_1+0.06)\times d_2+d_1\times 0.03\times 2$

图 9-13

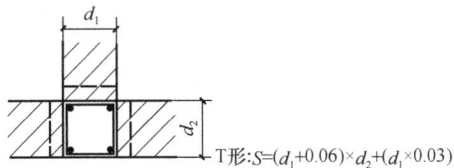

T形:$S=(d_1+0.06)\times d_2+(d_1\times 0.03)$

图 9-14

5）依附柱上的牛腿，并入柱体积内计算。

（3）梁按图示断面尺寸乘以梁长以体积计算

$$梁混凝土工程量＝梁长×梁断面面积$$

梁长及梁高按下列规定确定：

1）梁与柱连接时，梁长算至柱侧面（图 9-15）。

2）主梁与次梁连接时，次梁长算至主梁侧面。伸入墙体内的梁头、梁垫体积并入梁体积内计算，见图 9-16、图 9-17。

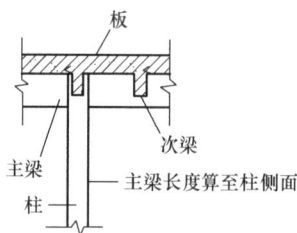

图 9-15

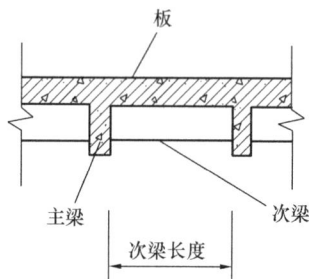

图 9-16

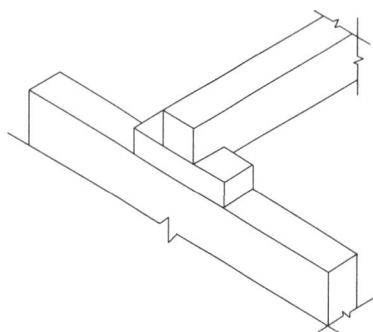

图 9-17

3）过梁长度按设计规定计算，设计无规定时，按门窗洞口宽度，两端各加 250mm 计算，见图 9-18。

4）房间与阳台连通，洞口上坪与圈梁连成一体的混凝土梁，按过梁的计算规则计算工程量，执行单梁子目。

5）圈梁与梁连接时，圈梁体积应扣除伸入圈梁内的梁体积，见图 9-19。圈梁与构造柱连接时，圈梁长度算至构造柱侧面。构造柱有马牙槎时，圈梁长度算至构造柱主断面的侧面。基础圈梁按圈梁计算，见图 9-20。

6）在圈梁部位挑出外墙的混凝土梁，以外墙外边线为界限，挑出部分按图示尺寸以体积计算。

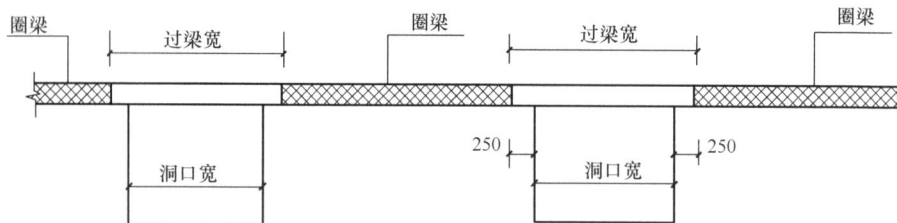

图 9-18

7）梁（单梁、框架梁、圈梁、过梁）与板整体现浇时，梁高计算至板底（图 9-21）。

（4）墙按图示中心线长度尺寸乘以设计高度及墙体厚度，以体积计算。扣除门窗洞口及单个面积＞0.3m² 孔洞的体积，墙垛突出部分并入墙体积内计算。

1）现浇混凝土墙（柱）与基础的划分以基础扩大面的顶面为分界线，以下为基础，以上为墙（柱）身。

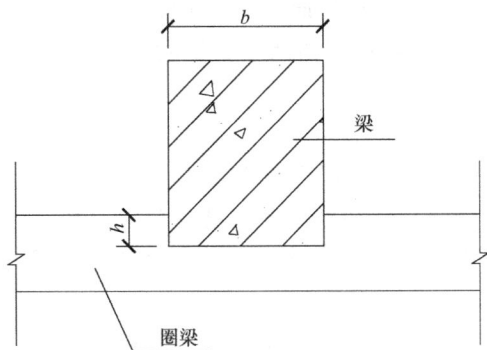

图 9-19

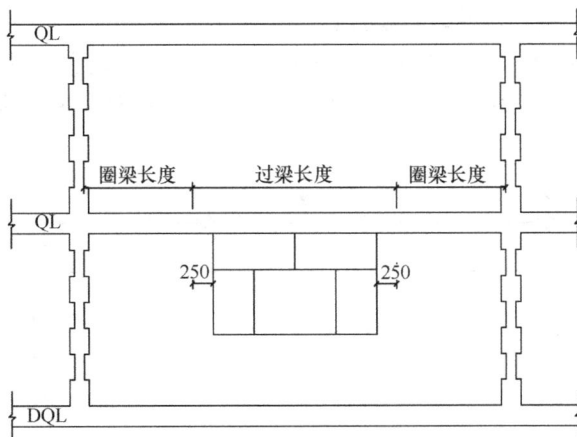

图 9-20

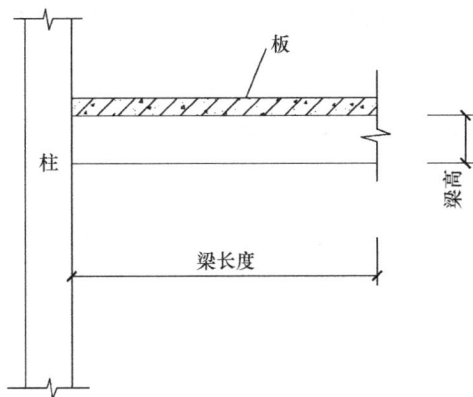

图 9-21

2）现浇混凝土柱、梁、墙、板的分界：

①混凝土墙中的暗柱、暗梁，并入相应墙体积内，不单独计算。

② 混凝土柱、墙连接时，柱单面凸出大于墙厚或双面凸出墙面时，柱、墙分别单独计算，墙算至柱侧面；柱单面凸出小于墙厚时，其凸出部分并入墙体积内计算。

③ 梁、墙连接时，墙高算至梁底。

④ 墙、墙相交时，外墙按外墙中心线长度计算，内墙按墙间净长度计算。

⑤ 柱、墙与板相交时，柱和外墙的高度算至板上坪；内墙的高度算至板底；板的宽度按外墙间净宽度（无外墙时，按板边缘之间的宽度）计算，不扣除柱、垛所占板的面积。

3）电梯井壁，工程量计算执行外墙的相应规定。

4）轻型框剪墙，由剪力墙柱、剪力墙身、剪力墙梁三类构件构成，计算工程量时按混凝土墙的计算规则合并计算。

板按图示面积乘以板厚以体积计算。其中：

1）有梁板包括主、次梁及板，工程量按梁、板体积之和计算（图9-22）。

现浇有梁板混凝土工程量＝图示长度×图示宽度×板厚＋主梁体积＋次梁体积

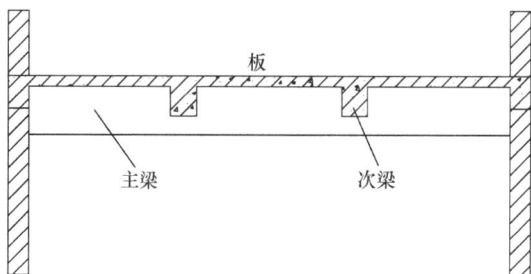

图 9-22

2）无梁板按板和柱帽体积之和计算（图9-23）。

现浇无梁板混凝土工程量＝图示长度×图示宽度×板厚＋柱帽体积

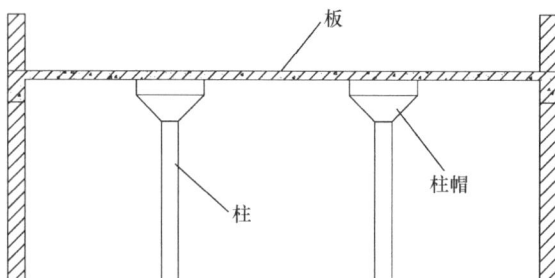

图 9-23

3）平板按板图示体积计算。伸入墙内的板头、平板边沿的翻檐，均并入平板体积内计算（图9-24）。

4）轻型框剪墙支撑的板按现浇混凝土平板的计算规则，以体积计算。

5）斜屋面按板断面积乘以斜长，有梁时，梁板合并计算。屋脊处加厚混凝土

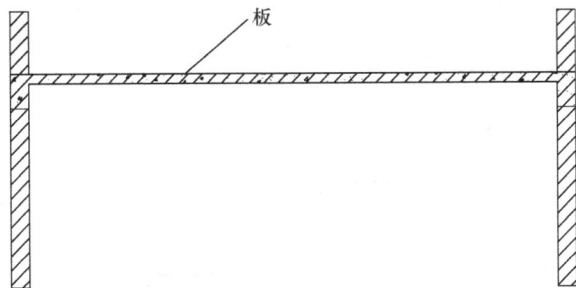

图 9-24

已包括在混凝土消耗量内，不单独计算（图 9-25）。

斜屋面板混凝土工程量＝图示板长度×板厚×斜坡长度＋板下梁体积

6）预制混凝土板补现浇板缝，40mm＜板底缝宽≤100mm 时，按小型构件计算；板底缝宽＞100mm，按平板计算。

7）坡屋面顶板，按斜板计算。屋脊处八字脚的加厚混凝土（素混凝土）已包括在消耗量内，不单独计算。若屋脊处八字脚的加厚混凝土配置钢筋作梁使用，应按设计尺寸并入斜板工程量内计算。

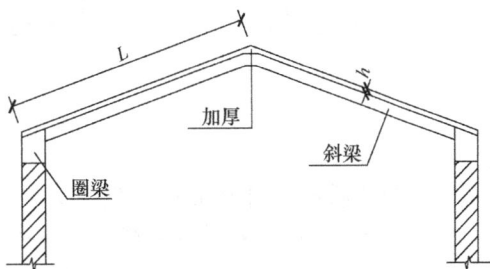

图 9-25

8）现浇挑檐与板（包括屋面板）连接时，以外墙外边线为界限，与圈梁（包括其他梁）连接时，以梁外边线为界限。外边线以外为挑檐（图 9-26）。

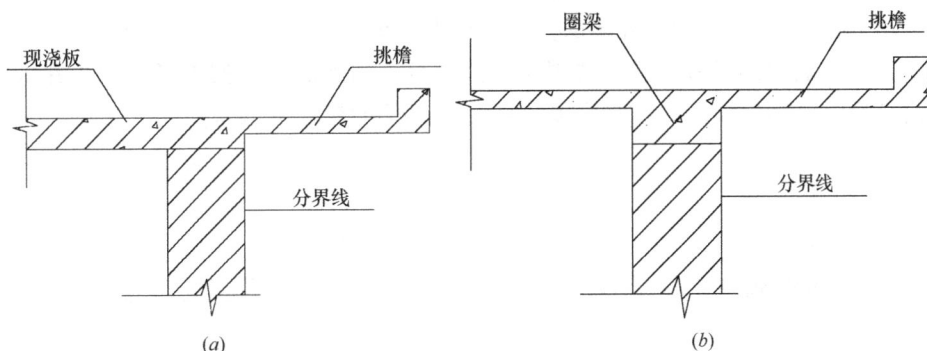

图 9-26

9）叠合箱、蜂巢芯混凝土楼板扣除构件内叠合箱、蜂巢芯所占体积，按有梁板相应规则计算。

（5）其他

1）整体楼梯包括休息平台、平台梁、楼梯底板、斜梁及楼梯的连接梁、楼梯

143

段，按水平投影面积计算，不扣除宽度≤500mm 的楼梯井，伸入墙内部分不另增加。踏步旋转楼梯，按其楼梯部分的水平投影面积乘以周数计算（不包括中心柱），见图 9-27。

当 $C \leqslant 500$mm 时，$S = B \times L$；当 $C > 500$mm 时，$S = B \times L - C \times X$。

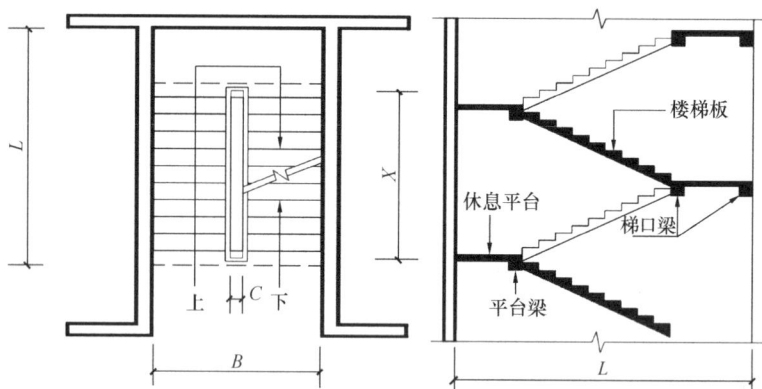

图 9-27

① 混凝土楼梯（含直形和旋转形）与楼板，以楼梯顶部与楼板的连接梁为界，连接梁以外为楼板；楼梯基础，按基础的相应规定计算。

② 踏步底板、休息平台的板厚不同时，应分别计算。踏步底板的水平投影面积包括底板和连接梁；休息平台的投影面积包括平台板和平台梁。

③ 弧形楼梯，按旋转楼梯计算。

④ 独立式单跑楼梯间，楼梯踏步两端的板，均视为楼梯的休息平台板。非独立式楼梯间单跑楼梯，楼梯踏步两端宽度（自连接梁外边沿起）≤1.2m 的板，均视为楼梯的休息平台板。单跑楼梯侧面与楼板之间的空隙视为单跑楼梯的楼梯井。

2）阳台、雨篷按伸出外墙部分的水平投影面积计算，伸出外墙的牛腿不另计算，其嵌入墙内的梁另按梁有关规定单独计算；雨篷的翻檐按展开面积，并入雨篷内计算。井字梁雨篷，按有梁板计算规则计算（图 9-28～图 9-30）。

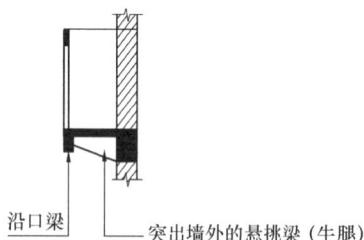

图 9-28

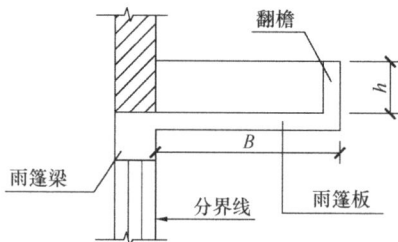

图 9-29

3）栏板以体积计算，伸入墙内的栏板，与栏板合并计算（图 9-31）。

4）混凝土挑檐、阳台、雨篷的翻檐，总高度≤300mm 时，按展开面积并入相应工程量内；总高度＞300mm 时，按栏板计算。三面梁式雨篷，按有梁式阳台

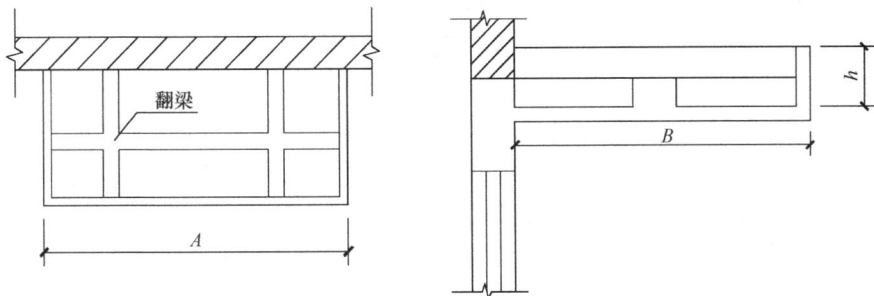

图 9-30

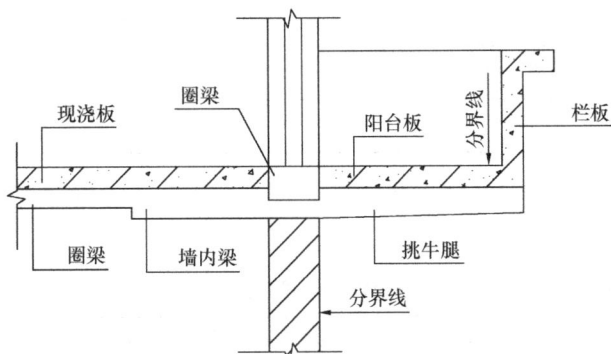

图 9-31

计算（图 9-32）。

5）飘窗左右的混凝土立板，按混凝土栏板计算。飘窗上、下的混凝土挑板、空调室外机的混凝土搁板，按混凝土挑檐计算。

6）单件体积≤0.1m³ 且定额未列子目的构件，按小型构件以体积计算。

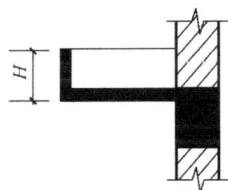

图 9-32

2. 预制混凝土工程量计算规则

（1）混凝土工程量均按图示尺寸以体积计算，不扣除构件内钢筋、铁件、预应力钢筋所占的体积。

预制混凝土工程量＝图示断面面积×构件长度

（2）预制混凝土框架柱的现浇接头（包括梁接头）按设计规定断面和长度以体积计算。

（3）混凝土与钢构件组合的构件，混凝土部分按构件实体积以体积计算。钢构件部分按理论重量，以质量计算。

3. 混凝土搅拌制作和泵送子目

按各混凝土构件的混凝土消耗量之和，以体积计算。

4. 钢筋工程量及定额应用

（1）钢筋工程应区别现浇、预制构件，不同钢种和规格，计算时分别按设计长度乘以单位理论重量，以质量计算。钢筋电渣压力焊接、套筒挤压等接头，按数量计算。

钢筋工程量＝钢筋设计长度（m）×相应钢筋每米重量（kg/m）

式中：钢筋设计长度（m）＝构件图示尺寸－混凝土保护层厚度＋钢筋弯钩增加长度＋弯起钢筋弯起部分的增加长度＋钢筋搭接长度＋锚固增加长度

钢筋直径每米重量＝$0.00617d^2$（kg/m），或直接查表 9-2 可得。

钢筋单位理论质量表　　　　　　　　表 9-2

钢筋直径/mm	4	6.5	8	10	12	14	16
理论重量/（kg/m）	0.099	0.260	0.395	0.617	0.888	1.208	1.578
钢筋直径/mm	18	20	22	25	28	30	32
理论重量/（kg/m）	1.998	2.466	2.984	3.850	4.830	5.550	6.310

1）混凝土保护层厚度：受力钢筋保护层不能小于受力钢筋直径和表 9-3 中的规定。

受力钢筋保护层厚度　　　　　　　　表 9-3

环境类别		受力钢筋的混凝土保护层最小厚度（mm）								
		墙（板）			梁			柱		
		≤C20	C25～C45	≥C50	≤C20	C25～C45	≥C50	≤C20	C25～C45	≥C50
一		20	15	15	30	25	25	30	30	30
二	a	—	20	20	—	30	30	—	30	30
	b	—	25	20	—	35	30	—	35	30
三		—	30	25	—	40	35	—	40	35

2）弯钩增加长度

钢筋弯钩增加长度是指为增加钢筋和混凝土的握裹力，在钢筋端部做弯钩时，弯钩相对于钢筋平直部分外包尺寸增加的长度。

① 一般受力筋弯钩的弯曲角度常有 90°、135°和 180°三种（图 9-33）。

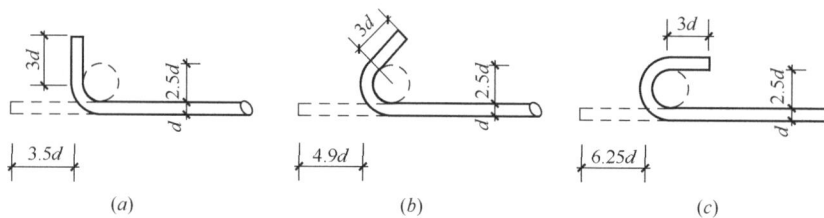

图 9-33

总结钢筋弯钩增加长度见表 9-4。

钢筋类别	弯钩增加长度		
	180°	135°	90°
Ⅰ级钢筋	6.25d	4.90d	3.50d
Ⅱ级钢筋	无	4.90d	3.50d
备注	板上负筋直钩长度一般为板厚减一个保护层厚度		

② 箍筋弯钩形式主要有 135°/135°，90°/135°，90°/90°，90°/180 °几种（图 9-34）。

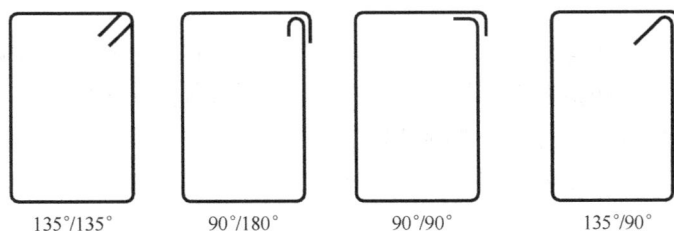

135°/135°　　　90°/180°　　　90°/90°　　　135°/90°

图 9-34

3）弯起增加长度

弯起钢筋弯起部分的增加长度是指钢筋弯曲部分斜边长度与水平长度的差值，即 $S-L$（图 9-35）。

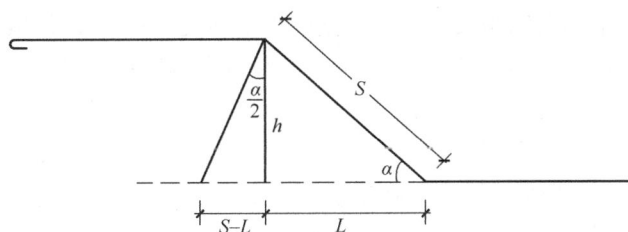

图 9-35

弯起钢筋弯起部分的增加长度见表 9-5。

弯起钢筋弯起部分增加长度表　　　表 9-5

弯起角度	30°	45°	60°
斜长 S	2h	1.414h	1.155h
水平长 L	1.732h	h	0.577h
增加长度 $S-L$	0.268h	0.414h	0.578h
说明	板用	梁高 $H \leqslant 0.8$m 时	梁高 $H > 0.8$m 时
备注	h＝板厚或梁高－板或梁两端保护层厚度		

4）单根箍筋长度＝构件截面周长－8×保护层厚度＋4×箍筋直径＋2×钩长；梁柱箍筋钩长没规定的，可按构件截面周长减 50mm 计算。

5）箍筋根数＝配置范围/箍筋间距＋1，见图 9-36。

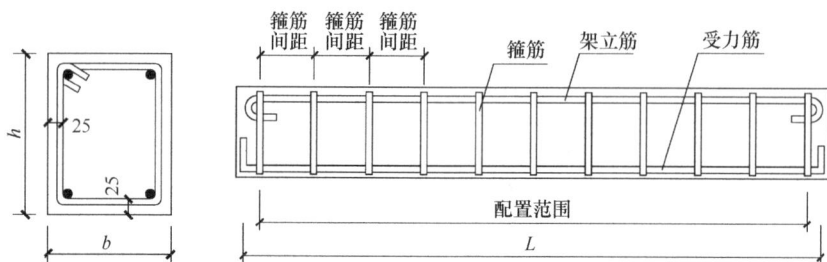

图 9-36

（2）计算钢筋工程量时，设计规定钢筋搭接的，按规定搭接长度计算；设计、规范未规定的，已包括在钢筋的损耗率之内，不另计算搭接长度。

（3）先张法预应力钢筋，按构件外形尺寸计算长度；后张法预应力钢筋按设计规定的预应力钢筋预留孔道长度，并区别不同的锚具类型，分别按下列规定计算：

1）低合金钢筋两端采用螺杆锚具时，预应力钢筋按预留孔道长度减 0.35m，螺杆另行计算。

2）低合金钢筋一端采用镦头插片，另一端为螺杆锚具时，预应力钢筋长度按预留孔道长度计算，螺杆另行计算。

3）低合金钢筋一端采用镦头插片，另一端采用帮条锚具时，预应力钢筋长度增加 0.15m；两端均采用帮条锚具时，预应力钢筋长度共增加 0.3m。

4）低合金钢筋采用后张混凝土自锚时，预应力钢筋长度增加 0.35m。

5）低合金钢筋或钢绞线采用 JM、XM、QM 型锚具，孔道长度≤20m 时，预应力钢筋长度增加 1m；孔道长度＞20m 时，预应力钢筋长度增加 1.8m。

6）碳素钢丝采用锥形锚具，孔道长度≤20m 时，预应力钢筋长度增加 1m；孔道长度＞20m 时，预应力钢筋长度增加 1.8m。

7）碳素钢丝两端采用镦粗头时，预应力钢丝长度增加 0.35m。

（4）其他。

1）马凳

① 现场布置是通长设置的，按设计图纸规定或已审批的施工方案计算。

② 设计无规定时，现场马凳布置方式是其他形式的，马凳的材料应比底板钢筋降低一个规格（若底板钢筋规格不同时，按其中规格大的钢筋降低一个规格计算），长度按底板厚度的 2 倍加 200mm 计算，按 1 个/m² 计入马凳筋工程量（图 9-37a）。

马凳筋工程量＝（板厚×2＋0.2）×底板钢筋规格的单位理论重量×板面积

2）墙体拉结 S 钩，设计有规定的按设计规定，设计无规定按 $\phi 8$ 钢筋，长度按墙厚加 150mm 计算，按 3 个/m²，计入钢筋总量（图 9-37b）。

墙体拉结 S 钩重量＝（墙厚＋0.15）×0.395×（墙面积×3）

图 9-37

(a) 马凳; (b) S 钩

3) 砌体加固钢筋按设计用量以质量计算。

4) 锚喷护壁钢筋、钢筋网按设计用量以质量计算。防护工程的钢筋锚杆，护壁钢筋、钢筋网，执行现浇构件钢筋子目。

5) 螺纹套筒接头、冷挤压带肋钢筋接头、电渣压力焊接头，按设计要求或按施工组织设计规定，以数量计算。

6) 混凝土构件预埋铁件工程量，按设计图纸尺寸，以质量计算。

7) 桩基工程钢筋笼制作安装，按设计图示长度乘以理论重量，以质量计算。

8) 钢筋间隔件子目，发生时按实际计算。编制标底时，按水泥基类间隔件 1.21 个/m² （模板接触面积）计算编制。设计与定额不同时可以换算。

9) 对拉螺栓增加子目，按照混凝土墙的模板接触面积乘以系数 0.5 计算。

5. 预制混凝土构件安装，均按图示尺寸，以体积计算。

(1) 预制混凝土构件安装子目中的安装高度，指建筑物的总高度。

(2) 焊接成型的预制混凝土框架结构，其柱安装按框架柱计算；梁安装按框架梁计算。

(3) 预制钢筋混凝土工字形柱、矩形柱、空腹柱、双肢柱、空心柱、管道支架等的安装，均按柱安装计算。

(4) 柱加固子目，是指柱安装后至楼板提升完成前的预制混凝土柱的搭设加固。其工程量按提升混凝土板的体积计算。

(5) 组合屋架安装，以混凝土部分的实体积计算，钢杆件部分不另计算。

(6) 预制钢筋混凝土多层柱安装，首层柱按柱安装计算；二层及二层以上按柱接柱计算。

任务 9.3 定额应用

1. 混凝土工程量计算

【例 9-1】 某基础工程尺寸如图 9-38 所示，采用 C30 混凝土浇筑，试计算现浇毛石混凝土带形基础的工程量及费用。

解： C30 现浇毛石混凝土带形基础的工程量：

$L_{中}=(3.0+3.6+6+6.6)\times2=38.4\text{m}$

$L_{内}=6-0.24+3.6-0.24=9.12\text{m}$

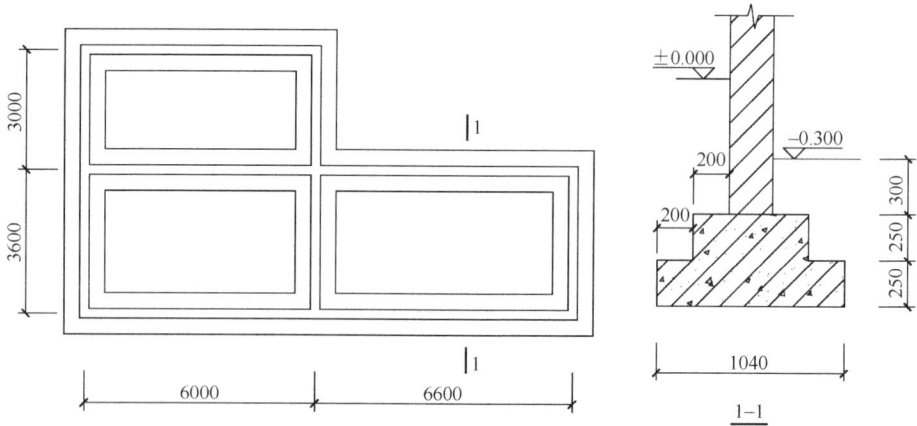

图 9-38

$S=(1.04+1.04-0.2\times2)\times0.25=0.42m^2$

$V=(38.4+9.12)\times0.42=19.96m^3$

C30 现浇毛石混凝土带形基础工程量，套定额 5-1-3。

定额单价（含税）：4162.64 元/10m³

分部分项工程费：4162.64÷10×19.96 =8308.63 元

定额单价（除税）：4044.75 元/10 m³

分部分项工程费：4044.75÷10×19.96 =8073.32 元

【例 9-2】某现浇钢筋混凝土带形基础尺寸，如图 9-39 所示，采用 C30 混凝土浇筑。计算现浇钢筋混凝土带形基础混凝土的工程量及费用。

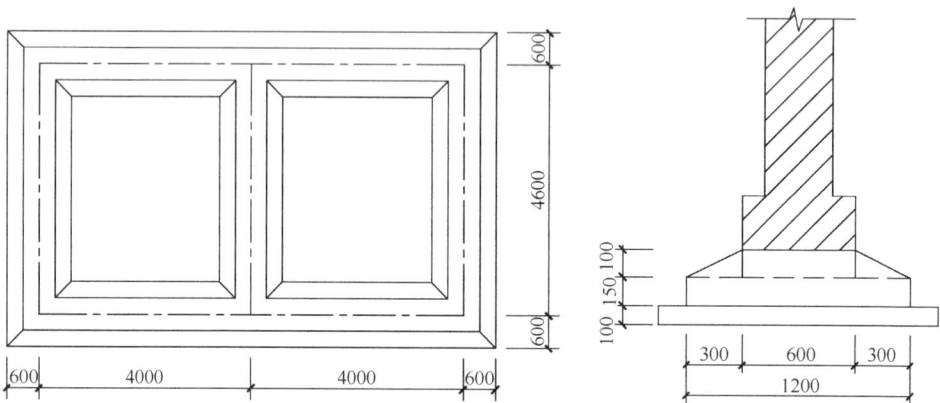

图 9-39

解：C30 现浇钢筋混凝土带形基础的工程量：

$L_{中}=(4.0+4.0+4.6)\times2=25.2m$

$L_{内}=4.6-0.24=4.36m$

$S=1.2\times0.15+(0.6+1.2)\times0.1\div2=0.27m^2$

$V=(25.2+4.36)\times0.27=7.98\text{m}^3$

C30 现浇混凝土带形基础的工程量，套定额 5-1-4。

定额单价（含税）：$=4530.11$ 元/10m³

分部分项工程费：$4530.11\div10\times7.98=3615.03$ 元

定额单价（除税）：$=4399.54$ m³

分部分项工程费：$4399.54\div10\times7.98=3510.83$ 元

【例 9-3】现浇毛石混凝土独立基础尺寸，如图 9-40 所示，共 40 个，采用 C30 混凝土浇筑。计算现浇毛石混凝土独立基础混凝土的工程量及费用。

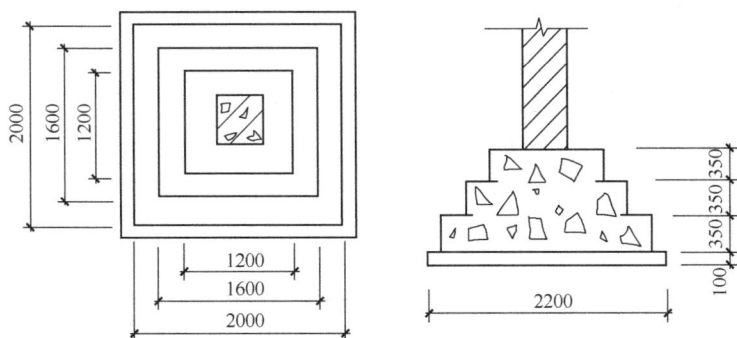

图 9-40

解：C30 现浇毛石混凝土独立基础的工程量：

$V=(2.0\times2.0+1.6\times1.6+1.2\times1.2)\times0.35\times40=112.00$ m³

C30 现浇毛石混凝土独立基础的工程量，套定额 5-1-5。

定额单价（含税）：$=4226.74$ 元/10m³

分部分项工程费：$4226.74\div10\times112.00=47339.49$ 元

定额单价（除税）：$=4102.35$ 元/10m³

分部分项工程费：$4102.35\div10\times112.00=45946.32$ 元

【例 9-4】混凝土有梁式满堂基础尺寸，如图 9-41 所示，采用 C30 混凝土浇筑。计算有梁式满堂基础混凝土的工程量及费用。

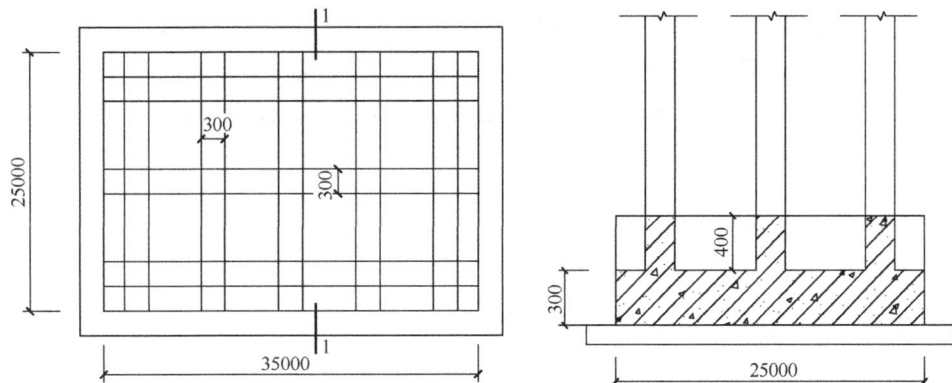

图 9-41

151

解：C30 满堂基础混凝土工程量：

$V = 35 \times 25 \times 0.3 + 0.3 \times 0.4 \times [35 \times 3 + (25 - 0.3 \times 3) \times 5] = 289.56 \ m^3$

C30 基础混凝土工程量，套定额 5-1-7。

定额单价（含税）：4740.70 元/10m³

分部分项工程费：4740.70÷10×289.56 =137271.71 元

定额单价（除税）：4590.48 元/10m³

分部分项工程费：4590.48÷10×289.56=132921.94 元

【例 9-5】 如图 9-42 所示构造柱，总高为 24m，共 16 根，采用 C30 混凝土浇筑。计算构造柱现浇混凝土的工程量及费用。

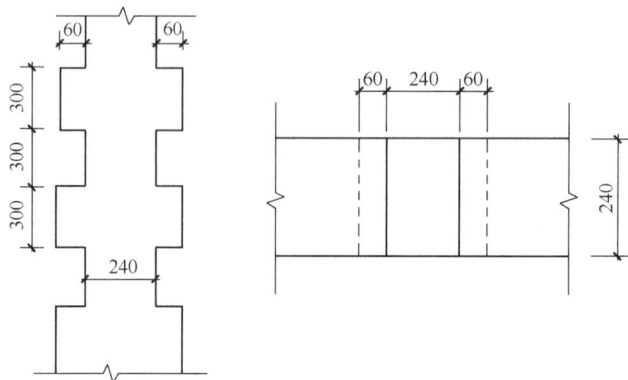

图 9-42

解：构造柱混凝土构造柱现浇混凝土工程量：

$$V = (0.24 + 0.06) \times 0.24 \times 24 \times 16 = 27.65 m^3$$

构造柱现浇混凝土工程量，套定额 5-1-17。

定额单价（含税）：6256.58 元/10m³

分部分项工程费：62 56.58÷10×27.65 =17299.44 元

定额单价（除税）：6142.21 元/10m³

分部分项工程费：6142.21÷10×27.65 =16983.21 元

【例 9-6】 某砖混结构丁字墙交接处构造柱，断面 240mm×240mm，如图 9-43 所示，共 15 根，钢筋保护层厚度取 25mm，采用 C30 混凝土浇筑，DQL、QL 的断面尺寸为 240mm×240mm。计算构造柱混凝土的工程量及费用。

解：构造柱混凝土工程量：

$V = [(0.24 + 0.06) \times 0.24 + 0.24 \times 0.03] \times (13.15 + 0.06) \times 15 - 0.24 \times 0.03 \times 3 \times 0.24 \times 4 \times 15 = 15.38 \ m^3$

构造柱混凝土工程量，套定额 5-1-17。

定额单价（含税）：=6256.58 元/10m³

分部分项工程费：6256.58 ÷10×15.38 =9622.62 元

定额单价（除税）：=6142.21 元/10m³

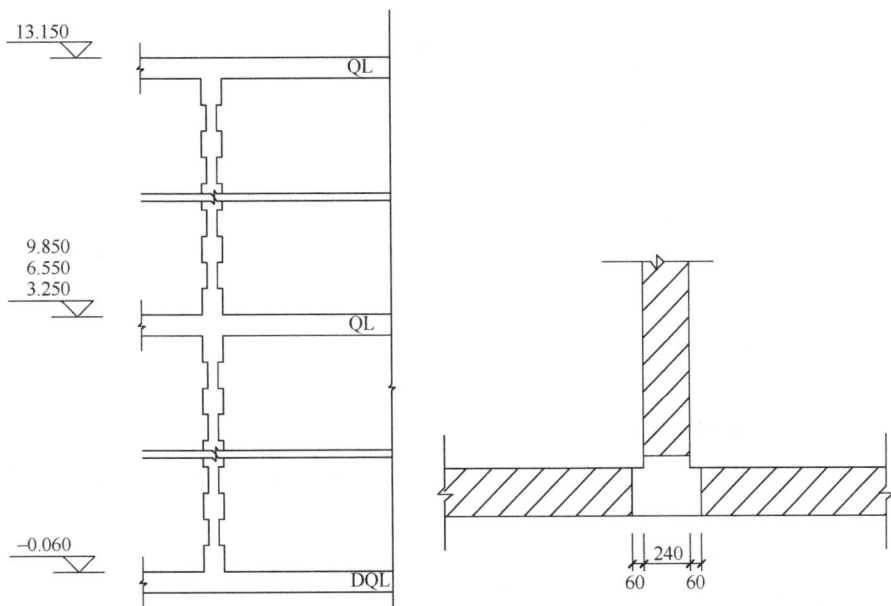

图 9-43

分部分项工程费：6142.21÷10×15.38＝9446.72 元

【例 9-7】某花篮梁尺寸及配筋如图 9-44 所示，共 26 根，混凝土强度等级 C30。计算花篮梁混凝土的工程量及费用。

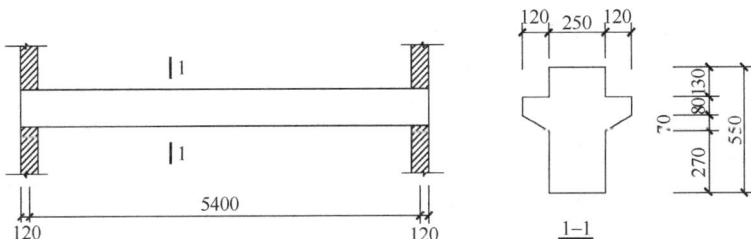

图 9-44

解：花篮梁混凝土工程量：

$V=[(5.4+0.12×2)×0.25×0.55+(0.08+0.08+0.07)×0.12×(5.4-0.12×2)]×26=23.87\text{m}^3$

现浇混凝土 C30 异形梁，套定额 5-1-20。

定额单价（含税）：＝5167.51 元/10m³

分部分项工程费：23.87÷10×5167.51＝12334.85 元

定额单价（除税）：＝4978.60 元/10m³

分部分项工程费：23.87÷10×4978.60＝11883.92 元

【例 9-8】某现浇花篮梁尺寸如图 9-45 所示，共 10 根，混凝土强度等级 C30，梁端有现浇梁垫，混凝土强度等级与梁相同。计算花篮梁混凝土的工程量及费用。

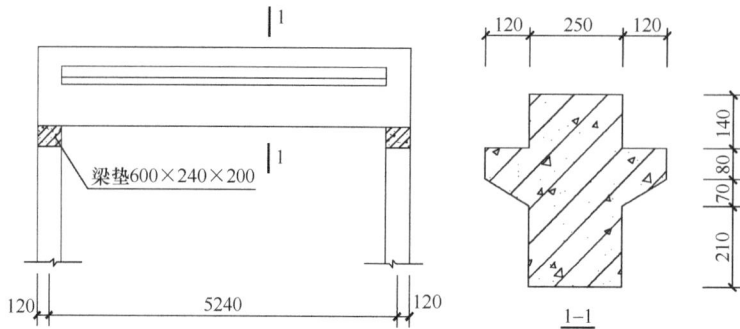

图 9-45

解：花篮梁混凝土工程量：

$V=[(5.24+0.12\times2)\times0.25\times0.5+(0.15+0.08)\times0.12\times(5.24-0.12\times2)+0.6\times0.24\times0.2\times2]\times10=8.81m^3$

现浇混凝土 C30 异形梁，套定额 5-1-20。

定额单价（含税）：$=5167.51$ 元/10m³

分部分项工程费：$8.81\div10\times5167.51=4552.58$ 元

定额单价（除税）：$=4978.60$ 元/10m³

分部分项工程费：$8.81\div10\times4978.60=4386.15$ 元

【例 9-9】 某现浇钢筋混凝土有梁板如图 9-46 所示，墙厚 240mm，混凝土强度等级 C30。计算有梁板混凝土的工程量及费用。

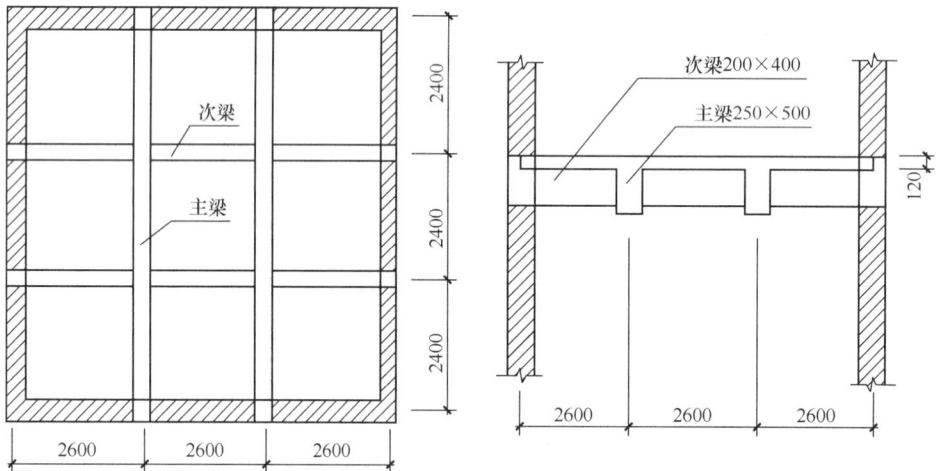

图 9-46

解：①现浇板工程量$=2.6\times3\times2.4\times3\times0.12=6.74m^3$

②板下梁工程量$=0.25\times(0.5-0.12)\times2.4\times3\times2+0.2\times(0.4-0.12)\times(2.6\times3-0.5)\times2+0.25\times0.5\times0.12\times4+0.2\times0.4\times0.12\times4=2.28m^3$

有梁板工程量$=6.74+2.28=9.02m^3$

有梁板现浇混凝土，套定额 5-1-31。

定额单价（含税）：4937.51 元/10m³

分部分项工程费：$9.02 \div 10 \times 4937.51 = 4453.63$ 元

定额单价（除税）：4737.56 元/10m³

分部分项工程费：$9.02 \div 10 \times 4737.56 = 4273.28$ 元

【例 9-10】 某工程无梁板尺寸如图 9-47 所示，混凝土强度等级 C30。计算无梁板混凝土浇筑的工程量及费用。

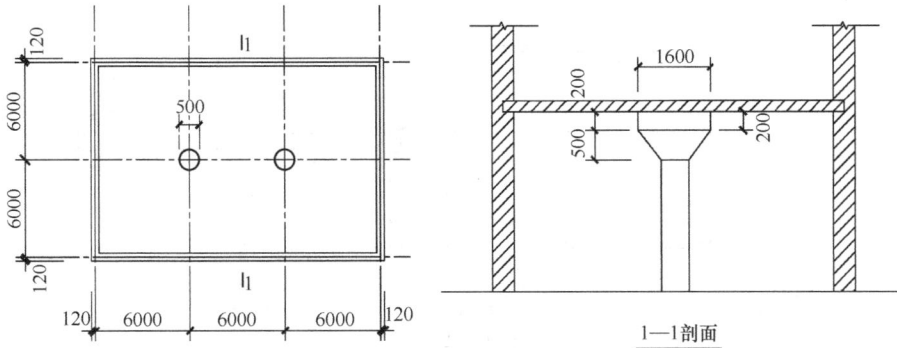

图 9-47

解： 无梁板混凝土工程量 $= 6.0 \times 3 \times 6.0 \times 2 \times 0.2 + 3.14 \times 0.8^2 \times 0.2 \times 2 + 1/3 \times 3.14 \times 0.5 \times (0.8^2 + 0.25^2 + 0.25 \times 0.8) \times 2 = 44.95 m^3$

无梁板现浇混凝土，套定额 5-1-32。

定额单价（含税）：4879.84 元/10m³

分部分项工程费：$44.95 \div 10 \times 4879.84 = 21934.88$ 元

定额单价（除税）：4682.36 元/10m³

分部分项工程费：$44.95 \div 10 \times 4682.36 = 21047.21$ 元

【例 9-11】 某厨房现浇平板尺寸如图 9-48 所示，混凝土强度等级 C30，保护层厚度 15mm。计算现浇混凝土的工程量及费用。

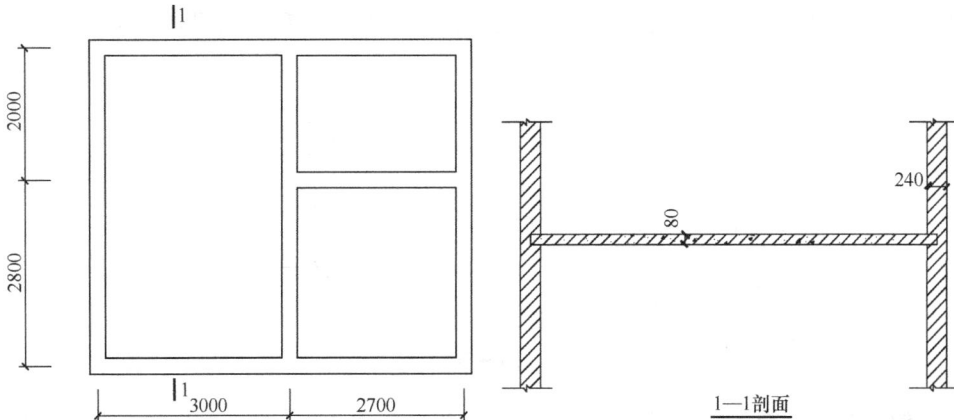

图 9-48

解： 平板混凝土工程量＝(3＋2.7)×(2＋2.8)×0.08＝2.19m³

C30 现浇混凝土平板，套定额 5-1-33。

定额单价（含税）：5222.28 元/10m³

分部分项工程费：2.19÷10×5222.28＝1143.68 元

定额单价（除税）：4993.77 元/10m³

分部分项工程费：2.19÷10×4993.77＝1093.64 元

【例 9-12】 某工程天沟板如图 9-49 所示，混凝土强度等级 C30。计算天沟板现浇混凝土的工程量及费用。

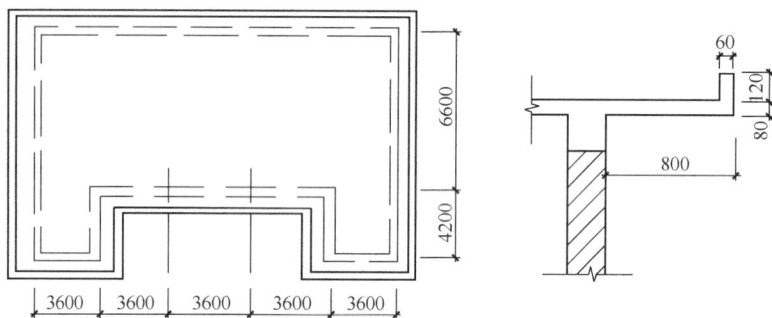

图 9-49

解： 天沟板现浇混凝土工程量＝0.8×0.08×(3.6×5＋0.24＋0.8＋4.2＋6.6＋0.24＋0.8＋4.2)×2＋0.12×0.06×[3.6×5＋0.24＋(0.8－0.03)×2＋4.2＋6.6＋0.24＋(0.8－0.03)×2＋4.2]×2＝5.02m³

C30 现浇混凝土天沟板，套定额 5-1-49。

定额单价（含税）：7012.22 元/10m³

分部分项工程费：5.02÷10×7012.22＝3520.13 元

定额单价（除税）：6758.70 元/10m³

分部分项工程费：5.02÷10×6758.70＝3392.87 元

【例 9-13】 计算如图 9-50 所示的现浇混凝土阳台和栏板的工程量，其中栏板两端各伸入墙内 60mm，混凝土强度等级 C30。计算阳台和栏板现浇混凝土的工程量及费用。

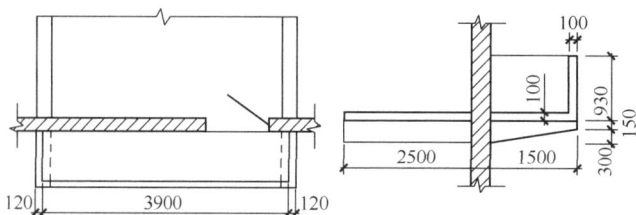

图 9-50

解： 阳台混凝土工程量＝(3.9＋0.24)×1.5＝6.21m²

C30 现浇混凝土有梁式阳台，套定额 5-1-44。

定额单价（含税）：748.65 元/10m³

分部分项工程费：6.21÷10×748.65 ＝464.91 元

定额单价（除税）：717.86 元/10m³

分部分项工程费：6.21÷10×717.86 ＝445.79 元

阳台混凝土栏板工程量＝[3.9＋0.24＋(1.5－0.1＋0.06)× 2]×(0.93－0.1)×0.1＝0.59m³

C30 现浇混凝土栏板，套定额 5-1-48。

定额单价（含税）：7104.46 元/10m³

分部分项工程费：0.59÷10×7104.46 ＝419.16 元

定额单价（除税）：6839.54 元/10m³

分部分项工程费：0.59÷10×6839.54 ＝403.53 元

【例 9-14】某双跑楼梯如图 9-51 所示，楼梯平台梁宽 240mm，梯板厚 120mm，混凝土强度等级 C30。计算楼梯现浇混凝土的工程量及费用。

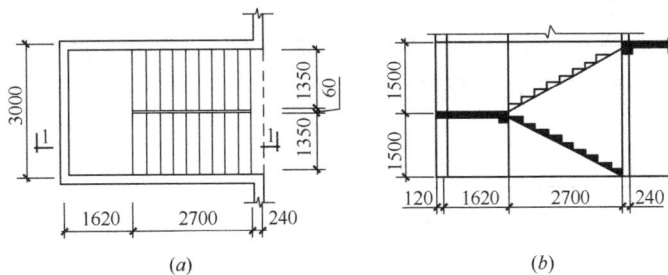

(a)   (b)

图 9-51

解：楼梯现浇楼梯现浇混凝土工程量＝(3－0.24)× (1.62－0.12＋2.7＋0.24)＝12.25m²

C30 现浇混凝土楼梯（板厚 120mm），套定额 5-1-43。

定额单价（含税）：62.77 元/10m³

分部分项工程费：12.25÷10×62.77 ＝76.89 元

定额单价（除税）：61.56 元/10m³

分部分项工程费：12.25÷10×61.56 ＝75.41 元

【例 9-15】如图 9-52 所示预制混凝土矩形方柱 60 根，混凝土强度等级 C30。计算预制混凝土方柱的工程量及费用。

解：预制混凝土矩形方柱的工程量＝[0.4×0.4×3＋0.75×0.4×0.25＋0.6×0.4×6.5＋(0.25＋0.5)×0.15÷2×0.4]×60＝123.75m³

预制混凝土矩形柱，套定额 5-2-1。

定额单价（含税）：4640.10 元/10m³

分部分项工程费：123.75÷10×4640.10 ＝57421.24 元

定额单价（除税）：4511.99 元/10m³

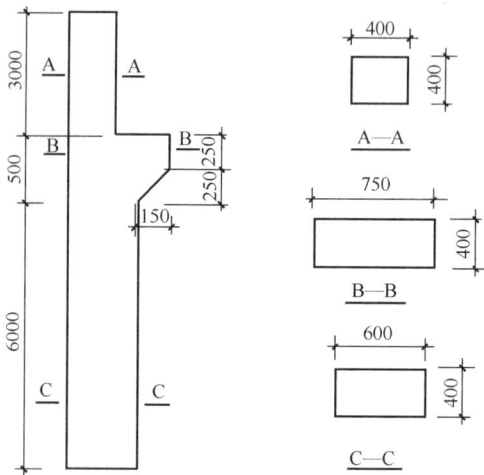

图 9-52

分部分项工程费：123.75÷10×4511.99 ＝55835.88 元

【例 9-16】制作 200 块如图 9-53 所示预应力平板，混凝土强度等级 C30。计算预应力混凝土平板的工程量及费用。

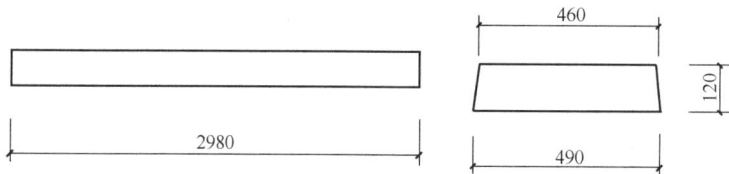

图 9-53

解： 预应力混凝土平板工程量＝(4.6＋4.9)×0.12/2×2.98×200＝33.97m²

预应力混凝土平板，套定额 5-2-19。

定额单价（含税）：5112.74 元/10m³

分部分项工程费：33.97÷10×5112.74 ＝17367.98 元

定额单价（除税）：1131.45 元/10m³

分部分项工程费：33.97÷10×1131.45 ＝3843.54 元

2. 钢筋工程量计算

【例 9-17】某砖混结构丁字墙交接处构造柱，断面 240mm×240mm，如图 9-54所示，共 15 根，钢筋保护层厚度取 25mm，混凝土强度等级为 C30，DQL、QL 的断面尺寸为 240mm×240mm。计算纵筋、箍筋及砌体加固筋的工程量及费用。

解： ① 4Φ12：

单根长度＝(13.15＋0.06＋0.24－0.025×2)＋(0.42＋0.25＋2×6.25×0.012)＋(0.6＋2×6.25×0.012)×4 ＝17.22m

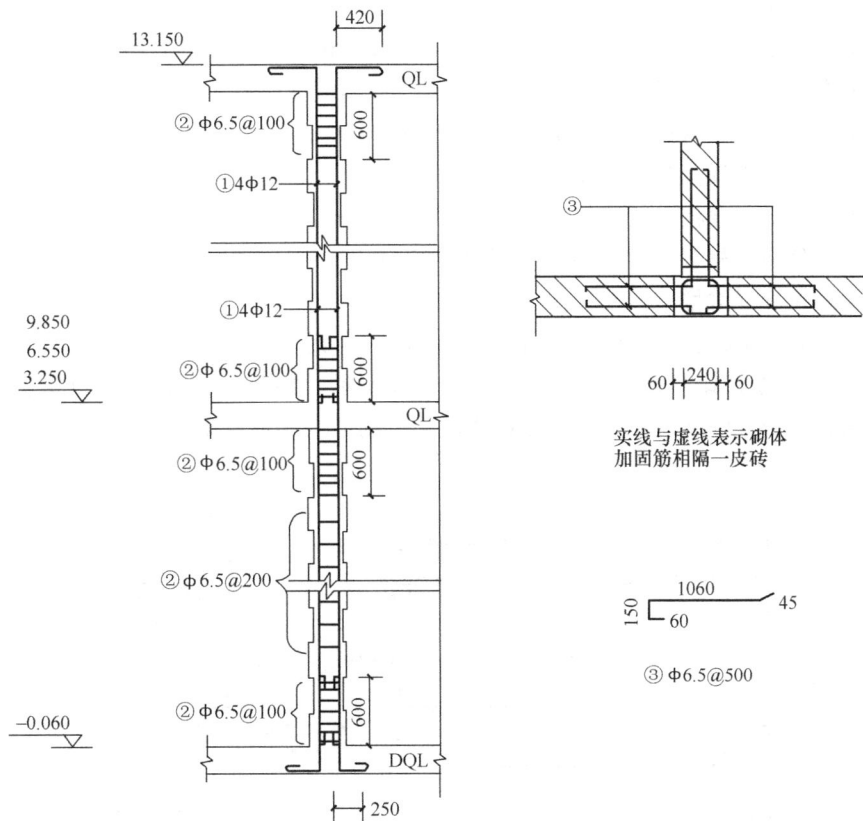

图 9-54

工程量=17.22×4×15×0.888=917kg=0.917t

现浇构件钢筋Φ12，套5-4-2。

定额单价（含税）：4670.53 元/t

分部分项工程费：4670.53×0.917=4282.88 元

定额单价（除税）：4121.08 元/t

分部分项工程费：4121.08×0.917=3779.03 元

②Φ6.5：

单根长度=(0.24+0.24)×2-0.05=0.91m

根数=[(13.15+0.06+0.24-0.025×2)-0.6×2×4]÷0.2+(0.6÷0.1)×2×4+1=92 根

工程量=0.91×92×15×0.26=327kg=0.327t

现浇构件箍筋Φ6.5，套5-4-30。

定额单价（含税）：5141.63 元/t

分部分项工程费：5141.63×0.327=1681.31 元

定额单价（除税）：4694.37 元/t

分部分项工程费：4694.37×0.327=1535.06 元

③Φ6.5@500：

单根长度＝0.06＋0.15＋1.06＋0.045＝1.32m

根数＝[(3.3－0.24)÷0.5－1]6×4×15＝2160根

工程量＝1.32×2160×0.26＝741kg＝0.741t

砌体加固筋焊接Φ6.5@500，套5-4-67。

定额单价（含税）：5120.29元/t

分部分项工程费：5120.29×0.741＝3794.13元

定额单价（除税）：4563.21元/t

分部分项工程费：4563.21×0.741＝3381.34元

【例9-18】 某花篮梁尺寸及配筋如图9-55所示，共26根，采用C30混凝土浇筑。钢筋保护层厚度取25mm，计算花篮梁钢筋的工程量及费用。

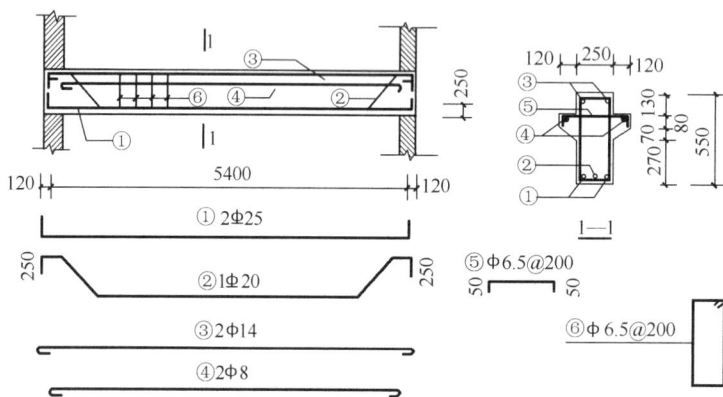

图9-55

解：① 2Φ25：

单根长度＝5.4＋0.12×2－0.025×2＋0.25×2＝6.09m

工程量＝6.09×2×26×3.853＝1220kg＝1.22t

现浇构件钢筋，套5-4-7。

定额单价（含税）：4892.98元/t

分部分项工程费：4892.98×1.22＝5969.44元

定额单价（除税）：4271.61元/t

分部分项工程费：4271.61×1.22＝5211.36元

② 1Φ20：

单根长度＝5.4＋0.12×2－0.025×2＋0.25×2＋2×0.414×(0.55－0.025×2)＝6.5m

工程量＝6.5×26×2.466＝417kg＝0.417t

现浇构件钢筋，套5-4-7。

定额单价（含税）：4892.98元/t

分部分项工程费：4892.98×0.417＝2040.37 元

定额单价（除税）：4271.61 元/t

分部分项工程费：4271.61×0.417＝1781.26 元

③ 2Φ14：

单根长度＝5.4＋0.12×2－0.025×2＋2×6.25×0.014＝5.77m

工程量＝5.77×2×26×1.208＝362kg＝0.362t

现浇构件钢筋 2Φ14，套 5-4-2。

定额单价（含税）：4670.53 元/t

分部分项工程费：4670.53×0.362＝1690.73 元

定额单价（除税）：4121.08 元/t

分部分项工程费：4121.08×0.362＝1491.83 元

④ 2Φ8：

单根长度＝5.4－0.12×2－0.025×2＋2×6.25×0.008＝5.21m

工程量＝5.21×2×26×0.395＝107kg＝0.107t

现浇构件钢筋 2Φ8，套 5-4-1。

定额单价（含税）：5341.31 元/t

分部分项工程费：5341.31×0.107＝571.52 元

定额单价（除税）：4789.35 元/t

分部分项工程费：4789.35×0.107＝512.46 元

⑤Φ6.5@200：

单根长度＝0.12×2＋0.25－0.025×2＋0.05×2＝0.54m

根数＝(5.4－0.12×2－0.025×2)÷0.2＋1＝27 根

工程量＝0.54×27×26×0.26＝99kg＝0.099t

现浇构件钢筋Φ6.5@200，套 5-4-1。

定额单价（含税）：5341.31 元/t

分部分项工程费：5341.31×0.099＝528.79 元

定额单价（除税）：4789.35 元/t

分部分项工程费：4789.35×0.099＝474.15 元

⑥Φ6.5@200：

单根长度＝(0.25＋0.55)×2－0.05＝1.55m

根数＝(5.4＋0.12×2－0.025×2)÷0.2＋1＝29 根

工程量＝1.55×29×26×0.26＝304kg＝0.304t

现浇构件箍筋Φ6.5@200，套 5-4-30。

定额单价（含税）：5141.63 元/t

分部分项工程费：5141.63×0.304＝1563.06 元

定额单价（除税）：4694.37 元/t

分部分项工程费：4694.37×0.304＝1427.09 元

【例 9-19】某厨房卫生间现浇平板尺寸如图 9-56 所示，混凝土强度等级 C30，保护层厚度 15mm。计算钢筋的工程量。

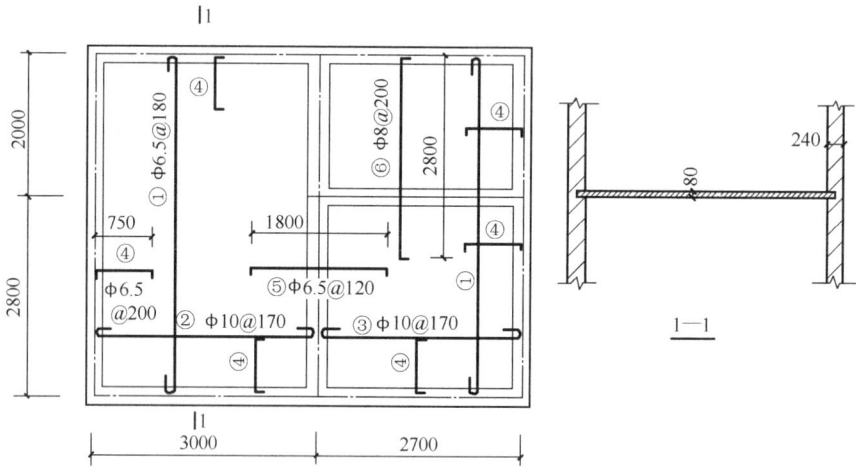

图 9-56

解： ①Φ6.5@180：

单根长度＝2.8＋2.0－2×0.015＋6.25×0.0065×2＝4.85m

根数＝(3＋2.7－0.015×2)÷0.18＋1＝33 根

工程量＝4.85×33×0.26＝42kg＝0.042t

②Φ10@170：

单根长度＝3.0－0.015×2＋6.25×0.01×2＝3.10m

根数＝(2.8＋2－0.015×2)÷0.17＋1＝30 根

工程量＝3.10×30×0.617＝57kg＝0.057t

③Φ10@170：

单根长度＝2.7－0.015×2＋6.25×0.01×2＝2.80m

根数＝(2.8＋2－0.015×2)÷0.17＋1＝30 根

工程量＝2.80×30×0.617＝51kg＝0.051t

Φ10 钢筋工程量合计：0.057＋0.051＝0.108t

现浇构件钢筋Φ10，套5-4-1。

定额单价（含税）：5341.31 元/t

分部分项工程费：5341.31×0.108＝576.86 元

定额单价（除税）：4789.35 元/t

分部分项工程费：4789.35×0.108＝517.25 元

④Φ6.5@200：

单根长度＝0.75－0.015＋(0.08－0.015×1)×2＝0.87m

根数＝[(2.8＋2－0.015×2)÷0.2＋1]×2＋[(3.0＋2.7－0.015×2)÷0.2＋1]＋[(3.0－0.015×2)÷0.2]＝95 根

工程量＝0.87×95×0.26＝21kg＝0.021t

⑤Φ6.5@120：

单根长度＝1.8＋(0.08－0.015×1)×2＝1.93m

根数＝(2.8＋2－0.015×2)÷0.12＋1＝41 根

工程量＝1.93×41×0.26＝21kg＝0.021t

Φ6.5 钢筋工程量合计：0.042＋0.021＋0.021＝0.084t

现浇构件钢筋Φ6.5，套 5-4-1。

定额单价（含税）：5341.31 元/t

分部分项工程费：5341.31×0.084＝448.67 元

定额单价（除税）：4789.35 元/t

分部分项工程费：4789.35×0.084＝402.31 元

⑥Φ8@200：

单根长度＝2.8－0.015＋(0.08－0.015×1)×2＝2.92m

根数＝(2.7－0.015×2)÷0.2＋1＝15 根

工程量＝2.92×15×0.395＝17kg＝0.017t

现浇构件钢筋Φ8，套 5-4-1。

定额单价（含税）：5341.31 元/t

分部分项工程费：5341.31×0.017＝90.80 元

定额单价（除税）：4789.35 元/t

分部分项工程费：4789.35×0.017＝81.42 元

【例 9-20】有梁式满堂基础尺寸，如图 9-57 所示，梁板配筋如图 9-58 所示，钢筋对焊，保护层厚度 35mm。计算有梁式满堂基础钢筋的工程量及费用。

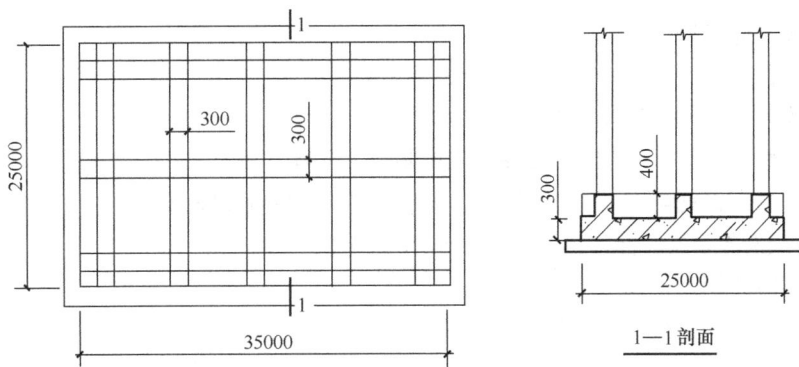

图 9-57

解：① 满堂基础底板钢筋：

底板下部钢筋（Φ16）：

单根长度＝25－0.07＋0.1×2＝25.13m

根数＝(35－0.07)÷0.15＋1＝234 根

工程量＝25.13×234×1.578＝9279kg＝9.279t

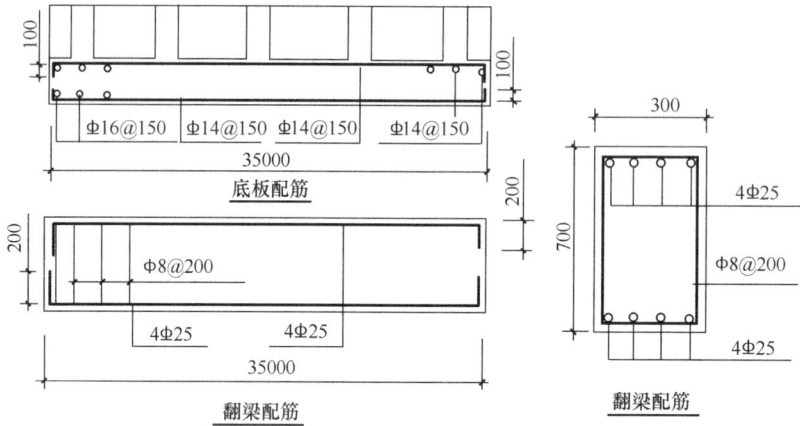

图 9-58

现浇构件钢筋，套 5-4-6。

定额单价（含税）：5248.90 元/10t

分部分项工程费：5248.90×9.279＝48404.54 元

定额单价（除税）：4626.60 元/10t

分部分项工程费：4626.60×9.279＝42930.22 元

底板下部钢筋（Φ14）：

单根长度＝35－0.07＋0.1×2＝35.13m

根数＝(25－0.07)÷0.15＋1＝168 根

工程量＝35.13×168×1.208＝7129kg＝7.129t

底板上部钢筋（Φ14）：

单根长度＝25－0.07＋0.1×2＝25.13m

根数＝(35－0.07)÷0.15＋1＝234 根

工程量＝25.13×234×1.208＝7104kg＝7.104t

底板上部钢筋Φ14 工程量合计：7.104＋7.129＝14.233t

Φ14 钢筋工程量合计：7.129＋14.233＝21.362t

现浇构件钢筋，套 5-4-6。

定额单价（含税）：5248.90 元/10t

分部分项工程费：5248.90×21.362＝112127.00 元

定额单价（除税）：4626.60 元/10t

分部分项工程费：4626.60×21.362＝98833.43 元

② 满堂基础翻梁钢筋：

纵向受力钢筋Φ25 工程量＝[(25－0.035×2＋0.2×2)×8×5＋(35－0.035×2＋0.2×2)×8×3]×3.853＝7171kg＝7.171t

现浇构件钢筋，套 5-4-7。

定额单价（含税）：4892.98 元/10t

分部分项工程费：4892.98×7.171＝35087.56 元

定额单价（除税）：4271.61 元/10t

分部分项工程费：4271.61×7.171＝30631.72 元

箍筋Ф8：单根长度＝(0.3＋0.7)×2－0.05＝1.95m

根数＝[(25－0.07)÷0.2＋1]×5＋[(35－0.07)÷0.2＋1]×3＝1158 根

工程量＝1.95×1158×0.395＝892kg＝0.892t

现浇构件钢筋Ф8，套 5-4-1。

定额单价（含税）：5341.31 元/10t

分部分项工程费：5341.31×0.892＝4764.45 元

定额单价（除税）：4789.35 元/10t

分部分项工程费：4789.35×0.892＝4272.10 元

项 目 习 题

一、单项选择题

1. 钢筋混凝土柱与混凝土基础划分的分界线为(   )。

A. 室内地坪 　　　　　　　　　　　B. 室外地坪

C. 扩大顶面 　　　　　　　　　　　D. 设计地坪

2. 无梁板的柱高，自柱基上表面至(   )计算。

A. 楼板上表面 　　　　　　　　　　B. 楼板下表面

C. 柱帽上表面 　　　　　　　　　　D. 柱帽下表面

3. 过梁长度按门（窗）洞口外围宽度两端共加(   )cm 计算。

A. 25 　　　　　　　　　　　　　　B. 45

C. 50 　　　　　　　　　　　　　　D. 100

4. 现浇整体楼梯混凝土工程量按(   )计算。

A. m 　　　　　　　　　　　　　　B. m^3

C. 水平投影面积 　　　　　　　　　D. t

5. Ⅰ级钢筋端部按带 180°弯钩，增加长度为(   )。

A. 3.5d 　　　　　　　　　　　　B. 4.9d

C. 6.25d 　　　　　　　　　　　　D. 5d

二、判断题

1. 混凝土工程量计算需要扣除钢筋所占的体积。　　　　　　　　　（　　）

2. 圈梁与梁连接时，圈梁体积应扣除伸入圈梁内的梁体积。　　　　（　　）

3. 箱型基础顶板混凝土的工程量按现浇板体积执行板定额。　　　　（　　）

4. 构造柱柱高应自地圈梁的顶部至柱顶部高度计算。　　　　　　　（　　）

5. 梁与柱连接时，梁长算至柱侧面。　　　　　　　　　　　　　　（　　）

门窗工程

任务 **10.1**　定额说明及解释

（1）本项目定额包括木门、金属门、金属卷帘门、厂库房大门、特种门、其他门、木窗和金属窗七节。

（2）本项目主要为成品门窗安装项目。

（3）木门窗及金属门窗不论现场或附属加工厂制作，均执行本项目定额。现场以外至施工现场的水平运输费用可计入门窗单价。

（4）门窗安装项目中，玻璃及合页、插销等一般五金零件均按包含在成品门窗单价内考虑。

（5）单独木门框制作安装中的门框断面按 55mm×100mm 考虑。实际断面不同时，门窗材的消耗量按设计图示用量另加 18％损耗调整。

（6）木窗中的木橱窗是指造型简单、形状规则的普通橱窗。

（7）厂库房大门及特种门门扇所用铁件均已列入定额，除成品门附件以外，墙、柱、楼地面等部位的预埋铁件按设计要求另行计算。

（8）钢木大门为两面板者，定额人工和机械消耗量乘以系数 1.11。

（9）电子感应自动门传感装置、电子对讲门和电动伸缩门的安装包括调试用工。

任务 10.2　工程量计算规则

（1）各类门窗安装工程量，除注明者外，均按图示门窗洞口面积计算。

（2）门连窗的门和窗安装工程量，应分别计算，窗的工程量算至门框外边线。

（3）木门框按设计框外围尺寸以长度计算。

（4）金属卷帘门安装工程量按洞口高度增加 600mm 乘以门实际宽度以面积计算；若有活动小门，应扣除卷帘门中小门所占面积。电动装置安装以"套"为单位按数量计算，小门安装以"个"为单位按数量计算。

（5）普通成品门、木质防火门、纱门扇、成品窗扇、纱窗扇、百叶窗（木）、铝合金纱窗扇和塑钢纱窗扇等安装工程量均按扇外围面积计算。

（6）木橱窗安装工程量按框外围面积计算。

（7）电子感应自动门传感装置、全玻转门、电子对讲门、电动伸缩门均以"套"为单位按数量计算。

任务 10.3　定额应用

1. 金属平开门

【例 10-1】某用户家阳台门为塑钢平开门，尺寸如图 10-1 所示，试计算该塑钢门的工程量及费用。

解： 塑钢门安装工程量＝（2.30×2.70）＝6.21m²

塑钢平开门安装，套定额 8-2-4。

定额单价（含税）：3532.92 元/10m²

分部分项工程费：3532.92÷10×6.21＝2193.94 元

定额单价（除税）：3065.32 元/10m²

分部分项工程费：3065.32÷10×6.21＝1903.56 元

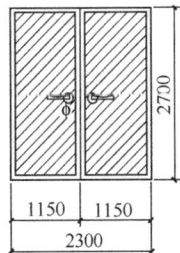

图 10-1

2. 金属卷帘门

【例 10-2】某商业街准备安装 10 张如图 10-2 所示的卷帘门，材质为铝合金，试计算卷帘门的工程量及费用。

解： 铝合金卷帘门工程量 ＝ 3.10 ×（2.80 ＋ 0.60）× 10 ＝ 105.40m²

铝合金卷帘门安装，套定额 8-3-1。

定额单价（含税）：3540.80 元/10m²

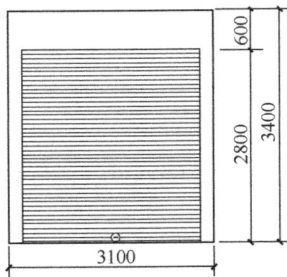

图 10-2

167

分部分项工程费：3540.80÷10×105.40＝37320.03 元

定额单价（含税）：3094.92 元/10m²

分部分项工程费：3094.92÷10×105.4＝32620.46 元

3. 金属窗

【例 10-3】 某办公楼需用 1500mm×1800mm 的彩钢板窗，共 60 樘，试计算彩钢板窗工程量及费用。

解： 彩钢窗安装工程量＝1.50×1.80×60＝162.00m²

彩钢板窗安装，套定额 8-7-11。

定额单价（含税）：2277.53 元/10m²

分部分项工程费：2277.53÷10×162.00＝36895.99 元

定额单价（除税）：1982.78 元/10m²

分部分项工程费：1982.78÷10×162.00＝32121.04 元

4. 门连窗

【例 10-4】 某宿舍楼宿舍阳台为铝合金门连窗，尺寸如图 10-3 所示，其中平开窗与固定窗尺寸相同，门框宽度均为 90mm，门连窗共 40 樘，试计算门连窗工程量和费用。

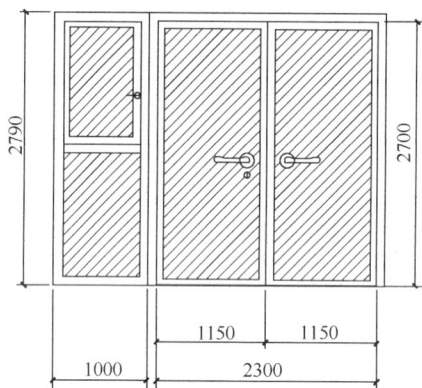

图 10-3

解： 1）铝合金门安装工程量＝(2.3＋0.09×2)m×2.79m×40＝276.77m²

铝合金平开门安装，套定额 8-2-2。

定额单价（含税）：3577.94 元/10m²

分部分项工程费：3577.94÷10×276.77＝99026.65 元

定额单价（除税）：3099.58 元/10m²

分部分项工程费：3099.58÷10×276.77＝85787.08 元

2）铝合金平开窗安装工程量＝1.0m×(2.70÷2)m×40＝54.00m²

铝合金平开窗安装，套定额 8-7-2。

定额单价（含税）：2987.02 元/10m²

分部分项工程费：2987.02÷10×54.00＝16129.91 元

定额单价（除税）：2595.77 元/10m²

分部分项工程费：2595.77÷10×54＝14017.16 元

3）铝合金固定窗安装工程量＝1.0m×（2.70÷2）m×40＝54.00m²

铝合金固定窗安装，套定额 8-7-3。

定额单价（含税）：2542.92 元/10m²

分部分项工程费：2542.92÷10×54.00＝13731.77 元

定额单价（除税）：2197.18 元/10m²

分部分项工程费：2197.18÷10×54.00＝11864.77 元

项 目 习 题

单项选择题

1. 卷闸门安装，按洞口高度增加（　　　）乘以门实际宽度以平方米计算。

A. 500mm B. 600mm

C. 650mm D. 700mm

2. 各类门、窗制作、安装工程量，均按（　　　）计算。

A. 框外围面积 B. 洞口面积

C. 扇外围面积 D. 门窗框包铁皮后的面积

3. 百叶窗（木）、铝合金纱窗扇和塑钢纱窗扇等安装工程量均按（　　　）计算。

A. 框外围面积 B. 洞口面积

C. 扇外围面积 D. 门窗框包铁皮后的面积

4. 门连窗中窗的工程量算至（　　　）。

A. 门框外边线 B. 门框内边线

C. 门框中心线 D. 窗框外边线

项目 11

屋面及防水工程

任务 11.1　定额说明及解释

本项目定额包括屋面工程、防水工程、屋面排水、变形缝与止水带四节。

1. 屋面工程

（1）本节考虑块瓦屋面、波形瓦屋面、沥青瓦屋面、金属板屋面、采光板屋面和膜结构屋面六种屋面面层形式。屋架、基层、檩条等项目按其材质分别按相应项目计算，找平层按定额"楼地面装饰工程"的相应项目执行，屋面保温按本定额"保温、隔热、防腐工程"的相应项目执行，屋面防水层按本项目任务 10.2 相应项目计算。

（2）设计瓦屋面材料规格与定额规格（定额未注明具体规格的除外）不同时，可以换算，其他不变。

$$基准面积调整用量＝[设计实铺面积/（单片有效瓦长×单片有效瓦宽）]×$$
$$（1＋损耗率）$$

波形瓦屋面采用纤维水泥、沥青、树脂、塑料等不同材质波形瓦时，材料可以换算，人工、机械不变。

（3）瓦屋面琉璃瓦面如实际使用盾瓦者，每 10m 的脊瓦长度，单侧增计盾瓦 50 块，其他不变。如增加勾头、博古等另行计算。

（4）一般金属板屋面，执行彩钢板和彩钢夹心板子目，成品彩钢板和彩钢夹心板包含铆钉、螺栓、封檐板、封口（边）条等用量，不另计算。装配式单层金属压型板屋面区分檩距不同执行定额子目，金属屋面板材质和规格不同时，可以换算，人工、机械不变。

（5）采光板屋面和玻璃采光顶，其支撑龙骨含量不同时，可以调整，其他不变。采光板屋面如设计为滑动式采光顶，可以按设计增加 U 形滑动盖帽等部件调整材料消耗量，人工乘以系数 1.05。

（6）膜结构屋面的钢支柱、锚固支座混凝土基础等执行其他相应项目。

（7）屋面以坡度≤25％为准，坡度＞25％及人字形、锯齿形、弧形等不规则屋面，人工乘以系数 1.3；坡度＞45％的，人工乘以系数 1.43。

2. 防水工程

（1）考虑卷材防水、涂料防水、板材防水、刚性防水四种防水形式。项目设置不分室内、室外及防水部位，使用时按设计做法套用相应项目。

（2）细石混凝土防水层使用钢筋网时，钢筋网执行其他相应项目。

（3）平（屋）面按坡度≤15％考虑，15％＜坡度≤25％的屋面，按相应项目的人工乘以系数 1.18；坡度＞25％及人字形、锯齿形、弧形等不规则屋面或平面，人工乘以系数 1.3；坡度＞45％的，人工乘以系数 1.43。

（4）防水卷材、防水涂料及防水砂浆，定额以平面和立面列项，实际施工桩头、地沟、零星部位时，人工乘以系数 1.82；单个房间楼地面面积≤8m² 时，人工乘以系数 1.3。

（5）卷材防水附加层套用卷材防水相应项目，人工乘以系数 1.82。

（6）立面是以直形为准编制的，弧形者，人工乘以系数 1.18。

（7）冷粘法按满铺考虑。点、条铺者按其相应项目的人工乘以系数 0.91，胶粘剂乘以系数 0.7。

（8）分隔缝主要包括细石混凝土面层分隔缝、水泥砂浆面层分隔缝两种，缝截面按照 15mm 乘以面层厚度考虑，当设计材料与定额材料不同时，材料可以换算，其他不变。

3. 屋面排水

（1）本节包括屋面镀锌铁皮排水、铸铁管排水、塑料排水管排水、玻璃钢管、镀锌钢管、虹吸排水及种植屋面排水内容。水落管、水口、水斗均按成品材料现场安装考虑，选用时可以依据排水管材料材质不同套用相应项目换算材料，人工、机械不变。

（2）铁皮屋面及铁皮排水项目内已包括铁皮咬口和搭接的工料。

（3）塑料排水管排水按 PVC 材质水落管、水斗、水口和弯头考虑，实际采用 UPVC、PP（聚丙烯）管、ABS（丙烯腈—丁二烯—苯乙烯共聚物）、PB（聚丁烯）等塑料管材或塑料复合管材时，材料可以换算，人工、机械不变。

（4）若采用不锈钢水落管排水时，执行镀锌钢管子目，材料据实换算，人工乘以系数 1.1。

（5）种植屋面排水子目仅考虑了屋面滤水层和排（蓄）水层，其找平层、保温层等执行其他相应项目，防水层按相应项目计算。

4. 变形缝与止水带

（1）变形缝嵌填缝子目中，建筑油膏、聚氯乙烯胶泥设计断面取定 30mm×20mm；油浸木丝板 150mm×25mm；其他填料取定为 150mm×30mm。若实际设计断面不同时用料可以换算，人工不变。

（2）沥青砂浆填缝设计砂浆不同时，材料可以换算，其他不变。

（3）变形缝盖缝，木板盖板断面取定为 200mm×25mm；铝合金盖板厚度取定为 1mm；不锈钢板厚度取定为 1mm。如设计不同时，材料可以换算，人工不变。

（4）钢板（紫铜板）止水带展开宽度 400mm，氯丁橡胶宽 300mm，涂刷式氯丁胶贴玻璃纤维止水片宽 350mm，其他均为 150mm×30mm。如设计断面不同时用料可以换算，人工不变。

任务 11.2　工程量计算规则

1. 屋面

（1）各种屋面和型材屋面（包括挑檐部分），均按设计图示尺寸以面积计算（斜屋面按斜面面积计算），不扣除房上烟囱、风帽底座、风道、小气窗、斜沟和脊瓦等所占面积，小气窗的出檐部分也不增加。屋面坡度系数见表 11-1、图 11-1。

屋面坡度系数表　　　　　　　　　　　　　　　　表 11-1

坡度			延尺系数	隔延尺系数 (D)
B/A(A=1)	B/2A	角度（α）		
1	1/2	45°	1.4142	1.7321
0.75		36°52′	1.2500	1.6008
0.70		35°	1.2207	1.5779
0.666	1/3	33°40′	1.2015	1.5620
0.65		33°40′	1.1926	1.5564
0.60		30°58′	1.1662	1.5362
0.577		30°	1.1547	1.5270
0.55		28°49′	1.1413	1.5170
0.50	1/4	26°34′	1.1180	1.5000
0.45		24°14′	1.0966	1.4839
0.40	1/5	21°48′	1.0770	1.4697
0.35		19°17′	1.0594	1.4569
0.30		16°42′	1.0440	1.4457

坡度			延尺系数	隔延尺系数 (D)
B/A(A＝1)	B/2A	角度（α）		
0.25		14°02′	1.0308	1.4362
0.20	1/10	11°19′	1.0198	1.4283
0.15		8°32′	1.0112	1.4221
0.125		7°8′	1.0078	1.4191
0.100	1/20	5°42′	1.0050	1.4177
0.083		4°45′	1.0035	1.4166
0.066	1/30	3°49′	1.0022	1.4157

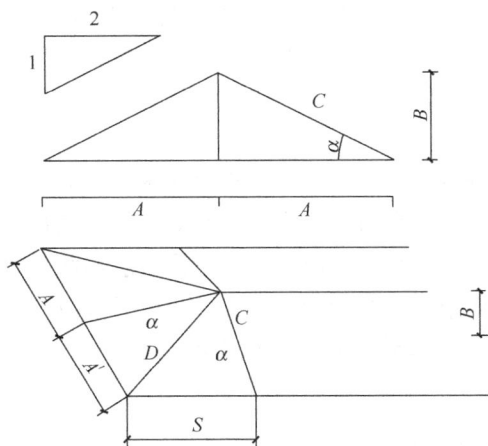

图 11-1　屋面坡度系数示意图

注：① A＝A′，且 S＝0 时，为等两坡屋面；A＝A′＝S 时，为等四坡屋面；
　　② 屋面斜铺面积＝屋面水平投影面积×C；
　　③ 等两坡屋面山墙泛水斜长＝A×C；
　　④ 等四坡屋面斜脊长度＝A×D

（2）西班牙瓦、瓷质波形瓦、英红瓦屋面的正斜脊瓦、檐口线，按设计图示尺寸以长度计算。

（3）琉璃瓦屋面的正斜脊瓦、檐口线，按设计图示尺寸，以长度计算。设计要求安装勾头（卷尾）或博古（宝顶）等时，另按"个"计算。

（4）采光板屋面和玻璃采光顶屋面按设计图示尺寸以面积计算，不扣除面积≤0.3m² 孔洞所占面积。

（5）膜结构屋面按设计图示尺寸以需要覆盖的水平投影面积计算。

2. 防水

（1）屋面防水，按设计图示尺寸以面积计算（斜屋面按斜面面积计算），不扣除房上烟囱、风帽底座、风道、屋面小气窗等所占面积，上翻部分也不另计算。屋面的女儿墙、伸缩缝和天窗等处的弯起部分，按设计图示尺寸计算；设计无规

模块 2　建筑工程计量与计价

定时，伸缩缝、女儿墙、天窗的弯起部分按 500mm 计算，计入立面工程量内。

（2）楼地面防水、防潮层按设计图示尺寸以主墙间净面积计算，扣除凸出地面的构筑物、设备基础等所占面积，不扣除间壁墙及单个面积≤0.3m² 柱、垛、烟囱和孔洞所占面积，平面与立面交接处，上翻高度≤300mm 时，按展开面积并入平面工程量内计算；上翻高度＞300mm 时，按立面防水层计算。

（3）墙基防水、防潮层，外墙按外墙中心线长度、内墙按墙体净长度乘以宽度，以面积计算。

（4）墙的立面防水、防潮层，不论内墙、外墙，均按设计图示尺寸以面积计算。

（5）基础底板的防水、防潮层按设计图示尺寸以面积计算，不扣除桩头所占面积。桩头处外包防水按桩头投影外扩 300mm 以面积计算，地沟处防水按展开面积计算，均计入平面工程量，执行相应规定。

（6）屋面、楼地面及墙面、基础底板等，其防水搭接、拼缝、压边、留槎用量已综合考虑，不另行计算；卷材防水附加层按实际铺贴尺寸以面积计算。

（7）屋面分格缝，按设计图示尺寸以长度计算。

3. 屋面排水

（1）水落管、镀锌铁皮天沟、檐沟，按设计图示尺寸以长度计算。

（2）水斗、下水口、雨水口、弯头、短管等，均按数量以"套"计算。

（3）种植屋面排水按设计尺寸以实际铺设排水层面积计算，不扣除房上烟囱、风帽底座、风道、屋面小气窗及面积≤0.3m² 孔洞所占面积。

4. 变形缝与止水带按设计图示尺寸以长度计算。

任务 11.3 定额应用

1. 屋面工程量

【例 11-1】某屋面工程铺设西班牙瓦，屋面尺寸如图 11-2，计算该瓦屋面的工程量及费用。

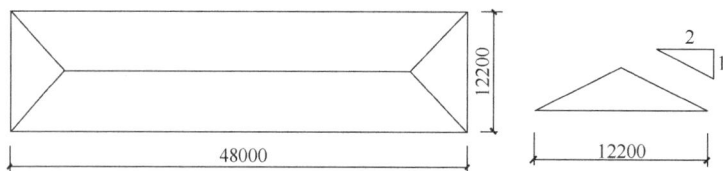

图 11-2

解：本屋面坡度为 1∶2，查屋面系数表得延尺系数 C 为 1.1180，隔延尺系数 D 为 1.5000。

（1）屋面工程量＝48.00m×12.20m×1.1180＝654.70m²

西班牙瓦在屋面板上或椽子挂瓦条上铺设，套定额 9-1-6。

定额单价（含税）：1422.82 元/10m^2

分部分项工程费：1422.82÷10×654.70＝93152.03 元

定额单价（除税）：1250.50 元/10m^2

分部分项工程费：1250.50÷10×654.70＝81870.24 元

等四坡正脊、斜脊工程量＝檐口总长度－檐口总宽度＋檐口总宽度×隅延尺系数×2

（2）正斜脊工程量＝48.00m－12.20m＋12.20m×1.5×2＝72.40m

西班牙瓦正斜脊，套定额 9-1-7。

定额单价（含税）：511.64 元/10m

分部分项工程费：511.64÷10×72.40＝3704.27 元

定额单价（除税）：470.29 元/10m

分部分项工程费：470.29÷10×72.40＝3404.90 元

2. 屋面防水

【例 11-2】某建筑物如图 11-3、图 11-4 所示，建筑四周女儿墙厚 200，女儿墙内立面保温层厚度 60。屋面做法：水泥珍珠岩找坡层最薄处 60，屋面坡度 i＝1.5%，20 厚 1：2.5 水泥砂浆找平层，100 厚挤塑保温板，50 厚细石混凝土保护层随打随抹平，刷基底处理剂一道，改性沥青卷材热熔法粘贴一层。求防水层工程量及费用。

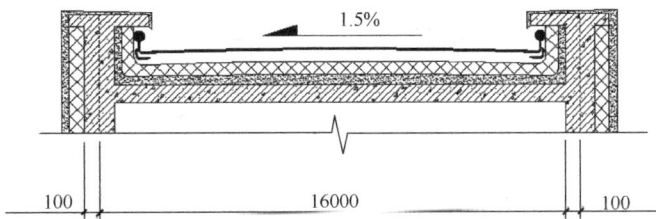

图 11-3

解： 由于屋面坡度系数小于屋面坡度系数表中最小坡度 0.066，因此按照平面防水计算。

1) 平面防水面积＝(50－0.2－0.06×2)×(16－0.2－0.06×2)＝778.9824m^2

上翻高度≤300mm 时，按展开面积并入平面工程量计算。

2) 上卷面积＝[(50－0.2－0.06×2)×(16－0.2－0.06×2)]×2×0.3＝39.216m^2

3) 附加层不包含在定额内容中，单独计算。

附加层面积＝[(50－0.2－0.06×2)×(16－

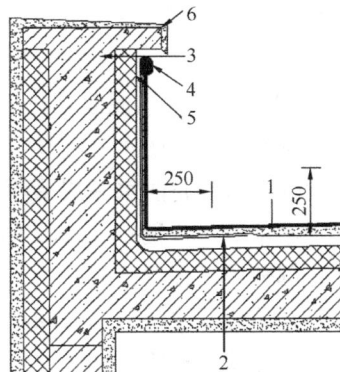

图 11-4

1—防水层；2—附加层；3—密封材料；

4—金属压条；5—水泥钉；6—压顶

175

$0.2-0.06\times2)]\times2\times0.25\times2=65.36m^2$

由于基层处理剂已包含在定额内容中，不另计算。

平面防水工程量$=778.9824+39.216=818.1984m^2$

改性沥青卷材热熔法一层平面子目，套定额9-2-10。

定额单价（含税）：580.36元/10m²

分部分项工程费：$580.36\div10\times818.1984=47484.96$元

定额单价（除税）：499.71元/10m²

分部分项工程费：$499.71\div10\times818.1984=40886.19$元

附加层防水工程量$=65.36m^2$，套定额9-2-10，改性沥青卷材热熔法一层平面子目，人工乘以系数1.82。

定额单价（含税）：599.056元/10m²

分部分项工程费：$599.056\div10\times65.36=3915.43$元

定额单价（除税）：518.406元/10m²

分部分项工程费：$518.406\div10\times65.36=3388.30$元

【例 11-3】某办公楼屋面女儿墙轴线尺寸为$12m\times50m$，平屋面构造如图11-5所示，试计算屋面防水工程量及费用。

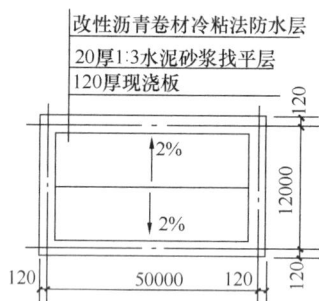

图 11-5

解：1）屋面水平投影面积：$S=(50-0.24)\times(12-0.24)=49.76\times11.76=585.18m^2$

2）20厚1：3水泥砂浆找平层：$S=585.18m^2$

改性沥青卷材防水工程量：$S平面=585.18m^2$

改性沥青卷材防水一层平面，套定额9-2-14。

定额单价（含税）：619.20元/10m²

分部分项工程费：$619.20\div10\times585.18=36234.35$元

定额单价（除税）：532.27元/10m²

分部分项工程费：$532.27\div10\times585.18=31147.38$元

女儿墙上翻部分防水工程量：$S=[(50-0.24+12-0.24)]\times2\times0.50=61.52m^2$

改性沥青卷材防水一层立面，套定额9-2-15。

定额单价（含税）：635.35 元/10m²

分部分项工程费：635.35÷10×61.52＝3908.67 元

定额单价（除税）：548.42 元/10m²

分部分项工程费：548.42÷10×61.52＝3373.88 元

项 目 习 题

一、填空题

1. 卷材屋面女儿墙弯起部分工程量，图纸无规定时，计算高度可取（   ）。

2. 已知某建筑屋面为铁皮天沟排水，天沟长度为 10m，则铁皮天沟工程量为（   ）。

二、简答题

1. 坡度大于 15％的屋面如何调整系数？

2. 卷材防水附加层如何套用定额子目？

3. 屋面的女儿墙、伸缩缝和天窗等处的弯起部分如何计算工程量？

4. 楼地面防水、防潮层如何计算工程量？

模块 2

建筑工程计量与计价

177

项目 12

保温、隔热、防腐工程

任务 12.1 定额说明及解释

本项目定额包括保温、隔热及防腐两节。

1. 保温、隔热工程

1）本节定额适用于中温、低温、恒温的工业厂（库）房保温工程以及一般保温工程。

2）保温层的保温材料配合比、材质、厚度设计与定额不同时，可以换算，消耗量及其他均不变。

3）混凝土板上保温和架空隔热，适用于楼板、屋面板、地面的保温和架空隔热。

4）天棚保温，适用于楼板下和屋面板下的保温。

5）立面保温，适用于墙面和柱面的保温。独立柱保温层铺贴，按墙面保温定额项目人工乘以系数 1.19，材料乘以系数 1.04。

6）弧形墙墙面保温隔热层，按相应项目的人工乘以系数 1.1。

7）池槽保温，池壁套用立面保温，池底按地面套用混凝土板上保温项目。

8）本节定额不包括衬墙等内容，发生时按相应章节套用。

9）松散材料的包装材料及包装用工已包括在定额中。

10）保温外墙面在保温层外镶贴面砖时需要铺钉的热镀锌电焊网，发生时按

178

定额"钢筋及混凝土工程"相应项目执行。

2. 防腐工程

1）整体面层定额项目，适用于平面、立面、沟槽的防腐工程。

2）块料面层定额项目按平面铺砌编制。铺砌立面时，相应定额人工乘以系数1.30，块料乘以系数1.02，其他不变。

3）整体面层踢脚板按整体面层相应项目执行，块料面层踢脚板按立面砌块相应项目人工乘以系数1.2。

4）花岗岩面层以六面剁斧的块料为准，结合层厚度为15mm。如板底为毛面时，其结合层胶结料用量可按设计厚度进行调整。

5）各种砂浆、混凝土、胶泥的种类、配合比、各种整体面层的厚度及各种块料面层规格，设计与定额不同时可以换算。各种块料面层的结合层砂浆、胶泥用量不变。

6）卷材防腐接缝、附加层、收头工料已包括在定额内，不再另行计算。

任务 12.2　工程量计算规则

1. 保温隔热层

1）保温隔热层工程量除按设计图示尺寸和不同厚度以面积计算外，其他按设计图示尺寸以定额项目规定的计量单位计算。

2）屋面保温隔热层工程量按设计图示尺寸以面积计算，扣除面积>0.3m² 孔洞及占位面积。

3）地面保温隔热层工程量按设计图示尺寸以面积计算，扣除面积>0.3m² 的柱、垛、孔洞等所占面积，门洞、空圈、暖气包槽、壁龛的开口部分不增加面积。

4）天棚保温隔热层工程量按设计图示尺寸以面积计算，扣除面积>0.3m² 上柱、垛、孔洞所占面积，与顶棚相连的梁按展开面积，计算并入顶棚工程量内。柱帽保温隔热层工程量，并入顶棚保温隔热层工程量内。

5）墙面保温隔热层工程量按设计图示尺寸以面积计算，其中外墙按保温隔热层中心线长度、内墙按保温隔热层净长度乘以设计高度以面积计算。扣除门窗洞口及面积>0.3m² 梁、孔洞所占面积；门窗洞口侧壁以及与墙相连的柱，并入保温墙体工程量内。

6）柱、梁保温隔热层工程量按设计图示尺寸以面积计算。柱按设计图示柱断面保温层中心线展开长度乘以高度以面积计算，扣除面积>0.3m² 梁所占面积。梁按设计图示梁断面保温层中心线展开长度乘以保温层长度以面积计算。

7）池槽保温层按设计图示尺寸以展开面积计算，扣除面积>0.3m² 孔洞及占位面积。

8）聚氨酯、水泥发泡保温，区分不同的发泡厚度，按设计图示的保温尺寸以面积计算。

9）混凝土板上架空隔热，不论架空高度如何，均按设计图示尺寸以面积计算。

10）地板采暖、块状、松散状及现场调制保温材料，以所处部位按设计图示保温面积乘以保温材料的净厚度（不含胶结材料），以体积计算。按所处部位扣除相应凸出地面的构筑物、设备基础、门窗洞口以及面积＞0.3m² 梁、孔洞等所占体积。

11）保温外墙面面砖防水缝子目，按保温外墙面面砖面积计算。

2. 耐酸防腐

1）耐酸防腐工程区分不同材料及厚度，按设计图示尺寸以面积计算。平面防腐工程量应扣除凸出地面的构筑物、设备基础等以及面积＞0.3m² 孔洞、柱、垛等所占面积，门洞、空圈、暖气包槽、壁龛的开口部分不增加面积。立面防腐工程量应扣除门、窗、洞口以及面积＞0.3m² 孔洞、梁所占面积，门、窗、洞口侧壁、垛凸出部分按展开面积并入墙面内。

2）平面铺石切双层防腐块料时，按单层工程量乘以系数 2 计算。

3）池、槽块料防腐面层工程量按设计图示尺寸以展开面积计算。

4）踢脚板防腐工程量按设计图示长度乘以高度以面积计算，扣除门洞所占面积，并相应增加侧壁展开面积。

任务 12.3 定额应用

1. 保温隔热工程

【例 12-1】某工程建筑示意图如图 12-1 所示，该工程外墙保温做法：①清理基层；②刷界面砂浆 5mm；③刷 30mm 厚胶粉聚苯颗粒；④门窗边做保温宽度120mm。试计算工程量并套用定额子目，计算直接工程费。

解：1）墙面保温面积＝[(10.74＋0.24＋0.03)＋(7.44＋0.24＋0.33)]×2×3.90－(1.2×2.4＋1.8×1.8＋1.2×1.8×2)＝135.58m²

2）门窗侧边保温面积＝[(1.8＋1.8)×2＋(1.2＋1.8)×4＋(2.4×2＋1.2)]×0.12＝3.02m²

外墙保温总面积＝135.58m²＋3.02m²＝138.60m²

胶粉聚苯颗粒保温厚度 30mm，套定额 10-1-55。

注：其中清理基层，刷界面砂浆已包含在定额项目中，不另计算。

定额单价（含税）：338.51 元/10m²

分部分项工程费：338.51÷10×138.60＝4691.75 元

定额单价（除税）：3065.32 元/10m²

分部分项工程费：317.24÷10×138.60＝4396.95 元

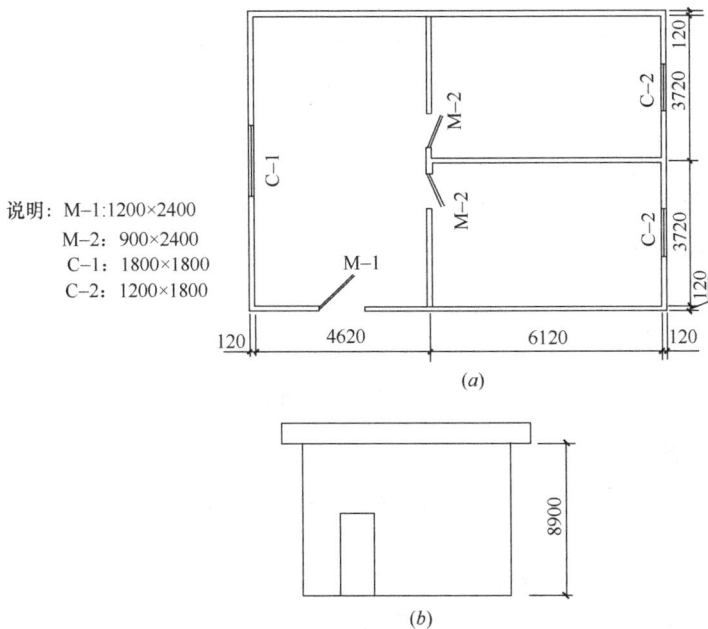

说明: M—1: 1200×2400
　　　M—2: 900×2400
　　　C—1: 1800×1800
　　　C—2: 1200×1800

图 12-1

(a) 平面图; (b) 立面图

2. 防腐工程

【例 12-2】 某库房做 1.3∶2.6∶7.4 耐酸砂浆防腐面层, 踢脚线抹 1∶0.3∶1.5 钢屑砂浆, 厚度均为 20mm, 踢脚线高度 200mm, 如图 12-2 所示。墙厚均为 240mm, 门洞地面做防腐面层, 侧边不做踢脚线。计算工程量及费用。

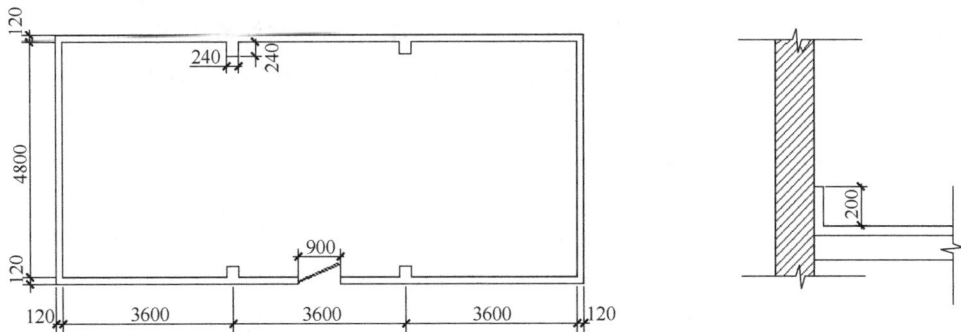

图 12-2

解: 1) 防腐砂浆面层面积＝(10.8－0.24)×(4.80－0.24)＝48.15m²

耐酸沥青砂浆厚度 30mm, 套定额 10-2-1。

耐酸沥青砂浆厚度每增减 5mm 子目调减 10mm, 套定额 10-2-2。

定额单价 (含税): 612.74 元/10m²

分部分项工程费: 612.74÷10×48.15＝2950.34 元

定额单价（除税）：558.00 元/10m²

分部分项工程费：558.00÷10×48.15＝2686.77 元

2）砂浆踢脚线＝[（10.8－0.24＋0.24×4＋4.8－0.24）×2－0.90]×0.20＝6.25m²

钢屑砂浆厚度 20mm，套定额 10-2-10。

定额单价（含税）：477.95 元/10m²

分部分项工程费：477.95÷10×6.25＝298.72 元

定额单价（除税）：437.77 元/10m²

分部分项工程费：437.77÷10×6.25＝273.61 元

项 目 习 题

一、填空题

1. 独立柱保温层铺贴，按墙面保温定额项目人工乘以系数（　　）、材料乘以系数（　　）。

2. 块料面层定额项目按平面铺砌编制。铺砌立面时，相应定额人工乘以系数（　　），块料乘以系数（　　），其他不变。

3. 屋面保温隔热层工程量按设计图示尺寸以面积计算，扣除面积＞（　　）m² 孔洞及占位面积。

4. 平面铺石切双层防腐块料时，按单层工程量乘以系数（　　）计算。

5. 踢脚板防腐工程量按（　　）以面积计算，扣除（　　）所占面积，并相应增加（　　）展开面积。

二、计算题

保温平屋面尺寸如图所示做法如下：空心板上 1:3 水泥砂浆找平 20 厚，沥青隔气层一道，1:8 现浇水泥珍珠岩最薄处 60 厚，1:3 水泥砂浆找平 20 厚，高分子自粘膜卷材自粘法防水，试计算保温及防水工程量，确定定额项目。

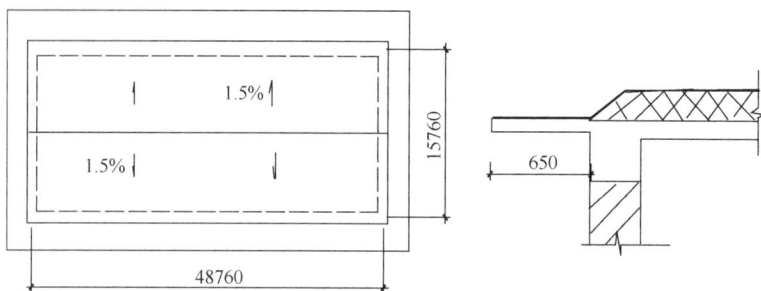

图 1

項目 **13**

构筑物及其他工程

任务 13.1　定额说明

（1）本项目定额包括烟囱，水塔，贮水（油）池、贮仓，检查井、化粪池及其他，场区道路，构筑物综合项目六节。

（2）本章包括构筑物单项及综合项目定额。综合项目是按照山东省住房和城乡建设厅发布的标准图集《13 系列建筑标准设计图集建筑专业》《13 系列建筑标准设计图集给排水专业》《建筑给水与排水设备安装图集 L03S001—002》的标准做法编制的，使用时对应标准图号直接套用，不再调整。设计文件与标准图做法不同时，套用单项定额。

（3）本项目定额中，构筑物单项定额凡涉及土方、钢筋、混凝土、砂浆、模板、脚手架、垂直运输机械及超高增加等相关内容，实际发生时按照相应章节规定计算。

（4）砖烟囱筒身不分矩形、圆形，均按筒身高度执行相应子目。

（5）烟囱内衬项目也适用于烟道内衬。

（6）砖水箱内外壁，按定额实砌砖墙的相应规定计算。

（7）毛石混凝土，系按毛石占混凝土体积 20％计算。如设计要求不同时，可以换算。

任务 13.2 工程量计算规则

1. 烟囱

（1）烟囱基础

基础与筒身的划分以基础大放脚为分界，大放脚以下为基础，以上为筒身，工程量按设计图纸尺寸以体积计算，如图 13-1 所示。

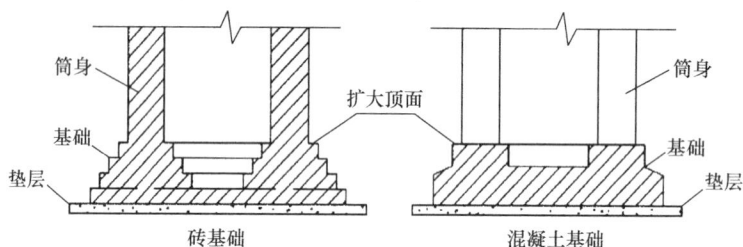

图 13-1

（2）烟囱筒身

1）圆形、方形筒身均按图示筒壁平均中心线周长乘以厚度并扣除筒身＞0.3m² 的孔洞、钢筋混凝土圈梁、过梁等体积以体积计算，其筒壁周长不同时可按下式分段计算。

$$V = \sum H \times C \times \pi D$$

式中　V——筒身体积；

　　　H——每段筒身垂直高度；

　　　C——每段筒壁厚度；

　　　D——每段筒壁中心线的平均直径。

2）砖烟囱筒身原浆勾缝和烟囱帽抹灰已包括在定额内，不另行计算。如设计要求加浆勾缝时，套用勾缝定额，原浆勾缝所含工料不予扣除。

勾缝面积＝π×烟囱高×（上口直径＋下口直径）×1/2

3）囱身全高≤20m，垂直运输以人力吊运为准，如使用机械者，运输时间定额乘以系数 0.75，即人工消耗量减去 2.4 工日/10m³；囱身全高＞20m，垂直运输以机械为准。

4）烟囱的混凝土集灰斗（包括分隔墙、水平隔墙、梁、柱）、轻质混凝土填充砌块以及混凝土地面，按有关规定计算，套用相应定额。

5）砖烟囱、烟道及其砖内衬，如设计要求采用楔形砖时，其数量按设计规定计算，套用相应定额项目。

6）砖烟囱砌体内采用钢筋加固时，其钢筋用量按设计规定计算，套用相应定额。

（3）烟囱内衬及内表面涂刷隔绝层

1）烟囱内衬，按不同内衬材料并扣除孔洞后，以图示实体积计算。

2）填料按烟囱筒身与内衬之间的体积以体积计算，不扣除连接横砖（防沉带）的体积。

筒身与内衬之间留有一定空隙作隔绝层。定额是按空气隔绝层编制的，若采用填充材料，填充料另行计算，所需人工已包括在内衬定额内，不另计算。

为防止填充料下沉，从内衬每隔一定间距挑出一圈砌体作防沉带，防沉带工料已包括在定额内，不另计算。烟囱内衬和防沉带如图 13-2 所示。

3）内衬伸入筒身的连接横砖已包括在内衬定额内，不另行计算。

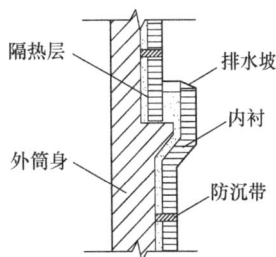

图 13-2

4）为防止酸性凝液渗入内衬及筒身间，而在内衬上抹水泥砂浆排水坡的工料，已包括在定额内，不单独计算。

5）烟囱内表面涂刷隔绝层，按筒身内壁并扣除各种孔洞后的面积以面积计算。

（4）烟道砌砖

1）烟道与炉体的划分以第一道闸门为界，炉体内的烟道部分列入炉体工程量计算。

2）烟道中的混凝土构件，按相应定额项目计算。

3）混凝土烟道以体积计算（扣除各种孔洞所占体积），套用地沟定额（架空烟道除外）。

2. 水塔

（1）砖水塔

1）水塔基础与塔身划分：以砖砌体的扩大部分顶面为界，以上为塔身，以下为基础。水塔基础工程量按设计尺寸以体积计算，套用烟囱基础的相应项目。

2）塔身以图示实砌体积计算，扣除门窗洞口>0.3m² 孔洞和混凝土构件所占的体积，砖平拱璇及砖出檐等并入塔身体积内计算。

3）砖水箱内外壁，不分壁厚，均以图示实砌体积计算，套相应的内外砖墙定额。

4）定额内已包括原浆勾缝，如设计要求加浆勾缝时，套用勾缝定额，原浆勾缝的工料不予扣除。

（2）混凝土水塔

1）混凝土水塔按设计图示尺寸以体积计算工程量，并扣除>0.3m² 孔洞所占体积。

2）筒身与槽底以槽底连接的圈梁底为界，以上为槽底，以下为筒身。

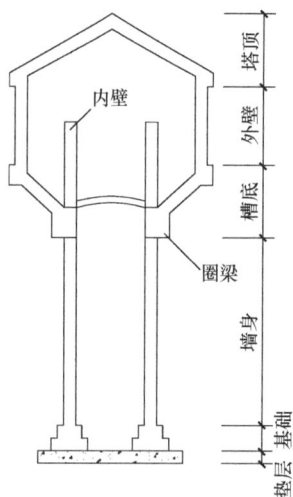

图 13-3

3）筒式塔身及依附于筒身的过梁、雨篷挑檐等并入筒身体积内计算，柱式塔身、柱、梁合并计算。

4）塔顶及槽底，塔顶包括顶板和圈梁，槽底包括底板挑出的斜壁板和圈梁等合并计算。

5）倒锥壳水塔中的水箱，定额按地面上浇筑编制。水箱的提升，另按定额相应规定计算。

水塔构造及各部分划分示意图如图 13-3 所示。

3. 贮水（油）池、贮仓

1）贮水（油）池、贮仓、筒仓以体积计算。

2）贮水（油）池仅适用于容积在 ≤ 100m³ 以下的项目。容积＞100m³ 的，池底按地面、池壁按墙、池盖按板相应项目计算。

水池池底如图 13-4 所示。

3）贮仓不分立壁、斜壁、底板、顶板均套用该项目。基础、支撑漏斗的柱和柱之间的连系梁根据构成材料的不同，按有关规定计算，套相应定额。

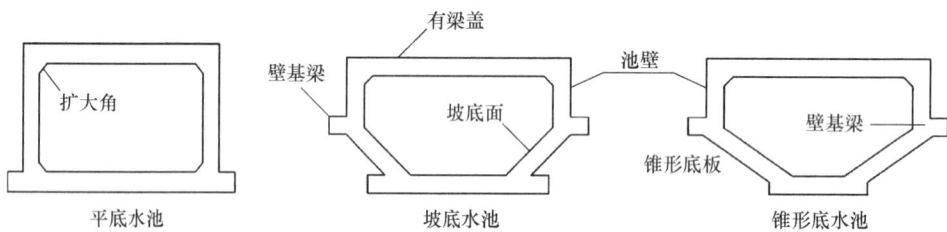

图 13-4

混凝土独立筒仓如图 13-5 所示。

4. 检查井、化粪池及其他

1）砖砌井（池）壁不分厚度均以体积计算，洞口上的砖平拱璇等并入砌体体积内计算。与井壁相连接的管道及其内径＜200m 的孔洞所占体积不予扣除。

2）渗井系指上部浆砌、下部干砌的渗水井。干砌部分不分方形、圆形，均以体积计算。计算时不扣除渗水孔所占体积。浆砌部分套用砖砌井（池）壁定额。

3）成品检查井、化粪池安装以"座"为单位计

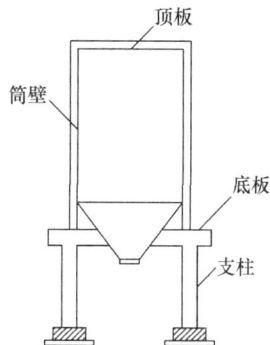

图 13-5

算。定额内考虑的是成品混凝土检查井、成品玻璃钢化粪池的安装，当主材材质不同时，可换算主材，其他不变。

4）混凝土井（池）按实体积计算，与井壁相连接的管道及内径＜200mm 孔洞所占体积不予扣除。

5）井盖、雨水篦的安装以"套"为单位按数量计算，混凝土井圈的制作以体积计算，排水沟铸铁盖板的安装以长度计算。

5. 场区道路

1）路面工程量按设计图示尺寸以面积计算，定额内已包括伸缩缝及嵌缝的工料，如机械割缝时执行相关项目，路面项目中不再进行调整。

2）沥青混凝土路面是根据山东省标准图集《13 系列建筑标准设计图集》中所列做法按面积计算，如实际工程中沥青混凝土骨料粒径与定额不同时，可以体积换算。

3）道路垫层按本定额"地基处理与边坡支护工程"的机械碾压相关项目计算。

4）铸铁围墙工程量按设计图示尺寸以长度计算，定额内已包括与柱或墙连接的预埋铁件的工料。

6. 构筑物综合项目

1）构筑物综合项目中的井、池、均根据山东省标准图集《13 系列建筑标准设计图集》《建筑给水与排水设备安装图集》L03S001-002 以"座"为单位计算。

2）散水、坡道均根据山东省标准图集《13 系列建筑标准设计图集》以面积计算。

3）台阶根据山东省标准图集《13 系列建筑标准设计图集》按投影面积以面积计算。

4）路沿根据山东省标准图集《13 系列建筑标准设计图集》以长度计算。

5）凡按省标图集设计和施工的构筑物综合项目，均执行定额项目不得调整。

任务 13.3 定额应用

【例 13-1】某砖烟囱（图 13-6）采用 M5 混合砂浆砌筑，烟囱上口封顶圈梁和底圈梁断面尺寸为 240mm×240mm，计算筒身工程量，确定定额项目，计算分部分项工程费。

解：烟囱上口中心直径：1.6m－0.24m＝1.36m

烟囱下口中心直径：2.4m－0.24m＝2.16m

上口圈梁和底圈梁体积为：0.24m×0.24m×π×(1.36＋2.16)m＝0.64m³

筒身工程量为：$V = \sum H \times C \times \pi D = 28m \times 0.24m \times \pi \times (1.36 + 2.16)m \times 1/2 = 37.14m^3$

M5 混浆砌砖筒身工程量为：37.14m³－0.64m³＝36.5m³

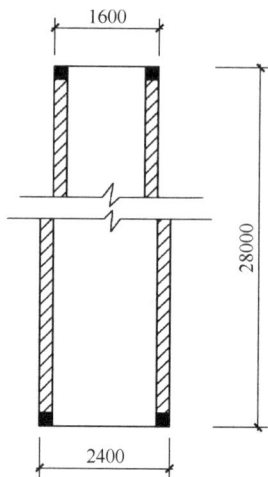

图 13-6

M5 混浆筒身高度 40m 以内，套 16-1-6。

定额单价（含税）：4902.80 元/10m³

分部分项工程费：4902.80÷10×36.5＝17895.22 元

定额单价（除税）：4797.35 元/10m³

分部分项工程费：4797.35÷10×36.5＝17510.33 元

项 目 习 题

判断题

1. 基础与筒身的划分以基础大放脚为分界，以下为基础，以上为筒身，工程量以体积计算。　　　　　　　　　　　　　　　　　　　　　　（　　）

2. 砖烟囱筒身原浆勾缝和烟囱帽抹灰未包括在定额内，需另行计算。（　　）

3. 烟囱内衬，按不同内衬材料并扣除孔洞后，以面积计算。　　　（　　）

4. 砖水塔基础工程量按设计尺寸以面积计算，套用烟囱基础的相应项目。
　　　　　　　　　　　　　　　　　　　　　　　　　　　　　　（　　）

5. 砖塔身以图示实砌体积计算，不扣除门窗洞口＞0.3m² 孔洞和混凝土构件所占的体积。　　　　　　　　　　　　　　　　　　　　　　　　（　　）

6. 混凝土水塔筒身与槽底以槽底连接的圈梁底为界，以上为槽底，以下为筒身。　　　　　　　　　　　　　　　　　　　　　　　　　　　　（　　）

7. 贮水（油）池仅适用于容积在≤200m³ 以下的项目。　　　　　（　　）

8. 砖水箱内外壁，不分壁厚，均以图示实砌体积计算，套相应的内外砖墙定额。　　　　　　　　　　　　　　　　　　　　　　　　　　　　（　　）

项目 **14**

脚手架工程

任务 **14.1** 定额说明

本项目定额包括外脚手架，里脚手架，满堂脚手架，悬空脚手架、挑脚手架、防护架，依附斜道，安全网，烟囱（水塔）脚手架，电梯井字架等共八节。

1) 脚手架按搭设材料分为木制、钢管式，按搭设形式及作用分为落地钢管式脚手架（图 14-1）、型钢平台挑钢管式脚手架（图 14-2）、烟囱脚手架和电梯井脚手架等。

2) 脚手架工作内容中，包括底层脚手架下的平土、挖坑，实际与定额不同时不得调整。

3) 脚手架作业层铺设材料按木脚手板设置，实际使用不同材质时不得调整。

4) 型钢平台外挑双排钢管脚手架子目，一般适用于自然地坪、低层屋面因不满足搭设落地脚手架条件或架体搭设高度＞50m 等情况。

（1）外脚手架

1) 现浇混凝土圈梁、过梁、楼梯、雨篷、阳台、挑檐中的梁和挑梁，各种现浇混凝土板、楼梯，不单独计算脚手架。

2) 计算外脚手架的建筑物四周外围的现浇混凝土梁、框架梁、墙，不另计算脚手架。

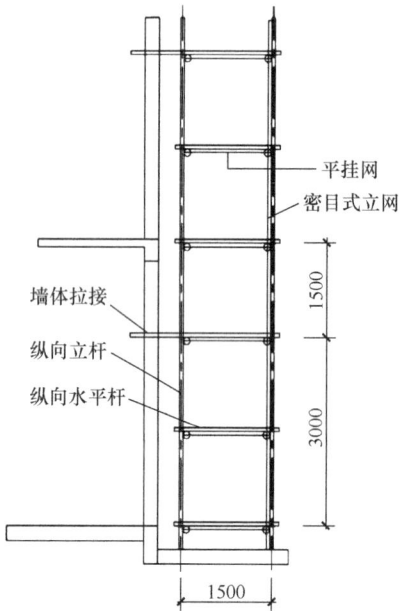

图 14-1

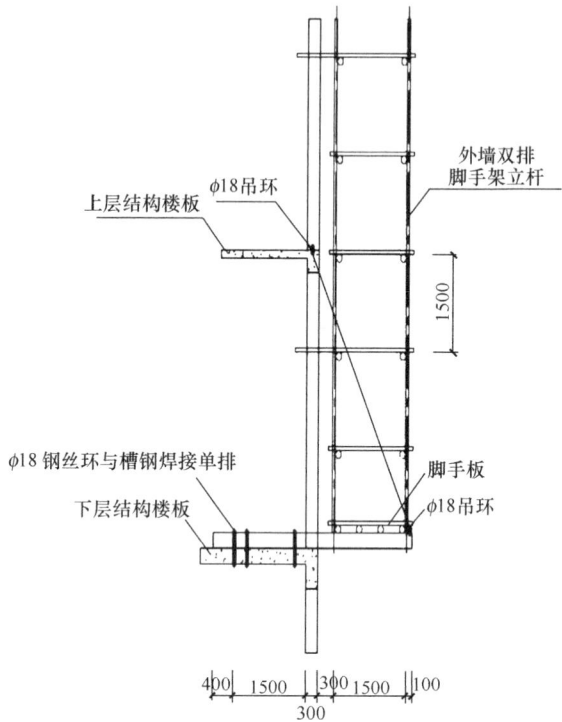

图 14-2

3）砌筑高度≤10m，执行单排脚手架子目；高度＞10m，或高度虽≤10m 但外墙门窗及外墙装饰面积超过外墙表面积＞60％（或外墙为现浇混凝土墙、轻质砌块墙）时，执行双排脚手架子目。

4）设计室内地坪至顶板下坪（或山墙高度 1/2 处）的高度＞6m 时，内墙（非轻质砌块墙）砌筑脚手架，执行单排外脚手架子目；轻质砌块墙砌筑脚手架，执行双排外脚手架子目。

5）外装饰工程的脚手架根据施工方案可执行外装饰电动提升式吊篮脚手架子目。

（2）里脚手架

1）建筑物内墙脚手架，凡设计室内地坪至顶板下表面（或山墙高度 1/2 处）的高度在≤3.6m（非轻质砌块墙）时，执行单排里脚手架子目；3.6m＜高度≤6m 时，执行双排里脚手架子目。不能在内墙上留脚手架洞的各种轻质砌块墙等，执行双排里脚手架子目。

2）石砌（带形）基础高度＞1m，执行双排里脚手架子目；石砌（带形）基础高度＞3m，执行双排外脚手架子目。边砌边回填时，不得计算脚手架。

（3）悬空脚手架、挑脚手架、防护架

水平防护架和垂直防护架，指脚手架以外单独搭设的，用于车辆通行、人行通道、临街防护和施工与其他物体隔离等的防护。

（4）依附斜道

斜道是按依附斜道编制的。独立斜道，按依附斜道子目人工、材料、机械乘以系数1.8。

（5）烟囱（水塔）脚手架

1）烟囱脚手架，综合了垂直运输架、斜道、缆风绳、地锚等内容。

2）水塔脚手架，按相应的烟囱脚手架人工乘以系数1.11，其他不变。倒锥壳水塔脚手架，按烟囱脚手架相应子目乘以系数1.3。

（6）电梯井脚手架的搭设高度，指电梯井底板上坪至顶板下坪（不包括建筑物顶层电梯机房）之间的高度。

任务 14.2 工程量计算规则

（1）脚手架计取的起点高度：基础及石砌体高度＞1m，其他结构高度＞1.2m。

（2）计算内、外墙脚手架时，均不扣除门窗洞口、空圈洞口等所占的面积。

（3）外脚手架

1）建筑物外脚手架，高度自设计室外地坪算至檐口（或女儿墙顶）；同一建筑物有不同檐高时，按建筑物的不同檐高纵向分割，分别计算，并按各自的檐高执行相应子目。地下室外脚手架的高度，按其底板上坪至地下室顶板上坪之间的高度计算。

注：① 先主体、后回填、自然地坪低于设计室外地坪时，外脚手架的高度，自自然地坪算起。

② 设计室外地坪标高不同时，有错坪的，按不同标高分别计算；有坡度的，按平均标高计算。

③ 外墙有女儿墙的，算至女儿墙压顶上坪；无女儿墙的，算至檐板上坪，或檐沟翻檐的上坪。

④ 坡屋面的山尖部分，其工程量，按山尖部分的平均高度计算；但应按山尖顶坪执行定额。

⑤ 突出屋面的电梯间、水箱间等，执行定额时，不计入建筑物的总高度。

2）按外墙外边线长度乘以高度以面积计算。凸出墙面宽度大于240mm的墙垛、外挑阳台（板）等，按图示尺寸展开并入外墙长度内计算。

外墙脚手架工程量(m²)＝(外墙外边线长度+墙垛侧面宽度×2×n)
×外墙脚手架高度

3）现浇混凝土独立基础，按柱脚手架规则计算（外围周长按最大底面周长），执行单排外脚手架子目。

4）混凝土带形基础、带形桩承台、满堂基础，按混凝土墙的规定计算脚手架，其中满堂基础脚手架长度按外形周长计算。

5）独立柱（现浇混凝土框架柱）按柱图示结构外围周长另加 3.6m，乘以设计柱高以面积计算，执行单排外脚手架项目。

独立柱脚手架工程量(m²)＝(柱结构外围周长＋3.6)×设计柱高

设计柱高，指柱自基础上表面或楼板上表面，至上一层楼板上表面或屋面板上表面的高度。

6）各种现浇混凝土独立柱、框架柱、砖柱、石柱等，均需单独计算脚手架。现浇混凝土构造柱，不单独计算脚手架。

7）现浇混凝土梁、墙，按设计室外地坪或楼板上表面至楼板底之间的高度，乘以梁、墙净长以面积计算，执行双排外脚手架子目。与混凝土墙同一轴线且同时浇筑的墙上梁不单独计取脚手架。

梁、墙脚手架工程量＝梁墙净长度×地坪(或板顶)至板底高度

8）轻型框剪墙按墙规定计算，不扣除之间洞口所占面积，洞口上方梁不另计算脚手架。

9）现浇混凝土（室内）梁（单梁、连续梁、框架梁），按设计室外地坪或楼板上表面至楼板底之间的高度乘以梁净长，以面积计算，执行双排外脚手架子目。有梁板中的板下梁不计取脚手架。

（4）里脚手架

1）里脚手架按墙面垂直投影面积计算。

内墙里脚手架工程量＝内墙净长度×设计净高度

2）内墙面装饰，按装饰面执行里脚手架计算规则计算装饰工程脚手架。内墙面装饰高度≤3.6m 时，按相应脚手架子目乘以系数 0.3 计算；高度＞3.6m 的内墙装饰，按双排里脚手架乘以系数 0.3。按规定计算满堂脚手架后，室内墙面装饰工程，不再计内墙装饰脚手架。

注：内墙装饰脚手架高度，自室内地面或楼面起，有吊顶顶棚的，计算至顶棚底面另加 100mm；无吊顶顶棚的，计算至顶棚底面。

3）（砖砌）围墙脚手架，按室外自然地坪至围墙顶面的砌筑高度乘以长度，以面积计算。围墙脚手架，执行单排里脚手架相应子目。石砌围墙或厚＞2 砖的砖围墙，增加一面双排里脚手架。

（5）满堂脚手架

1）按室内净面积计算，不扣除柱、垛所占面积。

2）结构净高＞3.6m 时，可计算满堂脚手架。

3）当 3.6m≤结构净高＜5.2m 时，计算基本层；结构净高≤3.6m 时，不计算满堂脚手架。

4）结构净高＞5.2m 时，每增加 1.2m 按增加一层计算，不足 0.6m 的不计（图 14-3）。

满堂脚手架工程量 ＝ 室内净长度×室内净宽度

满堂脚手架增加层 ＝ (室内净高度－5.2m)÷1.2m(计算结果 0.5 以内舍去)

注：室内净高度为室内地面地坪至室内天棚装饰面距离。

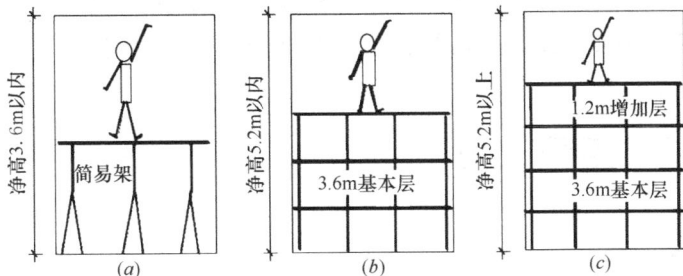

图 14-3

(a) 不计算满堂架；(b) 只计算基本层；(c) 再计算增加层

(6) 悬空脚手架、挑脚手架、防护架

1) 悬空脚手架，按搭设水平投影面积计算。

2) 挑脚手架，按搭设长度和层数以长度计算。

3) 水平防护架，按实际铺板的水平投影面积计算。垂直防护架，按自然地坪至最上一层横杆之间的搭设高度乘以实际搭设长度，以面积计算。

(7) 依附斜道，按不同搭设高度以"座"计算。

(8) 安全网

1) 平挂式安全网（脚手架外侧与建筑物外墙之间的安全网），按水平挂设的投影面积计算，执行立挂式安全网子目。

注：① 平挂式安全网，水平设置于外脚手架的每一操作层（脚手板下），网宽 1.5m 计算。

② 根据山东省工程建设标准《建筑施工现场管理标准》规定，距地面（设计室外地坪）3.2m 处设首层安全网，操作层下设随层安全网（按具体规定计算）。

2) 立挂式安全网，按架网部分的实际长度乘以实际高度，以面积计算。

注：立挂式安全网，沿脚手架外立杆内面垂直设置，且与平挂式安全网同时设置，网高按 1.2m 计算。

3) 挑出式安全网，按挑出的水平投影面积计算。

4) 建筑物垂直封闭工程量，按封闭墙面的垂直投影面积计算。建筑物垂直封闭采用交替倒用时，工程量按垂直投影面积计算，执行定额子目时，封闭材料竹席、竹笆、密目网分别乘以系数 0.5、0.33、0.33。

注：高出屋面的电梯间、水箱间，不计算垂直封闭。

(9) 烟囱（水塔）脚手架，按不同搭设高度以"座"计算。

(10) 电梯井字架，按不同搭设高度以"座"计算。

(11) 其他

1) 设备基础脚手架，按其外形周长乘以地坪至外形顶面边线之间的高度，以面积计算，执行双排里脚手架子目。

2) 砌筑贮仓脚手架，不分单筒或贮仓组，均按单筒外边线周长，乘以设计室外地坪至贮仓上口之间高度，以面积计算，执行双排外脚手架子目。

3) 贮水（油）池脚手架，按外壁周长乘以室外地坪至池壁顶面之间的高度，以面积计算。贮水（油）池凡距地坪高度＞1.2m 时，执行双排外脚手架子目。

4）大型现浇混凝土贮水（油）池、框架式设备基础的混凝土壁、柱、顶板梁等混凝土浇筑脚手架，按现浇混凝土墙、柱、梁的相应规定计算。

任务 14.3　定额应用

【例 14-1】如图 14-4 所示，某工程裙房 8 层（女儿墙高 2m）、塔楼 25 层（女儿墙高 2m），塔楼顶水箱间（普通黏土砖砌筑）一层。计算其外脚手架的工程量及分部分项工程费。

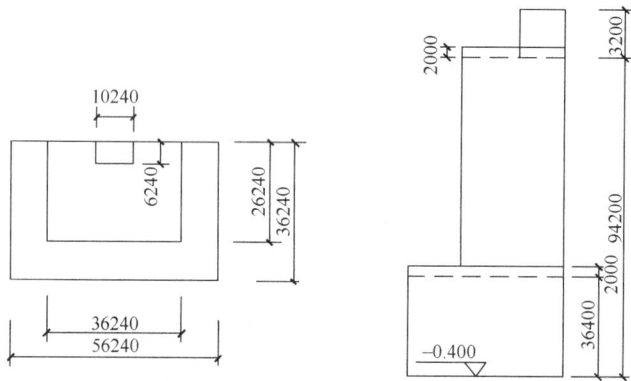

图 14-4

解：1）塔楼（25 层）外脚手架工程量

剖面右侧：$36.24 \times (94.20 + 2.00) = 3486.29 \text{m}^2$

其余三面：$(36.24 + 26.24 \times 2) \times (94.20 - 36.40 + 2.00) = 5305.46 \text{m}^2$

水箱间剖面右侧：$10.24 \times (3.20 - 2.00) = 12.29 \text{m}^2$

合计：$3486.29 \text{m}^2 + 5305.46 \text{m}^2 + 12.29 \text{m}^2 = 8804.04 \text{m}^2$

高度 $= 94.20 + 2.00 = 96.20 \text{m}$

说明：突出屋面的水箱间，执行定额时，不计入建筑物的总高度。

型钢平台外挑双排钢管脚手架 100m 内，套 17-1-17。

定额单价（含税）：755.95 元/10m^2

分部分项工程费：$755.95 \div 10 \times 8804.04 = 665541.40$ 元

定额单价（除税）：682.96 元/10m^2

分部分项工程费：$682.96 \div 10 \times 8804.04 = 601280.72$ 元

2）裙房（8 层）外脚手架工程量

$[(36.24 + 56.24) \times 2 - 36.24] \times (36.24 + 2.00) = 5710.85 \text{m}^2$

高度 $= 36.40 + 2.00 = 38.40 \text{m}$

双排外钢脚手架 50m 内，套 17-1-12。

定额单价（含税）：295.53 元/10m^2

分部分项工程费：295.53÷10×5710.85＝168772.75 元

定额单价（除税）：271.72 元/10m²

分部分项工程费：271.72÷10×5710.85＝155175.22 元

3）水箱间外脚手架工程量

$$(10.24＋6.24×2)×3.20＝72.70m²$$

单排外钢管脚手架 6m 内，套 17-1-6。

定额单价（含税）：118.93 元/10m²

分部分项工程费：118.93÷10×72.70＝864.62 元

定额单价（除税）：108.76 元/10m²

分部分项工程费：108.76÷10×72.70＝790.69 元

【例 14-2】 某建筑物大厅有现浇混凝土方柱截面尺寸为 400mm×400mm，共 6 根，柱高 6.5m，计算该柱脚手架工程量及分部分项工程费用。

解： 方形混凝土柱脚手架工程量＝(0.4×4＋3.6)×6.50×6＝202.80m²

单排外钢管脚手架 10m 内，套 17-1-8。

定额单价（含税）：145.30 元/10m²

分部分项工程费：145.30÷10×202.80＝2946.68 元

定额单价（除税）：132.96 元/10m²

分部分项工程费：132.96÷10×202.80＝2696.43 元

【例 14-3】 某车间一层，共有花篮梁 8 根，尺寸如图 14-5 所示，采用木制脚手架，设计室外地坪为－0.35m，计算该梁脚手架工程量及分部分项工程费用。

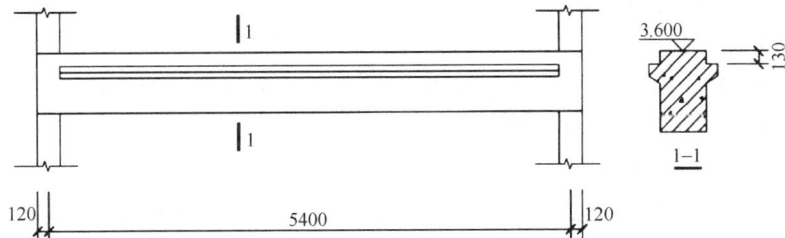

图 14-5

解： 花篮梁脚手架高度＝3.60＋0.35－0.13＝3.82m

花篮梁脚手架工程量＝(5.40－0.24)×3.82×8＝157.69m²

木脚手架 6m 以内双排，套 17-1-2。

定额单价（含税）：229.69 元/10m²

分部分项工程费：229.69÷10×157.69＝3621.98 元

定额单价（除税）：204.83 元/10m²

分部分项工程费：204.83÷10×157.69＝3229.96 元

【例 14-4】 某住宅楼平面图如图 14-6 所示，层高 3m，板厚均为 100mm，砖墙厚 240mm，本工程采用钢管架，计算该层内墙砌筑脚手架工程量及分部分项工程费。

（单位：m）

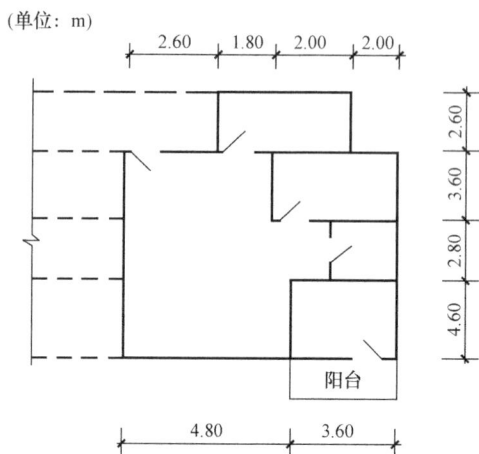

图 14-6

解： 内墙砌筑脚手架工程量

$= [(4.60+2.80+3.60-0.24)+(4.60+2.80-0.24+3.60+2.60-0.24)+(2.60+1.80+2.00-0.24)+(2.00+2.00-0.24)+(3.60-0.24)\times2]\times(3.00-0.10)=117.51\text{m}^2$

单排里钢管脚手架 3.6m 内，套 17-2-5。

定额单价（含税）：58.70 元/10m²

分部分项工程费：58.70÷10×117.51=689.78 元

定额单价（除税）：56.74 元/10m²

分部分项工程费：56.74÷10×117.51=666.75 元

【例 14-5】 如图 14-7 所示，本建筑物共两层，采用钢管架，计算该工程满堂脚手架工程量及分部分项工程费。

解： 1）底层满堂脚手架工程量

$= (7.20\times5+7.28\times2-0.24)\times(9.0+9.08\times2-0.24)=1354.61\text{m}^2$

室内净高度=4.8-0.1=4.7m<5.2m

满堂脚手架钢管架基本层，套 17-3-3。

定额单价（含税）：182.63 元/10m²

分部分项工程费：182.63÷10×1354.61=24739.24 元

定额单价（除税）：170.58 元/10m²

分部分项工程费：170.58÷10×1354.61=23106.94 元

2）二层满堂脚手架工程量

$= (7.20\times5+7.28\times2-0.24)\times(9.0+9.08\times2-0.24)=1354.61\text{m}^2$

室内净高度=13.2-0.1-4.8=8.3m>5.2m

满堂脚手架增加层=（8.3-5.2）÷1.2=3 层

二层满堂脚手架钢管架，套 17-3-3 和 17-3-4。

定额单价（含税）（换）：（182.63+24.77×3）元/10m²=256.94 元/10m²

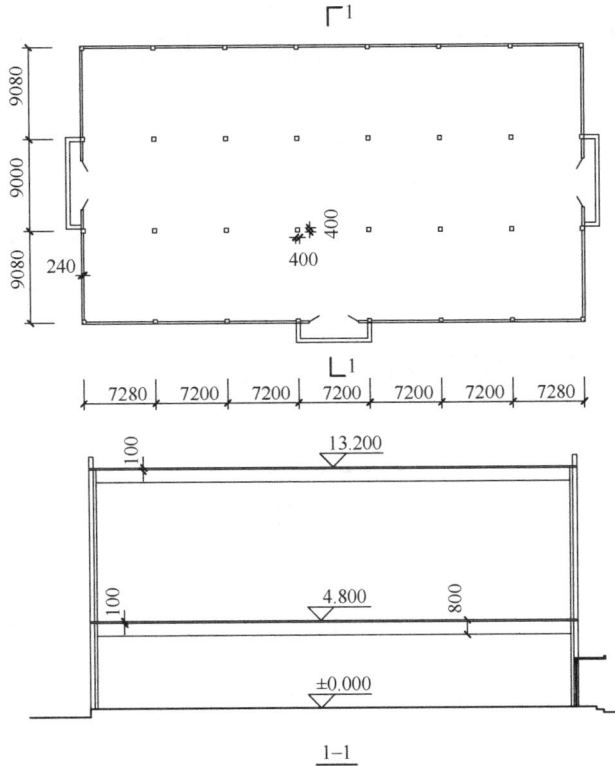

图 14-7

分部分项工程费：256.94÷10×1354.61＝34805.35 元

定额单价（除税）（换）：(170.58＋24.02×3) 元/10m²＝242.64 元/10m²

分部分项工程费：242.64÷10×1354.61＝32868.26 元

【例 14-6】 某建筑物如图 14-8 所示，内外脚手架均自室外地坪搭设，楼板厚 120mm，安全网每层一道，密目网固定封闭，采用钢管架，计算该工程安全网、密目网工程量及分部分项工程费。

解： 1）密目网工程量

＝[(3.6×6＋7.2＋0.24＋5.4×2＋2.4＋0.24)×2]×(17.4＋0.6＋0.45)

＝1567.51m²

建筑物垂直封闭密目网，套 17-6-6。

定额单价（含税）：123.33 元/10m²

分部分项工程费：123.33÷10×1567.51＝19332.10 元

定额单价（除税）：108.19 元/10m²

分部分项工程费：108.19÷10×1567.51＝16958.89 元

2）平挂式安全网工程量

＝[(3.6×6＋7.2＋0.24＋5.4×2＋2.4＋0.24)×2×1.5＋1.5×1.5×4]×(5－1)＝545.76m²

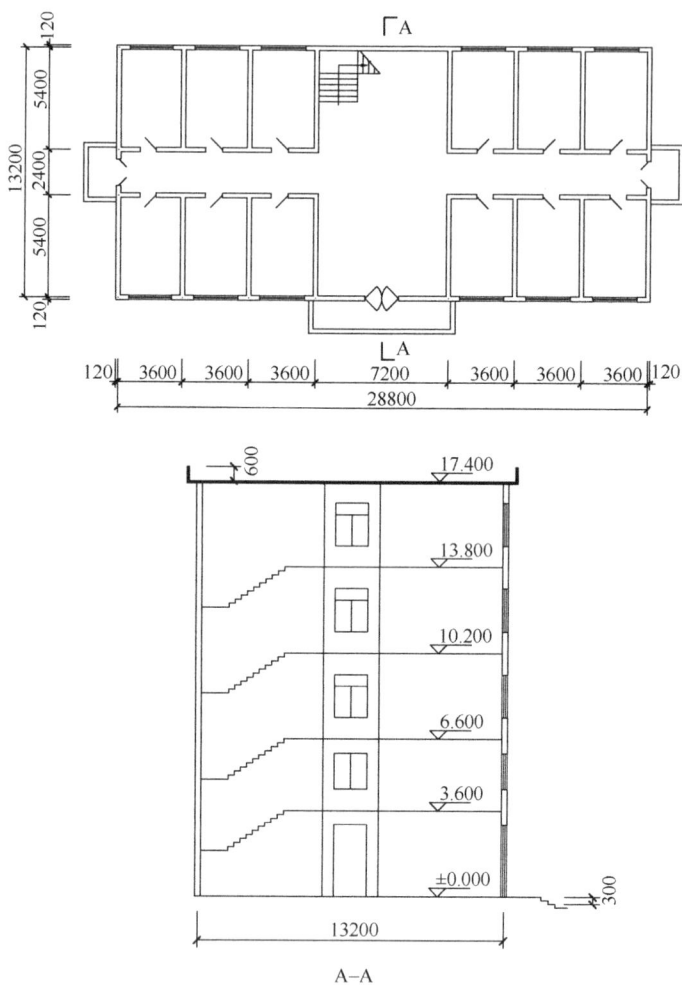

图 14-8

立挂式安全网，套 17-6-1。

定额单价（含税）：51.52 元/10m²

分部分项工程费：51.52÷10×545.76＝2811.76 元

定额单价（含税）：44.30 元/10m²

分部分项工程费：44.30÷10×545.76＝2417.72 元

3）立挂式安全网工程量

＝[(3.6×6＋7.2＋0.24＋5.4×2＋2.4＋0.24)×2＋1.5×8]×1.2×（5－1）

＝465.41m²

立挂式安全网，套 17-6-1。

定额单价（含税）：51.52 元/10m²

分部分项工程费：51.52÷10×465.41＝2397.79 元

定额单价（除税）：44.30 元/10m²

分部分项工程费：44.30÷10×465.41＝2061.77 元

项 目 习 题

一、单项选择题

1. 建筑物现浇混凝土独立柱按( )执行。

A. 单排外脚手架   B. 双排外脚手架

C. 单排里脚手架   D. 双排里脚手架

2. 独立柱脚手架工程量按柱断面周长加( )乘以柱高。

A. 3m   B. 3.6m

C. 4m   D. 5m

3. 定额中满堂脚手架的基本层高度范围是( )m。

A. 3.0～3.6   B. 3.3～3.6

C. 3.3～5.2   D. 3.6～5.2

4. 现浇混凝土梁、墙，执行( )子目。

A. 单排外脚手架   B. 双排外脚手架

C. 单排里脚手架   D. 双排里脚手架

5. 高度虽<( )但外墙门窗及外墙装饰面积超过外墙表面积>60％时，执行双排外脚手架子目。

A. 1m   B. 3.6m

C. 5.2m   D. 10m

项目 15

模 板 工 程

任务 15.1 定额说明

本项目定额包括现浇混凝土模板、现场预制混凝土模板、构筑物混凝土模板。定额按不同构件，分别以组合钢模板钢支撑、木支撑，复合木模板钢支撑、木支撑，木模板、木支撑编制。

（1）现浇混凝土模板

1）现浇混凝土杯型基础的模板，执行现浇混凝土独立基础模板子目，定额人工乘以系数 1.13，其他不变。

2）现浇混凝土直形墙、电梯井壁等项目，如设计要求防水等特殊处理时，套用有关子目后，增套本定额"钢筋及混凝土工程"对拉螺栓增加子目。

3）现浇混凝土板的倾斜度＞15°时，其模板子目定额人工乘以系数 1.3。

4）现浇混凝土柱、梁、墙、板是按支模高度（地面支撑点至模底或支模顶）3.6m 编制的，支模高度超过 3.6m 时，另行计算模板支撑超高部分的工程量。

5）轻型框剪墙的模板支撑超高，执行墙支撑超高子目。

6）对拉螺栓与钢、木支撑结合的现浇混凝土模板子目，定额按不同构件、不同模板材料和不同支撑工艺综合考虑，实际使用钢、木支撑的多少，与定额不同时，不得调整。

（2）现场预制混凝土模板

现场预制混凝土模板子目使用时，人工、材料、机械消耗量分别乘以 1.012 构件操作损耗系数。

（3）构筑物混凝土模板

1）采用钢滑升模板施工的烟囱、水塔支筒及筒仓是按无井架施工编制的，定额内综合了操作平台，使用时不再计算脚手架及竖井架。

2）用钢滑升模板施工的烟囱、水塔，提升模板使用的钢爬杆用量是按一次摊销编制的，贮仓是按两次摊销编制的，设计要求不同时，允许换算。

3）倒锥壳水塔塔身钢滑升模板项目，也适用于一般水塔塔身滑升模板工程。

4）烟囱钢滑升模板项目均已包括烟囱筒身、牛腿、烟道口，水塔钢滑升模板均已包括直筒、门窗洞口等模板用量。

（4）实际工程中复合木模板周转次数与定额不同时，可按实际周转次数，根据以下公式分别对子目材料中的复合木模板、锯成材消耗量进行计算调整。

$$复合木模板消耗量 = 模板一次使用量 \times (1 + 5\%) \times 模板制作损耗系数 \div 周转次数$$
$$锯成材消耗量 = 定额锯成材消耗量 - N_1 + N_2$$

式中 $N_1 =$ 模板一次使用量 $\times (1 + 5\%) \times$ 方木消耗系数 $\div$ 定额模板周转次数；

$N_2 =$ 模板一次使用量 $\times (1 + 5\%) \times$ 方木消耗系数 $\div$ 实际周转次数。

（5）上述公式中复合木模板制作损耗系数、方木消耗系数见表 15-1。

复合木模板制作损耗系数、方木消耗系数表　　　　　　　表 15-1

构件部位	基础	柱	构造柱	梁	墙	板
模板制作损耗系数	1.1392	1.1047	1.2807	1.1688	1.0667	1.0787
方木消耗系数	0.0209	0.0231	0.0249	0.0247	0.0208	0.0172

任务 15.2　工程量计算规则

1. 现浇混凝土模板工程量

除另有规定外，按模板与混凝土的接触面积（扣除后浇带所占面积）计算。

（1）基础按混凝土与模板接触面的面积计算：

1）基础与基础相交时重叠的模板面积不扣除；直形基础端头的模板也不增加。

2）杯型基础模板面积按独立基础模板计算，杯口内的模板面积并入相应基础模板工程量内。

3）现浇混凝土带形桩承台的模板，执行现浇混凝土带形基础（有梁式）模板子目。

（2）现浇混凝土柱模板，按柱四周展开宽度乘以柱高，以面积计算：

1）柱、梁相交时，不扣除梁头所占柱模板面积。

2）柱、板相交时，不扣除板厚所占柱模板面积。

（3）构造柱模板，按混凝土外露宽度乘以柱高以面积计算；构造柱与砌体交错咬茬连接时，按混凝土外露面的最大宽度计算。构造柱与墙的接触面不计算模板面积。

（4）现浇混凝土梁模板，按混凝土与模板的接触面积计算：

1）矩形梁，支座处的模板不扣除，端头处的模板不增加。

2）梁、梁相交时，不扣除次梁梁头所占主梁模板面积。

3）梁、板连接时，梁侧壁模板算至板下坪。

4）过梁与圈梁连接时，其过梁长度按洞口两端共加 50cm 计算。

（5）现浇混凝土墙的模板，按混凝土与模板接触面积计算：

1）现浇钢筋混凝土墙、板上单孔面积≤0.3m² 的孔洞，不予扣除，洞侧壁模板亦不增加；单孔面积＞0.3m² 时，应予扣除，洞侧壁模板面积并入墙、板模板工程量内计算。

2）墙、柱连接时，柱侧壁按展开宽度，并入墙模板面积内计算。

3）墙、梁相交时，不扣除梁头所占墙模板面积。

（6）现浇钢筋混凝土框架结构分别按柱、梁、墙、板有关规定计算。轻型框剪墙子目已综合轻体框架中的梁、墙、柱内容，但不包括电梯井壁、矩形梁、挑梁，其工程量按混凝土与模板接触面积计算。

（7）现浇混凝土板的模板，按混凝土与模板的接触面积计算。

1）伸入梁、墙内的板头，不计算模板面积。

2）周边带翻檐的板（如卫生间混凝土防水带等），底板的板厚部分不计算模板面积；翻檐两侧的模板，按翻檐净高度，并入板的模板工程量内计算。

3）板、柱相接时，板与柱接触面的面积≤0.3m² 时，不予扣除；面积＞0.3m² 时，应予扣除。柱、墙相接时，柱与墙接触面的面积，应予扣除。

4）现浇混凝土有梁板的板下梁的模板支撑高度，自地（楼）面支撑点计算至板底，执行板的支撑高度超高子目。

5）柱帽模板面积按无梁板模板计算，其工程量并入无梁板模板工程量中，模板支撑超高按板支撑超高计算。

（8）柱与梁、柱与墙、梁与梁等连接的重叠部分，以及伸入墙内的梁头、板头部分，均不计算模板面积。

（9）后浇带按模板与后浇带的接触面积计算。

（10）现浇混凝土斜板、折板模板，按平板模板计算；预制板板缝＞40mm 时的模板，按平板后浇带模板计算。

（11）现浇钢筋混凝土雨篷、悬挑板、阳台板按图示外挑部分尺寸的水平投影面积计算。挑出墙外的牛腿梁及板边模板不另计算。现浇混凝土悬挑板的翻檐，其模板工程量按翻檐净高计算，执行"天沟、挑檐"子目；若翻檐高度＞300mm 时，执行"栏板"子目。

现浇混凝土天沟、挑檐按模板与混凝土接触面积计算。

（12）现浇混凝土柱、梁、墙、板的模板支撑高度按如下计算：

柱、墙：地（楼）面支撑点至构件顶坪；梁：地（楼）面支撑点至梁底；板：地（楼）面支撑点至板底坪。

1）现浇混凝土柱、梁、墙、板的模板支撑高度＞3.6m时，另行计算模板超高部分的工程量。

2）梁、板（水平构件）模板支撑超高的工程量计算如下式：

超高次数＝（支模高度－3.6）/1 （遇小数进为1，不足1按1计算）

超高工程量（m²）＝超高构件的全部模板面积×超高次数

3）柱、墙（竖直构件）模板支撑超高的工程量计算如下式：

超高次数分段计算：自高度＞3.60m，第一个1m为超高1次，第二个1m为超高2次，依次类推；不足1m，按1m计算。

超高工程量（m²）＝Σ（相应模板面积×超高次数）

4）构造柱、圈梁、大钢模板墙，不计算模板支撑超高。

5）墙、板后浇带的模板支撑超高，并入墙、板支撑超高工程量内计算。

（13）现浇钢筋混凝土楼梯，按水平投影面积计算，不扣除宽度＜500mm楼梯井所占面积。楼梯的踏步、踏步板、平台梁等侧面模板，不另计算，伸入墙内部分亦不增加。

（14）混凝土台阶（不包括梯带），按图示台阶尺寸的水平投影面积计算，台阶端头两侧不另计算模板面积。

（15）小型构件是指单件体积＜0.1m³的未列项目的构件。

现浇混凝土小型池槽按构件外围体积计算，不扣除池槽中间的空心部分。池槽内、外侧及底部的模板不另计算。

（16）塑料模壳工程量，按板的轴线内包投影面积计算。

（17）地下暗室模板拆除增加，按地下暗室内的现浇混凝土构件的模板面积计算。地下室设有室外地坪以上的洞口（不含地下室外墙出入口）、地上窗的，不再套用本子目。

（18）对拉螺栓端头处理增加，按设计要求防水等特殊处理的现浇混凝土直形墙、电梯井壁（含不防水面）模板面积计算。

（19）对拉螺栓堵眼增加，按相应构件混凝土模板面积计算。

2. 现场预制混凝土构件模板工程量

1）现场预制混凝土模板工程量，除注明者外均按混凝土实体体积计算。

2）预制桩按桩体积（不扣除桩尖虚体积部分）计算。

3. 构筑物混凝土模板工程量。

1）构筑物工程的水塔，贮水（油）、化粪池，贮仓的模板工程量按混凝土与模板的接触面积计算。

2）液压滑升钢模板施工的烟囱、倒锥壳水塔支筒、水箱、筒仓等均以混凝土体积计算。

3）倒锥壳水塔的水箱提升根据不同容积，按数量以"座"计算。

任务 15.3 定额应用

【例 15-1】如图 15-1 所示，某砖混结构基础平面及断面图，砖基础为一步大放脚，砖基础下部为钢筋混凝土基础。用复合木模板木支撑，计算钢筋混凝土基础模板工程量及分部分项工程费用。

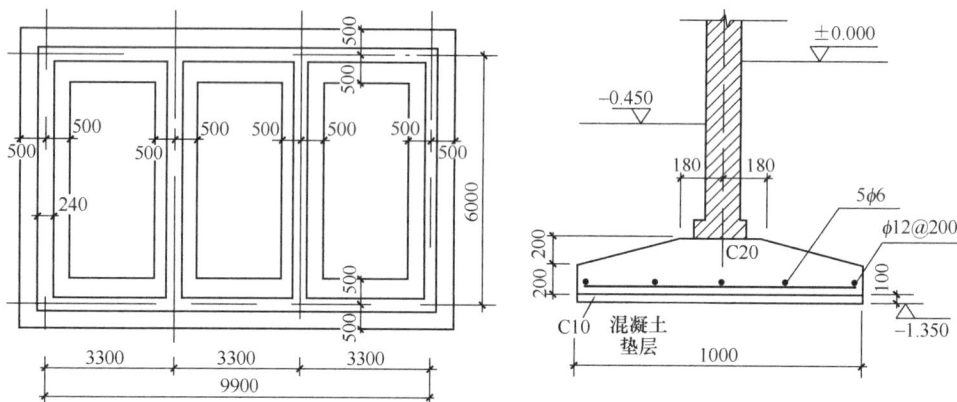

图 15-1

解：钢筋混凝土基础模板工程量

$=(6.0+0.5\times2+9.9+0.5\times2)\times2\times0.2+(3.3-0.5\times2+6.0-0.5\times2)\times2\times0.2\times3$

$=15.92\text{m}^2$

带形基础钢筋混凝土复合木模板木支撑，套 18-1-7。

定额单价（含税）：1709.36 元/10m²

分部分项工程费：1709.36÷10×15.92＝2721.30 元

定额单价（除税）：1498.80 元/10m²

分部分项工程费：1498.80÷10×15.92＝2386.09 元

【例 15-2】如图 15-2 所示，某工程内外墙厚均为 240，全部采用复合木模板木支撑，构造柱出槎宽度为 60mm，高度为 3.3m，M1＝1000mm×2700mm，M2＝900mm×2700mm，C＝1800mm（宽）×2000mm（高）。计算构造柱模板工程量及分部分项工程费用。

解：构造柱模板工程量

$=[(0.24+0.06\times2)+0.06\times4+(0.24+0.06)\times2+0.06\times2]\times4\times3.30$

$=17.42\text{m}^2$

构造柱复合木模板木支撑，套 18-1-41。

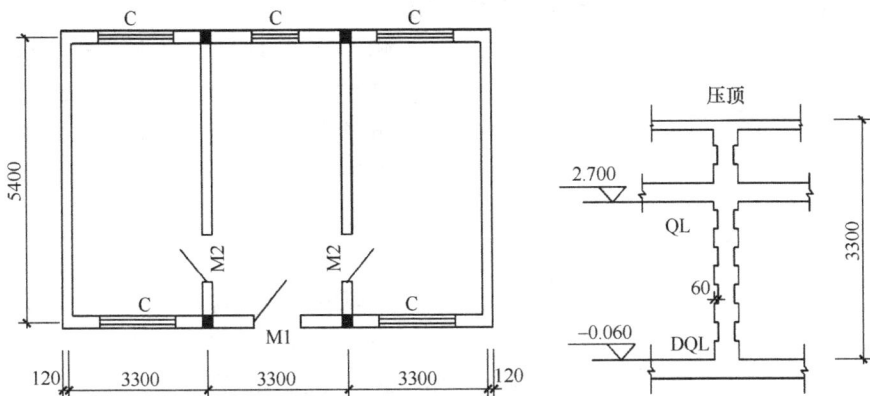

图 15-2

定额单价（含税）：1260.30 元/10m²

分部分项工程费：1260.30÷10×17.42＝2195.44 元

定额单价（除税）：1117.98 元/10m²

分部分项工程费：1117.98÷10×17.42＝1947.52 元

【例 15-3】 如图 15-3 所示，某现浇花篮梁，梁端有现浇梁垫。复合木模板，木支撑，计算花篮梁模板工程量及分部分项工程费用。

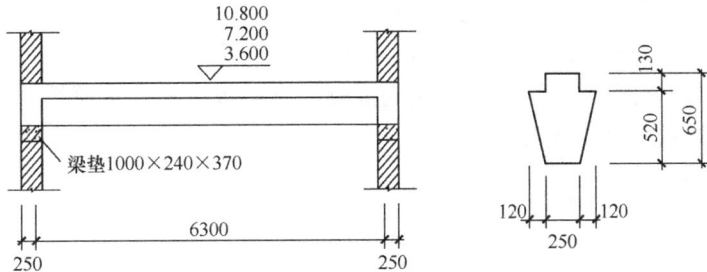

图 15-3

解：花篮梁模板工程量

$$=\{0.25+[(0.52^2+0.12^2)^{1/2}+0.13]\times2\}\times(6.30+0.25\times2)\times39$$
$$=418.31m^2$$

梁垫工程量＝1.0×0.24×2×2×39＝37.44m²

模板工程量合计：418.31＋37.44＝455.75m²

异形梁复合木模板木支撑，套 18-1-59。

定额单价（含税）：1199.58 元/10m²

分部分项工程费：1199.58÷10×455.75＝54670.86 元

定额单价（除税）：1073.68 元/10m²

分部分项工程费：1073.68÷10×455.75＝48932.97 元

【例 15-4】 如图 15-4 所示，某现浇混凝土框架柱 20 根。组合钢模板，钢支撑，计算钢模板工程量及分部分项工程费用。

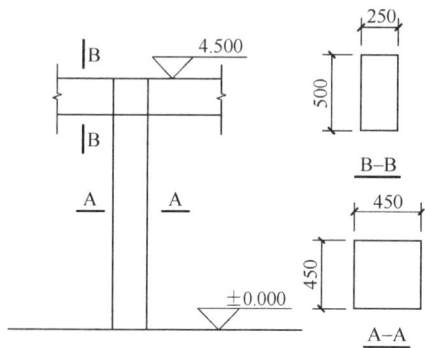

图 15-4

解：1) 某现浇混凝土框架柱钢模板工程量＝0.45×4×4.5×20＝162.00m²

矩形柱钢模板钢支撑，套 18-1-34。

定额单价（含税）：530.29 元/10m²

分部分项工程费：530.29÷10×162.00＝8590.70 元

定额单价（除税）：495.23 元/10m²

分部分项工程费：495.23÷10×162.00＝8022.73 元

2) **超高次数**：4.5－3.6＝0.90m≈1 次

混凝土框架柱钢支撑一次超高工程量＝0.45×4×（4.5－3.6）×20＝32.40m²

超高工程量＝32.40×1＝32.40m²

柱支撑高度＞3.6m 每增 1m 钢支撑，套 18-1-48。

定额单价（含税）：37.10 元/10m²

分部分项工程费：37.10÷10×32.40＝120.20 元

定额单价（除税）：35.58 元/10m²

分部分项工程费：35.58÷10×32.40＝115.28 元

【例 15-5】如图 15-5 所示，某现浇混凝土有梁板。复合木模板，钢支撑，计算有梁板工程量及分部分项工程费用。

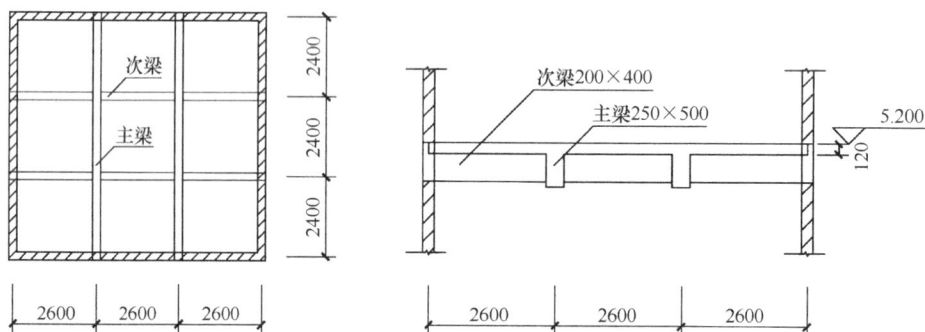

图 15-5

解：1) 有梁板工程量＝(2.60×3－0.24)×(2.40×3－0.24)＋(2.40×3＋0.24)×(0.50－0.12)×4＋(2.60×3＋0.24)×(0.40－0.12)×4＝72.93m²

有梁板复合木模板钢支撑，套 18-1-92。

定额单价（含税）：643.94 元/10m²

分部分项工程费：643.94÷10×72.93＝4696.25 元

定额单价（除税）：580.49 元/10m²

分部分项工程费：580.49÷10×72.93＝4233.51 元

2）超高次数：(5.2－0.12－3.60)÷1＝1.48≈2 次

有梁板钢支撑超高工程量＝72.93×2＝145.86m²

板支撑高度＞3.6m 每增 1m 钢支撑，套 18-1-104。

定额单价（含税）：34.12 元/10m²

分部分项工程费：34.12÷10×145.86＝497.67 元

定额单价（除税）：33.30 元/10m²

分部分项工程费：33.30÷10×145.86＝485.71 元

项 目 习 题

判断题

1. 基础与基础相交时重叠的模板面积需扣除；直行基础端头的模板，也应增加。 （　　）

2. 支模高度超过 3.6m 时，另行计算模板支撑超高部分的工程量。 （　　）

3. 梁、梁相交时，需扣除次梁梁头所占主梁模板面积。 （　　）

4. 伸入梁、墙内的板头，不计算模板面积。 （　　）

5. 梁、板连接时，梁侧壁模板算至板顶。 （　　）

6. 有梁板的板下梁的模板支撑高度，自地（楼）面支撑点计算至板底。 （　　）

7. 现浇钢筋混凝土楼梯，按水平投影面积计算模板，需扣除楼梯井所占面积。 （　　）

8. 现场预制混凝土模板工程量，除注明者外均按混凝土实体体积计算。 （　　）

附　　录

建筑设计总说明（一）

一、设计依据

1. 甲方提供的批复的建筑设计方案
2. 规划批文
3. 政府已批准文件
4. 本工程依据的主要设计规范
   1) 《建筑设计防火规范》GB 50016—2014
   2) 《工程建设标准强制性条文》房屋建筑部分
   3) 《建筑工程建筑面积计算规范》GB/T 50353—2013
   4) 《民用建筑设计通则》GB 50352—2005
   5) 《老年人居住建筑设计规范》GB 50340—2016
   6) 《疗养院建筑设计规范》JGJ 40—1987
   7) 《屋面工程技术规范》GB 50345—2012
   8) 《建筑内部装修设计防火规范》GB 50222—2017
   9) 《公共建筑节能设计标准》GB 50189—2015
   10) 《地下工程防水技术规范》GB 50108—2008
   11) 《建筑工程设计文件编制深度规定》2008版
   12) 《无障碍设计规范》GB 50763—2012
   13) 《民用建筑工程室内环境污染控制规范》GB 50325—2010
   14) 《建筑玻璃应用技术规程》JGJ 113—2015

二、工程概况

建筑名称：××区社会福利院医疗康复用房改扩建工程

建设地点：本工程位于××区东开发区××东路××村南侧，××路48号。

建筑面积、层数及高度：见附表。

	层数		地下（消防水池）建筑面积(m²)	地上建筑面积(m²)	总建筑面积(m²)	建筑高度(m)	建筑分类	耐火等级		结构形式
	地上	地下						地上	地下	
	2F	1F	103.7	745.78	849.48	6.3	多层建筑	二级	一级	框架

设计使用年限：50年。屋面防水等级：Ⅱ级，一道两道防水设防。

结构类型：框架 抗震设防烈度为六度 加速度 0.5g。结构设计类别为抗震等级三级。

三、设计总则

1. 计量单位：总平面中的坐标、标高、距离以及详图中的标高以米(m)为单位，其他以毫米(mm)为单位。
2. 凡施工图中涉及的验收规范(如屋面、砌体、抹灰、施工及验收等有规定者，本说明不再重复，均按有关现行规范执行)。
3. 设计中采用标准图、通用图，均应按照图集及图号配合施工。
4. 所有与工艺、设备有关的预留洞、预留孔需施工时与相关专业图纸配合施工。
5. 凡本说明所列各项，在设计中另有具体设计和说明时，应按其具体设计及图中的要求施工。
6. 门窗洞口尺寸标注为建筑完成面净尺寸，施工时应注意楼地面与楼梯平台、楼地面完成面与楼梯平台完成面的标高关系。
7. 各层标注均按建筑完成面标高，屋面标高为结构标高。

四、总图设计

1. 本工程位置见平面示意图。
2. 本施工图不包括环境设计。
3. 本工程为接建工程，室内地坪±0.000不改变，以相应原有建筑为准。

五、防水设计

(一)地下室：防水设防要求：本工程地下为消防水池、水泵房，防水等级为一级，采用全封闭防水设计。

1. 地下室地下为本工程防水设计部分按照地下室《地下工程防水技术规范》GB 50108—2008防水等级一级，侧墙、底板与室外部分的顶板采用抗渗混凝土(混凝土抗渗等级P6)，并在迎水面加做卷材防水层(4厚SBS防水卷材)。地下室排水沟应采取防冻措施。地下建筑出入口应采取防倒灌排水的措施。具体做法见L13J2。
2. 地下室底板以上所作施工，以及底板局部降低时，其防水施工应保持连续完整。
3. 选用的防水材料应有产品合格证书和必要的性能检测报告，材料的品种、规格、性能应符合现行国家标准和设计要求。不合格的材料不得在工程中使用。

(二)本工程屋面为不上人屋面。排水方式采用有组织内外排水方式。屋面泛水及节点索引、排水组织见做法索引及屋顶平面图。

1. 屋面排水管采用Φ150UPVC雨水管，颜色同所在墙面。屋面雨水管口周围直径500mm范围内应放不小于5%的坡度向水落口，水落口处防水材料应伸入水落口不应小于50，并保持防水材料整体性。
2. 卷材防水屋面基层与突出屋面结构(女儿墙、立墙、天窗、变形缝、烟囱等)的交接处、阴角处的转角处(水落口、立墙、天沟、屋脊等)，均应做成圆弧。并增设附加层，附加层最窄处的宽度不应小于300mm。
3. 找平层设置分格缝处，缝宽宜为5~20mm，纵横间距均不宜大于6m，分格缝应嵌填密封材料。屋面接缝密封防水，应保证其封严不渗不漏，并满足足够防水材料年限值。
4. 屋面防水工程完工后，需蓄水检验不少于24小时，蓄水最浅处不少于30mm。
5. 变形缝、施工缝、转角处等部位是防水薄弱环节，凡属附加防水材料部位均应按有关规定做好细部处理。防水工程由专业队施工。

(三)卫生间防水设计

① 所有卫生间楼面均低于相邻房间及走道的楼地面标高20mm，无障碍卫生间为15mm。
② 所有卫生间地漏均低1%排水。建筑地面。
③ 卫生间等有防水要求的地面、墙面凸起部位高度大于200mm细石混凝土翻口，宽度同板，一次现浇。
④ 卫生间地面防水完成后应做不小于48小时蓄水试验，蓄水高度为卫生间结构面高50mm。
⑤ 卫生间地面、穿楼板管道根部四周均用JS-Ⅱ防水材料嵌填夯实加强处理，沿管道上反不低于建筑完成面100mm高度；贴临卫生间等潮湿房间的墙面、储藏室等墙面应做防潮处理。

六、防火设计

1. 依据规范
   《建筑设计防火规范》GB 50016—2014
   《建筑内部装修设计防火规范》GB 50222—2017

2. 总平面
   该建筑院有园区总平面及消防车环路不做修改，新建建筑沿南北长边设置消防车回车场，与新建建筑相对的原建筑连廊、打通作为消防车道(见平面区位示意)。消防车道宽度不小于4m，上空不小于4m，消防车道转弯半径不小于12m，长度不小于12m；新建筑消防救援窗口。周边消防设施之间距离大于13m，满足防火要求。本工程消防用水由消防水池、消防水泵房由地下室等。顶部防水屋内均为。消防控制室设置在首层建筑入口。园区原有出口不做改动。

3. 建筑设计
   本次设计为1栋2层公共建筑，与原有建筑接建。原有建筑为4层疗养院，设置两部疏散楼梯间(每部楼梯梯段净宽1650)，设置一部无障碍电梯。原南楼梯间及其具体消防疏散详见本图区位示意。
   防火等级地上二级，地下（消防水池、消防水泵）一级。
   地下为一防火分区，功能为消防水池与消防水泵房，共108m²，设置一个直通室外疏散口。
   新建建筑首层建筑面积为389.96m²，二层为356.42m²，原有现疗层建筑面积为998m²。地上部分与原建筑设置为一个防火分区。新建建筑部分第二层同时疏散人数为70人，原有建筑二层同时疏散人数为30人，本层需要疏散宽度为：(70+30)/100×0.65=0.65m，设计疏散宽度(包含原有疏散楼梯)为1.65×3=4.95m，满足疏散要求。
   新建筑部分均设自动喷淋系统，任意点至疏散楼梯间或安全出口距离均不大于25m，满足《建筑设计防火规范》GB 50016—2014的要求。
   各防火分区安全出口不少于两个，疏散楼梯间乙级防火门，各层及各防火分区疏散走道宽度均不小于《建筑设计防火规范》GB 50016—2014所要求的最小值，满足要求。
   消防水泵房、消防控制室、通风空气调节机房等应采用耐火极限不低于2.00h，不低于1.5h，与相邻房间隔开，并设甲级防火门。消防泵房可直通楼梯间。消防控制室可直通室外出口。
   上下层之间楼面采用1.2m且小于1.2m的设置甲级防火窗。满足要求。

4. 除通风井之外，其他井道需用不低于钢筋混凝土楼板封堵。开向楼梯间的水暖管、配电柜门采用丙级防火门，其他管井未开向前室，门均为丙级防火门。

5. 上下层之间楼面采用1.2m且小于1.2m的设置甲级防火窗。满足要求。

6. 所有木骨架隔墙构件均刷防火涂料，耐火极限不小于1.00h所有木制品构件(木床、木龙骨、木制纤维板、木质复合板等)底层均刷防火涂料，然后涂刷面漆，耐火极限不小于1.00h。

7. 防火门的设置请见各单体详图。疏散通道上的门为甲级防火门，疏散楼梯间的门为乙级防火门，并开向疏散方向。

8. 内装修材料，其燃烧性能等级应满足《建筑内部装修设计防火规范》GB 50222—2017的要求。

8.1 除地下部分外
   8.1 除地下部分外本工程各部位装修材料燃烧性能等级不应低于：顶棚A级、墙面B1级、地面B2级、隔断B1级、固定家具B2级、窗帘B1级，其他装饰材料B2级。
   8.2 特殊部位装修材料燃烧性能等级不应低于
   8.2.1 消防泵房等设备用房、内部装修应采用A级装修材料。
   8.2.2 无自然采光的楼梯间、封闭楼梯间、防烟楼梯间的顶棚、墙面和地面均应采用A级装修材料。
   8.2.3 地上建筑物的水平疏散走道和安全出口的门厅，其顶棚装修材料应采用A级装修材料，其他部位不应低于B1级。
   地上建筑内部装修不应减少安全出口、疏散出口和疏散走道的设计所需的净宽度和数量。依据《公建字[2009] 46号》执行。外墙装修保温为燃烧性能A级的岩棉保温板。不需设置防火隔离带。屋顶采用耐火极限1.5h的现浇混凝土平屋顶，屋顶保温材料应采用燃烧性能为B1级。防护措施应完全保证。护护层厚度不应小于10mm。

9. 施工面工程结构为框架：现浇板板厚度100，保护层20，耐火极限1.5h；梁的保护层厚25厚，耐火极限达2.0h，梁满足消防防火要求。
   防火墙为200厚加气混凝土砌块，耐火极限达3.0h；非承重墙、房间隔墙及疏散走道两侧的200厚加气混凝土砌块墙，耐火极限大于2.0h。吊顶为轻钢龙骨穿孔吸铝板吊顶，耐火极限大于0.25h。
   建筑内部二次装修应严格执行国家《建筑内部装修设计防火规范》GB 50222—2017的有关规定及执行，装饰布帘、窗帘应做阻燃处理。

10. 本工程结构为框架：现浇板板厚度100，保护层20，耐火极限1.5h；梁的保护层厚25厚。

七、墙体工程

1. 本工程外墙采用加气混凝土砌块，保温层均为60厚挤塑聚苯板。墙的位置、厚度、构造等尺寸定位详结施，如与建施有偏差请及时通知设计人员。内隔墙为加气混凝土砌块，具体厚度及做法详见墙体施工图及结构施工。

2. 墙体防潮层：在室内地坪下均60处做20厚1:2水泥砂浆内加3~5%防水剂。当防潮层部位遇有钢筋混凝土基础梁或圈梁等时，可不另做防潮层。

3. 墙体上300×300的窗图本图不表示，施工前应由各专业图纸。

4. 顶留洞封堵：混凝土墙顶洞的封堵见结施，其余砌筑墙留洞待管线设备安装完成后，用C20细石混凝土填实。

八、楼地面工程

1. 室内外回填土处应分层夯实，压实系数不小于0.94，并按规范要求控制含水量。

2. 室内地面大面积水泥砂浆地面，均应设置伸缩缝，当伸缩缝应平开挖或金口缝，间距为3~6m，横向伸缩缝宜采用假缝，间距为6~12m，假缝的宽度为5~20mm，高度为垫层厚度的1/3，缝内嵌水泥砂浆。有特殊要求的，见具体设计。

3. 楼地面面层铺设完毕后再行铺装。

4. 楼板留洞的封堵：待设备安装完毕后，用C20细石混凝土封堵密实，管道竖井每层均进行封堵。

5. 本工程为老年人建筑。供老年人使用的房间及公共走道的楼地面装修材料，均应为防滑耐磨地面材料。见建筑工程做法表。

九、屋面工程

1. 本工程的屋面为不上人平屋面，防水等级为Ⅱ级，一道防水设防。

2. 平屋面坡度为2%。屋面执效使用膨胀珍珠岩，最薄处厚度为30mm。

3. 卷材防水屋面，卷材4厚及满粘铺设沥青防水卷材。所用粘结胶、保护层应与所选卷材匹配。连接处以及基层的转角处均应做成圆弧。

4. 屋面阴阳角、檐沟纵向排水坡度为1%，沟内及基水管处均增加附加防水层一层。

5. 除防水层做完后需蓄水检验外，屋面混凝土找平层结构完后进行找平，并处理至结构不渗漏。

6. 找平层待面的混凝土砂浆的面内部结构均应找干，接凝凝土要准确地面找平时进行二次压光，充分压实，使找平屋面平整、坚固、不起砂、不起皮、不酥松、不开裂。

7. 找平层及保护层，并嵌填密封材料，分隔缝应留在板端缝处，其纵横缝的最大间距为：水泥砂浆及细石混凝土找平层，不宜大于6m，沥青砂浆找平层不宜大于4m。

8. 基层与突出屋面的交接处和基层的转角处，均应设置成圆形。

9. 保温层应干铺，封闭式保温层的含水率应控制在与本材料相当的当地自然风干状态时的平衡含水率。

10. 采用松散保温材料时，分层铺设并压实适当，含水率应符合设计要求。松散保温层上的找平层宜留设分格缝，缝宽宜为3mm。

11. 防水卷材与女儿墙及其他凸出屋面结构交接处的阴角部位应设置附加层宽度为每边100mm。

12. 进行涂料施工时，每道涂料须待前道涂层表层晾干后才能进行。

13. 屋面做法见建筑详图。避雷做法详见电气施工图。

十、门窗工程

1. 为保证工程质量，主要装修材料须选用优质绿色环保产品。花岗岩、大理石、地砖面、吊顶、门窗、铁栏杆、涂料等均应有合格证书和必要的节能检测报告。材料的品种、规格、色彩、性能应符合现行国家标准和设计要求。不合格材料不在工程中使用。

2. 所有门窗，其选用的强度与框均应符合安全强度要求，其抗风压等级、雨水渗透、空气渗透、平面内变形、保温、隔声及耐撞击等性能指标均应符合国家现行产品标准。

2.1 外窗门的保温性能不应低于现行国家标准《建筑外门窗保温性能分级及检测方法》GB/T 8484—2008规定6级水平。

2.2 外窗的气密性能不应低于现行国家标准《建筑外门窗气密、水密、抗风压性能分级及检测方法》GB/T 7106—2008规定7级水平。

2.3 外窗的水密性能不应低于现行国家标准《建筑外门窗气密、水密、抗风压性能分级及检测方法》GB/T 7106—2008规定3级水平。

2.4 外窗的抗风压性能不应低于现行国家标准《建筑外门窗气密、水密、抗风压性能分级及检测方法》GB/T 7106—2008规定3级水平。

3. 所有门窗框安装前首先校核洞口尺寸及数量。所有住宅内窗可开启窗扇均应做圆弧倒角。

4. 建筑工程门窗，其外观质量指标进行检测，应符合现行规范的规定，不得投入使用。室内环境质量检查验收，委托经考核认可的检测机构对室内的窗及门进行检测达到合格后可以投入使用。

5. 建筑物靠近人行道的安全玻璃，应按现行国家有关规定执行，并应设置必须用的安全玻璃。

   1) 面积大于0.9m²的窗玻璃或玻璃底边离最终装修面小于900mm的玻璃窗。
   2) 易受撞击、冲击而造成人体伤害的其他部位。
   3) 室内隔断、浴室窗等部位。
   4) 用于承受行人走动的地面玻璃。
   5) 楼梯、阳台、平台的栏板，钢琴玻璃雨搭等。
   6) 位于公共部位的安全玻璃在高度1.0m处应设指标标志。

   安全玻璃类型及厚度：本工程窗用安全玻璃为双钢化玻璃6.38mm厚；栏杆玻璃为钢化夹层玻璃5mm厚，轻钢隔墙及屋面透明部分采用夹层玻璃，胶片厚度不小于0.76mm。

   西向窗为6+12a+6 LOW-E隔热铝合金窗，其他方向普通外窗采用6+12a+6中空隔热PA隔热铝合金窗，符合JGJ 113—2015第7.1.1条的要求。

6. 门框安装要点
   1) 轻质隔墙处、大门门边的窗框应采用防裂措施，如设钢筋混凝土包框。
   2) 凡有外饰面板材的窗口，外窗宜采用增加钢筋做法的安装方式。钢筋框用的塑料厚不小于1.5mm的镀锌结构钢和铝合金结构钢制成，附框后，外表面均应进行防锈处理。

××城乡建筑设计院有限公司

工程名称	××区社会福利院医疗康复用房改扩建工程
项目名称	××区社会福利院医疗康复用房改扩建工程

审　定		校　对	
审　核		设　计	
工程主持		制　图	
专业负责		资质证书编号	

建筑设计总说明(一)

工程编号	
日　期	
图　号	建施
总　数	01

建筑设计总说明（二）

十一、无障碍设计

1. 依据规范：《无障碍设计规范》GB 50763—2012。
2. 本工程设置无障碍具体部位：
   (1) 入口处平台宽度：在门完全开启的状态下，建筑物的无障碍入口的平台的净深度不应小于1.50m。室外地面滤水算子的空洞宽度小于15mm。
   (2) 单元入口无障碍坡道：平地入口的地面坡度不应大于1:20，当坡度为1:20时（1:12），两侧设扶手。坡道的坡面应平整、防滑、无反光。轮椅坡道的起点、终点和中间休息平台的水平长度不应小于1.5m。
   (3) 供轮椅通行的门：不应采用力度大的弹簧门，玻璃门。当采用玻璃门时应有醒目标志。自动门开启后通行净宽不应小于1.00m，平开门净宽不小于0.9m。门槛高度不应大于15mm，并应斜面过渡。
   (4) 公共走道：供轮椅通行的公共走道室内不小于1.2m，室外通道不小于1.5m。
   (5) 供轮椅通行的门扇，应安装视线观察玻璃、横拉手和关门拉手，在门的下方应安装0.35m的护门板。

十二、油漆涂料工程

1. 室内装修所采用的油漆涂料见"工程做法表"；
2. 内木门窗应油漆选用乳白色压光漆，做法为L13J1涂108（含门套构造）；
3. 楼梯、平台、护窗钢栏杆选用银白色磁漆，做法为L13J1涂204（钢构件除锈后先刷一遍防锈漆）；
4. 木扶手油漆选用木本色酚醛清漆，做法为L13J1涂108；
5. 室内外各项裸明金属件的油漆为刷防锈漆2道并做同室内外部位相同颜色的漆，做法为L13J1涂204；
6. 各项油漆均由施工单位制作样品，经确认后进行封样，并据此进行验收。

十三、施工注意事项及其他

1. 图中所注标高除注明外，均为地面完成后的面层标高。
2. 施工单位应严格遵循国家现行施工及验收规范进行施工，若遇图纸有误或不明确之处，应及时与设计人员协商，待处理答复后方可继续施工。
3. 本设计注明除外，施工单位应遵循国家现行的有关标准、规范、规程和规定。
4. 图中所注标准图中有对结构工种的预埋件、预留洞，如楼梯、平台钢栏杆、门窗、建筑配件，本图所标注的各种留洞与预埋件点与各工种密切配合后，确认无误方可施工。
5. 两种不同的墙体交接处，应根据饰面层材质在做饰面前加钉金属网片或在施工中加玻璃纤维网格布，防止裂缝。
6. 预留木砖及贴砖墙体的木质面均做防腐处理，裸明铁件均做防锈处理；楼板留洞的封堵：待设备管线安装完毕后，用C20细石混凝土封堵密实，管道竖井每层进行封堵。
7. 施工中应严格执行国家各项质量验收规范。
8. 本工程图纸须经过设计单位和应尽快阅读熟悉图纸，在进行工程施工前必须经由甲方、监理、施工等单位参加的图纸会审并进行设计技术交底。
9. 本工程图纸经正式付诸施工单位后应尽快阅读熟悉图纸，在进行工程施工前必须经由甲方、监理、设计、施工等部门审查合格后方可施工。
10. 在图纸中如出现表示不清或与其他专业图纸有冲突等问题或及时联系设计，进行解释或修改，严禁未经过设计进行私自修改设计图纸。障碍电梯要求定制。
11. 水、暖、电、气管线穿过楼板和墙体时，孔洞周边应采取密封隔声措施。
12. 屋面、外墙、外窗应能防止雨水和冰雪融化水进入室内。
13. 屋面和外墙的表面在室内温、湿度设计条件下不应出现结露。
14. 室内空气污染物的活度和浓度应符合相关规定。
15. 建筑楼梯间顶棚、墙面和地面均应采用不燃性材料。
16. 建筑内部装修不应遮挡消防设施、疏散指示标志及安全出口，并不应妨碍消防设施和疏散走道的正常使用。因特殊要求做改动时，应符合国家有关消防规范和法规的规定。建筑内部装修不应减少安全出口、疏散出口和疏散走道的设计所需的净宽度和数量。
17. 突出墙面的腰线、装饰线脚、外窗台均做坡度为5%的向外排水坡，下部做滴水。
18. 未尽事宜按现行国家规范、规程执行。
19. 住宅仕信推荐选用定型产品，并应符合国家有关标准。

十四、本工程采用的标准图

1) L13J1建筑工程做法；2) L13J6内装修；3) L13J7-1、2、3室内装修；4) L13J9-1室外工程；5) L13J5-1屋面；6) L13J2地下室防水；7) L13J11卫生间洗浴设施；8) L13J4-1-2常用门窗、专用门窗；9) L13J13民用建筑太阳能热水系统；10) L13J8楼梯配件11) L13J12无障碍设施。

十五、室内环境

1. 建筑工程竣工时，要求对室内环境质量检查验收，委托检察核认可的检测机构对建筑工程室内有害物质含量指标进行检测，不符合规范规定的，不得投入使用。
   具体限值：
   1) A类无机非金属建筑材料放射性指标限量 $IRa \le 1.0$ $Ir \le 1.0$，A类无机非金属装修材料放射性指标限量 $IRa \le 1.0$ $Ir \le 1.3$
   2) E1类人造木板及饰面人造木板游离甲醛含量或释放量限量应满足：环境测试舱法测定游离甲醛释放量时限值应：≤ 0.12 mg/m，穿孔法测定游离甲醛含量限值应 ≤ 9.0 mg/100g，干燥器法测定游离甲醛释放量时限值应 ≤ 1.5 mg/L。
   3) 室内装修所用的水性涂料含量限量：游离甲醛≤ 0.1g/kg.TVOC≤ 200g/L。
   4) 室内装修所用的水性胶粘剂含量限量：游离甲醛≤ 1g/kg.TVOC≤ 50g/L。
   5) 室内装修所用的水性处理剂含量限量：游离甲醛≤ 0.5g/kg.TVOC≤ 200g/L。

溶剂型涂料TVOC和苯限量

涂料名称	TVOC(g/L)	苯(g/kg)
醇酸漆	≤550	≤5
硝基清漆	≤750	≤5
聚氨酯漆	≤750	≤5
酚醛清漆	≤500	≤5
酚醛磁漆	≤380	≤5
酚醛防锈漆	≤270	≤5
其他溶剂型涂料	≤600	≤5

建筑工程做法

除注明外均选用L13J1《建筑工程做法》。

地上部分（除特殊部分外均按此施工）

项目	名称	适用范围	选用图集	做法及注意事项	耐火等级
地面	防滑地面防水地面	卫生间、水厂、1F健身房	地201F	穿同台板地漏和管体楼面300mm范围内，刷1.5mm厚高分子防水涂料，与地上翻200mm	A
	防滑地面地面	一层门厅，公共走道	地201	地面增加45厚XPS 并做保温层上做40厚细石混凝土保护层	A
	橡胶地板面	化验室、特检室、药房	地210		
	实木复合地板地面	其他地面	地304A	Φ6@250双向配筋，随打随压实抹光（面层自流平）模铺陶瓷砖距设粗缝，缝宽10，距25，内填密封油膏	
楼面	防滑地面防水楼面	卫生间、药房	楼201F	穿同台板地漏和管体楼面300mm范围内，刷1.5mm厚高分子防水涂料，与地上翻200mm	A
	橡胶地板地面	2F健身房	楼210		
	防滑地面地面	2F公共走道	楼201		
	防静电面	消防控制室		1) 2厚聚氨脂乙烯防静电板，XY409胶粘剂（基层与板材背面同时涂刷）打制 2) 40厚C20混凝土4@200双向钢 3) 1厚高分子水涂料 4) 20厚1:2.5水泥砂浆找平 5) 现浇混凝土 6) 板找坡与找平	
	实木复合地板地面	其他楼面	楼304A		
内墙	防水面料墙面	卫生间、药房、水厂、1F健身房	内墙6 BF		A
	刮腻子墙面	其他墙面	内墙5 A	两种不同墙体材料交接的抹灰前，应在加强一层条缝钢钢网，结合处两侧宽度不小于300	A
顶棚	装饰石膏板吊顶	一层门厅，公共走道	顶5B		
	耐水腻子顶棚	消防控制室、药房、卫生间、水厂、1F健身房	顶2		A
	刮腻子顶棚	其他房间	顶2		A
外墙	涂料外墙	所有墙面	外墙6C	涂料外墙：1) 涂料罩面涂料二遍 2) 喷涂底漆涂料 3) 抗碱封底漆一遍 4) 15厚干燥类聚合物水泥砂浆，中间压入一层耐碱玻璃纤维网格布 5) 60厚保温层 6) 9厚1:2.5水泥砂浆找平 7) 基层1:8水泥石灰砂浆 8) 2厚界面处理剂 9) 基层墙体（钢筋混凝土结构与砌体墙面连接处钉钢丝网片宽度300）

地上部分（除特殊部分外均按此施工）：

项目	名称	适用范围	选用图集	做法及注意事项	耐火等级
屋面	坡屋面			1. 块瓦 2. 顺水条30×30，中距按瓦规格 3. 顺水条40×20(h)，中距500 4. 35厚C20细石混凝土持钉层，内配Φ4@100×100钢筋网 5. 90厚挤塑聚苯板保温层 6. 4厚高聚物改性沥青防水卷材 7. 20厚1:2.5水泥砂浆找平层 8. 现浇钢筋混凝土屋面板	
踢脚、墙裙	实木踢脚	所有木质地板房间	踢7C	
	橡胶板踢脚	所有橡胶地板房间	踢10C	
	面砖墙裙 高350	公共走道	裙3 C	
坡道	无障碍坡道		P25-5	L1J12《无障碍设施》
室外台阶	石质板材台阶		P102-6	L13J9-1
	散水	900宽水泥整散水	P95-2	L13J9-1
检修楼板				板下设挡整聚苯板（厚度评各楼层）板上做法同楼梯做法

地下部分

项目	名称	适用范围	选用图集	做法及注意事项	耐火等级
地面	细石混凝土地面	水泵房		1. 50厚C25细石混凝土内配Φ6@250双向配筋，随打随压实抹光（面层自流平）模铺陶瓷砖距设粗缝，距25，内填油膏 2) 钢筋混凝土 3) 承载防水混凝土	
内墙	防水砂浆墙面	水泵房	内墙2	
顶棚	聚合物水泥抹灰浆	水泵房	顶4	

地下室外墙 板式防水做法 消防水池

地下室外墙防水做法（全埋式地下室，埋土层地面涂膜）
1) 土方（采用防止）回填，分层夯实，密实度≥94%；
2) 50mm厚聚苯板保护层；
3) (4+3)厚SBS防水卷材；
4) 防水卷材采用聚合物水泥砂浆找平。底板处按上甩搭接做法，墙面处立墙与底板封缝、侧墙封缝面交接处应做成八字形，侧墙混凝土上再喷涂二道处理平整。

板式防水做法：
1) 50厚C20混凝土保护层
2) 聚乙烯网防老化层
3) 4厚SBS防水卷材
4) 20厚1:2.5水泥砂浆找平
5) 100mm厚C15素混凝土垫层压实找平
6) 素土夯实（密实度≥93%）。

消防水池
（一）池壁
1. 20mm厚1:3聚合物防水砂浆找平
2. 聚乙烯高温岩棉板隔离自热0.8厚
3. 20mm厚1:3聚合物防水保护层
4. 钢筋混凝土侧墙结构
5. 20厚1:2.5水泥砂浆
6. 基层处理剂一遍
7. 2mm厚聚氨酯高分子水性材料涂料
8. 15mm厚高分子水性材料涂料
9. 50mm厚整聚苯板
（二）池底
1. 40mm厚C20混凝土4@200双向钢
2. 20mm厚1:3水泥砂浆找平
3. 聚乙烯高温岩棉板隔离自热0.8厚
4. 钢筋混凝土
5. 40厚C20细石混凝土找坡
6. 4mm厚SBS防水卷材
7. 100mm厚C15素混凝土垫层压实
8. 基层处理剂一遍素土夯实
（三）池顶
1. 结构自防水钢筋混凝土
2. 20mm厚1:2.5聚合物防水砂浆保护层

工程名称	××区社会福利院医疗康复用房改扩建工程
项目名称	××区社会福利院医疗康复用房改扩建工程

××城乡建筑设计院有限公司

审定		校对	
审核		设计	
工程主持		制图	
专业负责		资质证书编号	

建筑设计总说明(二)

工程编号	
日期	
图号	建施 02
总数	

建筑节能专项说明

公共建筑部分

1. 设计依据
1.1 国家标准《公共建筑节能设计标准》GB 50189—2015
1.2 国家标准《民用建筑热工设计规范》GB 50176—2016
1.3 国家标准《建筑节能工程施工质量验收规范》GB 50411—2007
1.4 行业标准《外墙外保温工程技术规程》JGJ 144—2008

1.5 中华人民共和国国务院令（第530号）《民用建筑节能条例》
1.6 住房和城乡建设部令（第143号）《民用建筑节能管理规定》
1.7 山东省人民政府令（第181号）《山东省新型墙体材料发展应用与建筑节能管理规定》
1.8 公安部、住房和城乡建设部文件（公通字[2009]46号）《民用建筑外保温及外墙装饰防火暂行规定》

2. 项目概况
2.1 项目名称：××区社会福利院医疗康复用房改扩建工程
2.2 建筑物特征：公共建筑
2.3 节能计算面积：地上708m²，地下88m²
2.4 建筑体积：2230.45m³
2.5 建筑层数：地上2层 地下1层
2.6 建筑外表面积：960.83
2.7 体形系数：0.43
2.8 建筑高度：6.3m
2.9 结构类型：框架结构
2.10 窗墙面积比：南0.00、东0.0.12、西0.27、北0.08
2.11 建筑地点及气候分区：气候分区的Ⅱ地区的A区（寒冷A区）
2.12 墙体材料：加气混凝土砌块，墙厚见平面图

3. 建筑节能设计表格（详公共建筑节能设计表）

4. 其他节能设计
4.1 当窗（包括透明幕墙）墙面积比小于0.40时，玻璃（或其他透明材料）的可见光投射比不应小于0.40。
4.2 外窗可开启面积不应小于窗面积的30%；透明幕墙应具有可开启部分或设有通风换气装置，可开启部分的面积不宜小于幕墙面积的15%。
4.3 建筑外窗气密性能等级不应低于国家标准《建筑外门窗气密、水密、抗风压性能分级及检测方法》GB/T 7106-2008规定的7级，其气密性能分级指标值：
单位缝长空气渗透量为：1.00<q1≤1.50[m³/(m²·h)]
单位面积空气渗透量为：3.00<q2≤4.50[m³/(m²·h)]
4.4 透明幕墙气密性能不应低于建筑幕墙国家标准中规定的3级，其气密性能分级指标值：
建筑幕墙开启部分为：0.50<q1≤1.50[m³/(m²·h)]
建筑幕墙整体（含开启部分）：0.50<qA≤1.20[m³/(m²·h)]
4.5 外墙采用90厚岩棉板。参L09J130-P103-1、2。
4.6 外墙挑出的构件及附墙部件（雨篷，外凸墙裙等）采用20+20厚玻化微珠保温层，构造参见《公共建筑节能保温构造详图》L09J130第96页。
4.7 门窗口周边外侧墙面采用20mm厚玻化微珠保温浆料，详见L09J130.
4.8 门、窗框与墙体之间的缝隙，应采用聚氨酯等高效保温材料填实，并用密封膏嵌缝，不得采用水泥砂浆填缝。
4.9 变形缝处从屋面、外墙的缝隙，填塞低密度聚苯板，填塞深度不小于300，屋面详见07J110第35页、外墙详见L09J130第75页。
4.10 屋面采用90厚挤塑聚苯板保温层，构造见L09J130。

5. 热工设计
5.1 本工程采用直接判定法，建筑热工设计符合《公共建筑节能设计标准》DBJ14-036-2012的规定，能达到总体节能60%的目标要求。
5.2 保温材料的密度，导热系数，燃烧性能等指标以及相关材料的性能，应符合《外墙外保温工程技术规范》JGJ 144—2008。
5.3 本工程涂料，面板等外饰面材料的性能指标，应符合《公共建筑节能保温构造图》L09J130，及《外墙外保温工程技术规程》JGJ 144—2008。
5.4 在正常使用和正常维护的条件下，外墙外保温工程的使用年限不应少于25年。
5.5 本工程所有外墙保温材料燃烧性能均为A级（岩棉）。无需设置防火隔离带。外保温系统及外墙装饰防火的其他问题应根据公安部、住房和城乡建设部文件公通字[2009]46号《民用建筑外保温系统及外墙装饰防火暂行规定》执行。
5.6 围护结构保温应严格按照保温体系及成套技术标准施工，不得更改系统构造和材料组成；应符合《公共建筑节能保温构造详图》L09J130、《外墙外保温工程技术规程》JGJ 144—2008，《建筑节能工程施工质量验收规范》GB 50411—2007。
5.7 玻璃幕墙，金属及石材幕墙等二次设计，制作，施工，涉及建筑节能的内容应满足本设计的节能要求。

建筑围护结构热工性能权衡判断审核表

项目名称	康复中心				
工程地址	A116-G01				
设计单位	××城乡建筑设计院有限公司				
设计日期			气候区域	寒冷地区	
采用软件	斯维尔节能设计BECS2016		软件版本	20160101	
建筑面积	796m²		建筑外表面积	997.34m²	
建筑体积	2551.94m³		建筑体形系数	0.39	

设计建筑窗墙面积比				屋顶透光部分与屋顶总面积之比(M)	M的限值
立面1	立面2	立面3	立面4		
0.12	0.27	0	0.08	0	20%

围护结构部位	设计建筑		参照建筑		是否符合标准规定的限值
	传热系数K W/(m²·K)	太阳得热系数 SHGC	传热系数K W/(m²·K)	太阳得热系数 SHGC	
屋顶透光部分			2.4	0.35	满足
立面1外窗（包括透明幕墙）	2.45	0.59	2.8	0.59	满足
立面2外窗（包括透明幕墙）	2.26	0.52	2.5	0.52	满足
立面3外窗（包括透明幕墙）	—	—	2.8	—	满足
立面4外窗（包括透明幕墙）	2.26	0.52	2.8	0.52	满足
屋面	0.4		0.4		满足
外墙（包括非透光幕墙）	0.45		0.45		满足
底面接触室外空气的架空或外挑楼	0.44		0.45		满足
非供暖房间与供暖房间的隔墙与楼	1		1.5		满足

围护结构部位	设计建筑 保温材料层热阻 R[(m²·K)/W]	参照建筑 保温材料层热阻 R[(m²·K)/W]	是否符合标准规定的限值
周边地面	1.18	0.6	满足
供暖地下室与土壤接触的外墙		0.6	满足
变形缝（两侧墙内保温时）		0.9	满足

权衡判断基本要求判定		围护结构传热系数基本要求K [W/(m²·K)]	设计建筑是否满足基本要求
	屋面	0.55	满足
	外墙（包括非透光幕墙）	0.6	满足
	外窗（包括透光幕墙）	立面1	不要求	满足
		立面2	不要求	满足
		立面3	不要求	满足
		立面4	不要求	满足
	太阳得热系数 SHGC	立面1	不要求	不要求
		立面2	不要求	不要求
		立面3	不要求	不要求
		立面4	不要求	不要求
	围护结构是否满足基本要求		满足

权衡计算结构	设计建筑（kWh/m²）	参照建筑（kWh/m²）
全年供暖和空调总耗电量	36.42	37.71
权衡判断结论	设计建筑的围护结构热工性能	满足

挤塑聚苯板（XPS板）性能指标

检验项目	性能指标
表观密度（kg/m³）	27~32
压缩强度（MPa）	0.15~0.25
尺寸稳定性（70℃,48h）	≤1.0
水蒸气透湿系数ng/(m·s·Pa)	1.0~3.0
体积吸水率（%）	<1.5
导热系数W/(m²·K)	≤0.030
燃烧性能	B1级

玻化微珠粘结/找平材料性能指标

检验项目	性能指标
湿表观密度（kg/m³）	≤680
干表观密度（kg/m³）	350~450
导热系数W/(m²·K)	≤0.080
抗压强度（56d）,（MPa）	≥0.35
压剪粘结强度（MPa）	≥0.05
拉伸粘结强度（MPa）	与水泥砂浆试块 ≥0.12
	与带界面剂的硬泡聚氨酯或EPS板 ≥0.10且破坏部位不得位于粘结界面
燃烧性能	A级

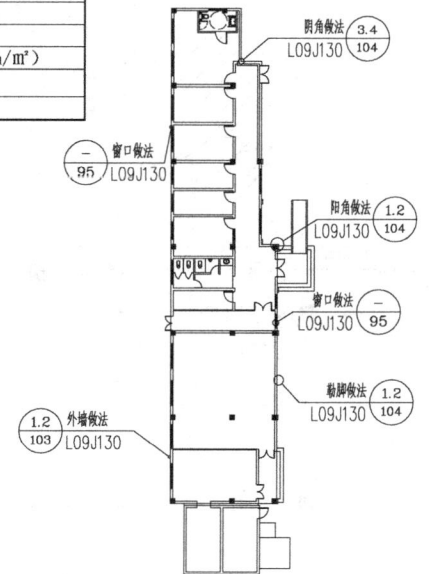

建筑除主体围护结构的其他部位节能简要说明：

窗上下侧口	20厚玻化微珠，详参 L09J130第95页 ①②③④⑤⑥
雨篷	20+20厚玻化微珠保温层，详参 L09J130第95页 ①
外墙	90厚岩棉板
外门	中空玻璃断热铝合金门
热桥部位	勒脚详参 详参 L09J130第103页 ③
	阴角详参L09J130第104页 ③④
	阳角详参L09J130第104页 ①②
屋面构架、外墙凸出构件等热桥部位	20厚玻化微珠保温层
墙垛等热桥部位	

××城乡建筑设计院有限公司

工程名称	××区社会福利院医疗康复用房改扩建工程
项目名称	××区社会福利院医疗康复用房改扩建工程

审定		校对		工程编号	
审核		设计		日期	
工程主持		制图		图号	建施 03
专业负责		资质证书编号		总数	

节能设计专篇

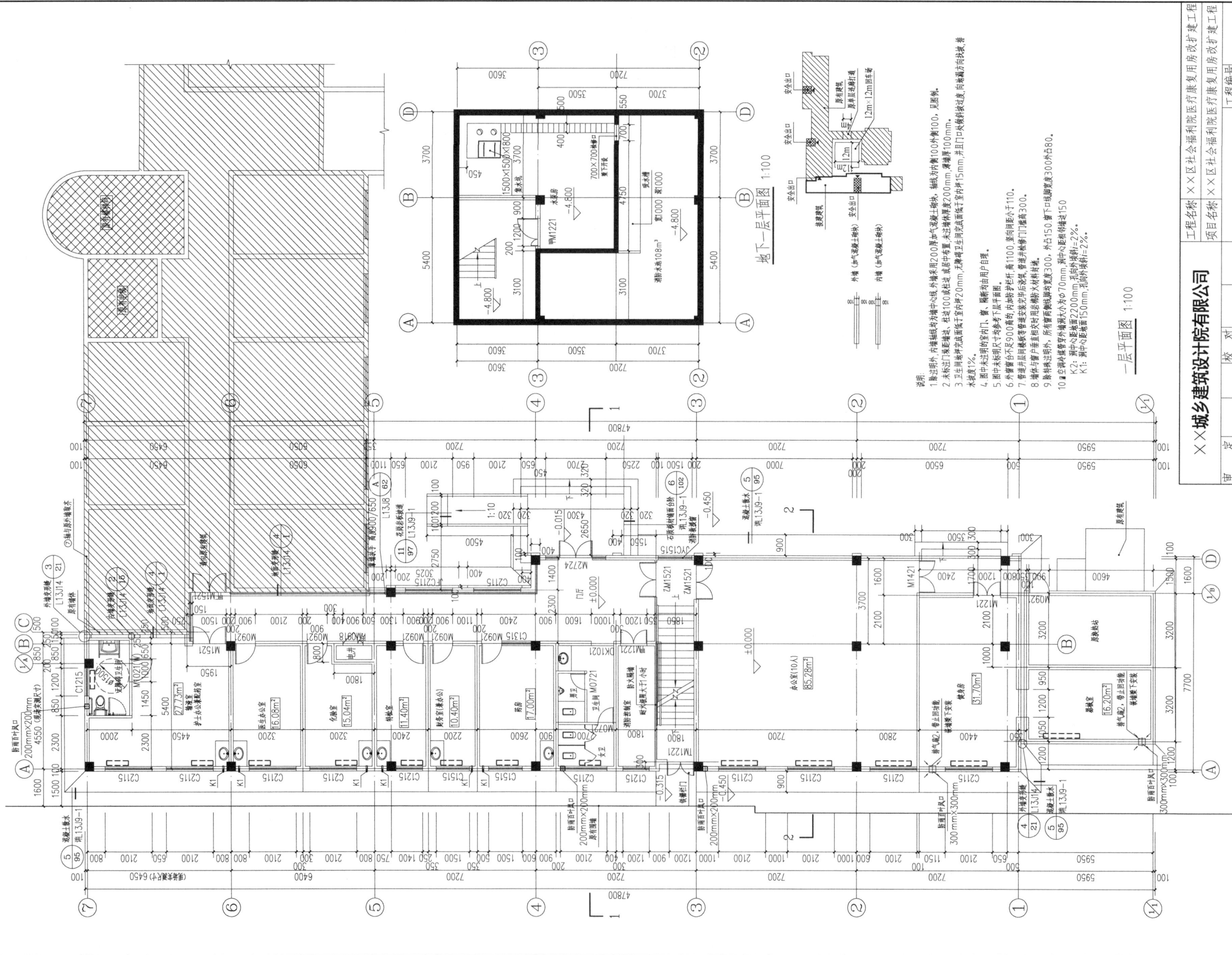

地下一层平面图 1:100

一层平面图 1:100

XX城乡建筑设计院有限公司

说明：
1. 除注明外，内墙轴线均为墙中心线。外墙未用200厚加气混凝土砌块，轴线为内墙100外墙100。足形外。
2. 未标注墙厚墙体，柱100为承重墙，成户中柱墙，未注墙体墙厚200mm，墙宽厚100mm。
3. 卫生间地坪应低于室内坪20mm，卫生间及厨房卫生间点表面低于室内地坪15mm，并且门口处做墙坡度过度，向墙墙方向找坡，坡底坡1%。
4. 图中未注明的室内门、窗，隔断均由用户自理。
5. 图中未标明尺寸均参考下层平面图。
6. 窗台高在900高度室等室室高1100，至间室更小于110。
7. 等电位各不足900高窗台处防护栏杆，高1100至间更小于110，管道井检修门门留高300。
8. 墙体与窗户垂直相关均采用混凝预制块材料封。
9. 除特注进墙外，所有窗两踢墙踢墙宽度300，外占150，窗下线踢墙室150
10. 凡空调冷凝套穿外墙孔大为Φ70mm，凡地Φ100mm，凡中Φ配墙孔室150，凡中N凝室孔室300外占80。
    K2：凡中N距墙2200mm，凡墙室孔做斜坡i=2%。
    K1：凡中N距墙150mm，凡窗孔做斜坡i=2%。

工程名称	XX区社会福利院医疗康复用房改扩建工程
项目名称	XX区社会福利院医疗康复用房改扩建工程
日 期	
图 号	
工程编号	04
建 施	
图号总页数	

地下层平面图
一层平面图

定		校 对	
审 核		设 计	
工程主持		制 图	
专业负责		资质证书编号	

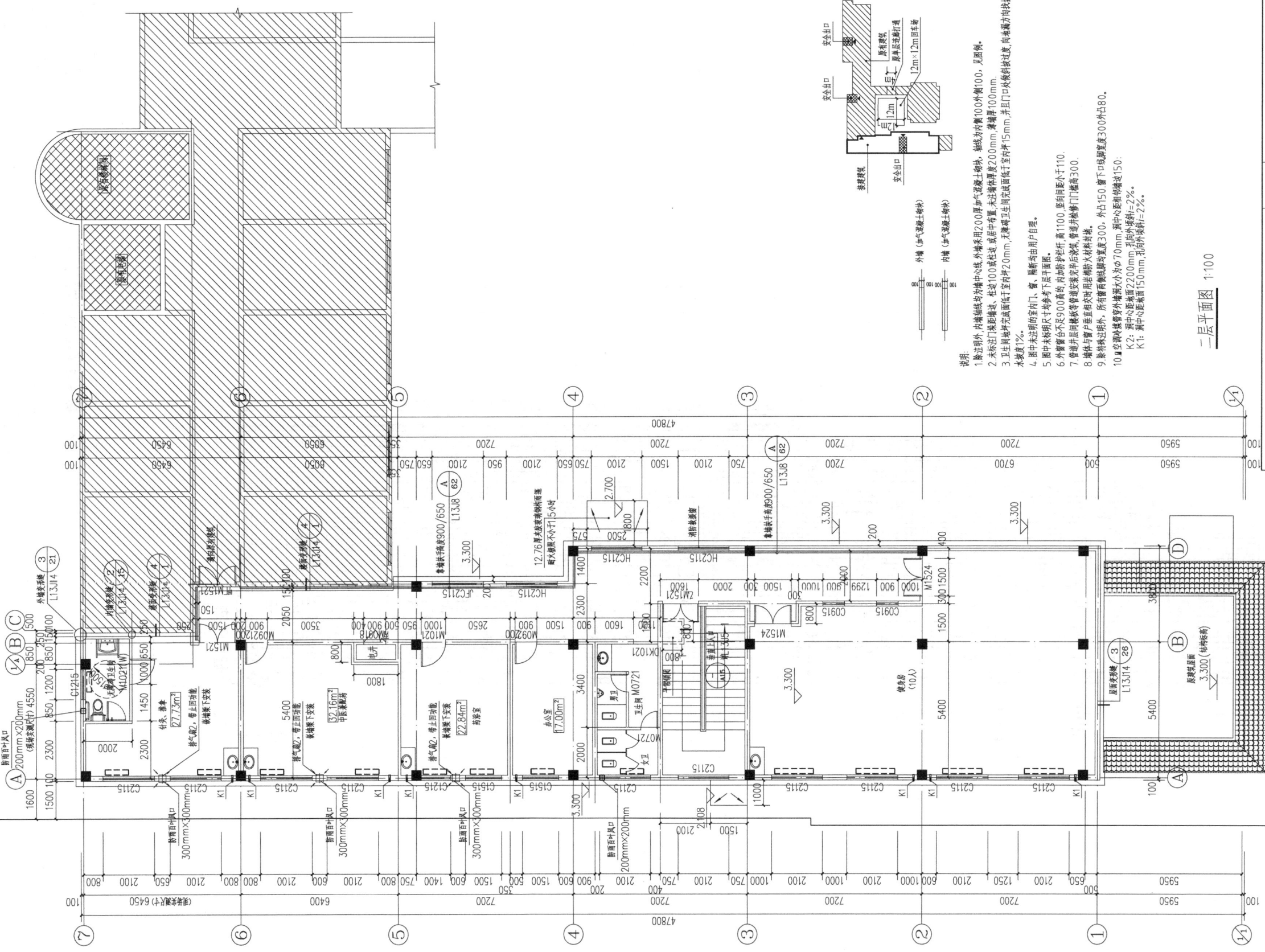

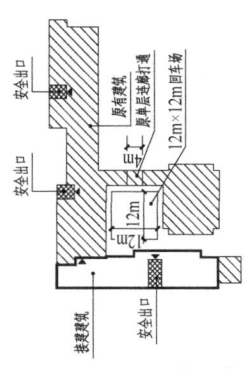

二层平面图　1:100

××城乡建筑设计院有限公司

说明：
1. 除注明外，内墙体均为墙中心线，外墙未用200厚加气混凝土砌块，砌块为墙中100外侧100。轴线为墙中100外侧100，见图例。
2. 本标注门窗居墙边，柱边100或柱边；或居中安置，未过墙体厚度200mm，无抹灰厚度100mm，灰缝厚100mm。
3. 卫生间地坪完成面低于室内净20mm，无障碍卫生间完成面低于室内15mm，并且门口处做材披坡度，向地漏方向找坡找，排水坡度1%。
4. 图中未注明空内门、窗，隔断均由用户自理。
5. 图中未标明尺寸均参考下层平面图。
6. 窗台及不足900高度做内防护栏杆，高1100，竖向间距小于110。
7. 静电井层体等穿墙套管安置完毕后浇灌，普通井套修门洞高300。
8. 楼梯与窗户垂直相对处均用防火材料封堵。
9. 本标柱进深，所有墙对应墙中心线高度300，外占150，窗下线踢脚线过150。
10. 空调板底至外墙最小尺寸为φ70mm，孔向中心距面斜度=2%，外凸150。窗下线踢脚宽度300外占80。
    K2：孔中心距面2200mm，孔向外侧斜=2%。
    K1：孔中心距面150mm，孔向外斜=2%。

外墙（加气混凝土砌块）　100 100
内墙（加气混凝土砌块）　100 100

工程名称　××区社会福利院医疗康复用房改扩建工程
项目名称　××区社会福利院医疗康复用房改扩建工程
二层平面图
工程编号
日　期
图　号　05
建　施
总　数

审　定
定　核
校　对
核　设
工程主持
专业负责
设　计
制　图
资质证书编号

4780

7200 7200 7200 7200 6700 5950

47800

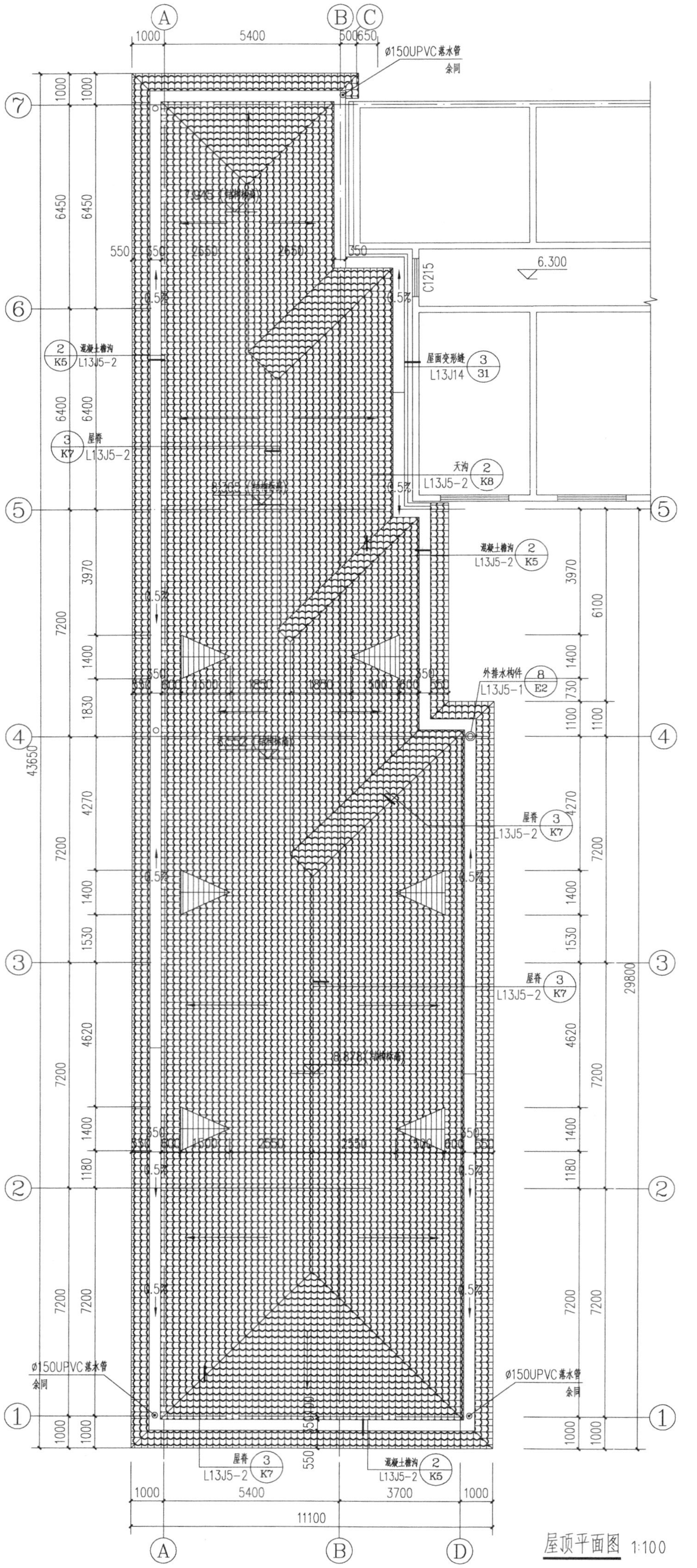

屋顶平面图 1:100

××城乡建筑设计院有限公司

审 定		定 核	
审 核		设 计	
工程主持		制 图	
专业负责		修房证书编号	

工程名称 ××区社会福利院医疗康复用房改扩建工程
项目名称 ××区社会福利院医疗康复用房改扩建工程

工程编号	
日 期	
图 号	建施 06
图 名	屋顶平面图

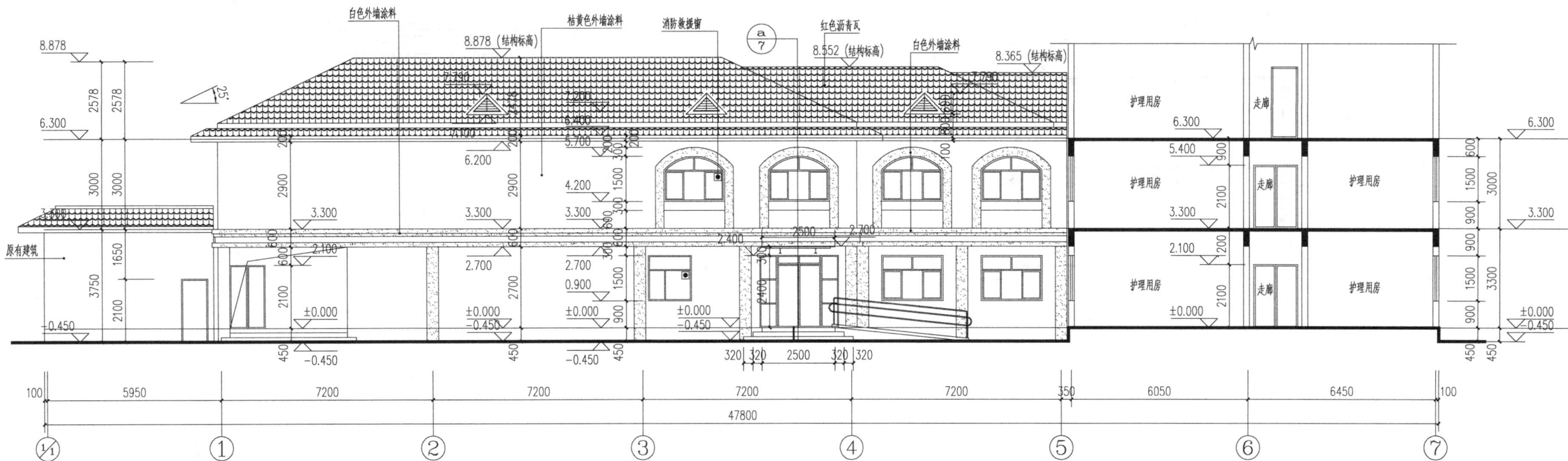

①~⑦立面图 1:100

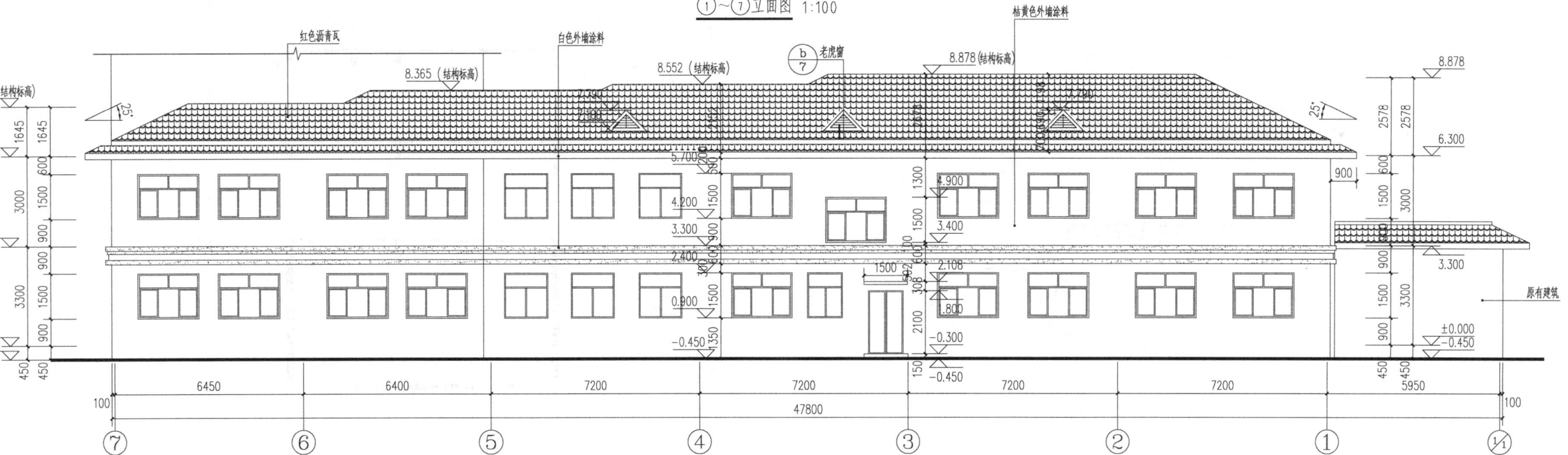

图中标注文字：

白色外墙涂料　桔黄色外墙涂料　消防救援窗　红色沥青瓦　白色外墙涂料

8.878（结构标高）　8.552（结构标高）　8.365（结构标高）

护理用房　走廊

原有建筑

护理用房　走廊　护理用房

护理用房　走廊　护理用房

标高标注：8.878　6.300　5.400　3.300　2.100　±0.000　−0.450　6.200　5.700　4.200　4.100　2.700　2.400　2.600　0.900

尺寸标注：2578　3000　3750　1650　2100　2900　2700　1500　3000　1500　3300

开间尺寸：5950　7200　7200　7200　7200　350　6050　6450

总尺寸：47800

轴线编号：① ② ③ ④ ⑤ ⑥ ⑦

⑦~①立面图 1:100

图中标注文字：

红色沥青瓦　白色外墙涂料　桔黄色外墙涂料　老虎窗

7.945（结构标高）　8.365（结构标高）　8.552（结构标高）　8.878（结构标高）

原有建筑

标高标注：8.878　7.945　6.300　5.700　4.900　4.200　3.400　3.300　2.400　2.108　0.900　1.800　±0.000　−0.300　−0.450

尺寸标注：1645　3000　3300　2578　3000

开间尺寸：6450　6400　7200　7200　7200　7200　5950

总尺寸：47800

轴线编号：⑦ ⑥ ⑤ ④ ③ ② ①

图例：

图案	说明
□	桔黄色外墙涂料
□	白色外墙涂料
□	消防救援窗

××城乡建筑设计院有限公司

工程名称	××区社会福利院医疗康复用房改扩建工程		
项目名称	××区社会福利院医疗康复用房改扩建工程		
审　定		校　对	
审　核		设　计	
工程主持		制　图	
专业负责		资质证书编号	

①~⑦立面图
⑦~①立面图

工程编号
日　期

图　号　建施 07
总　数

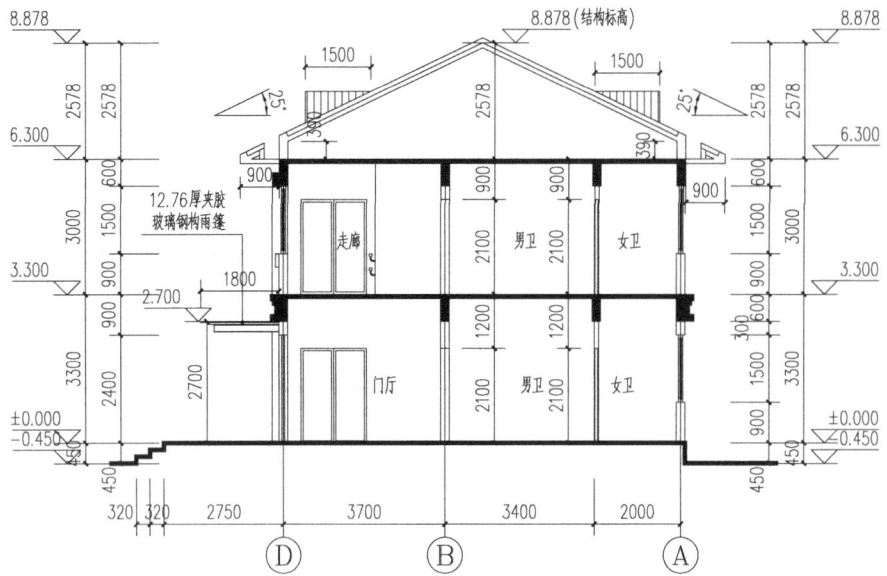

1—1剖面图 1:100

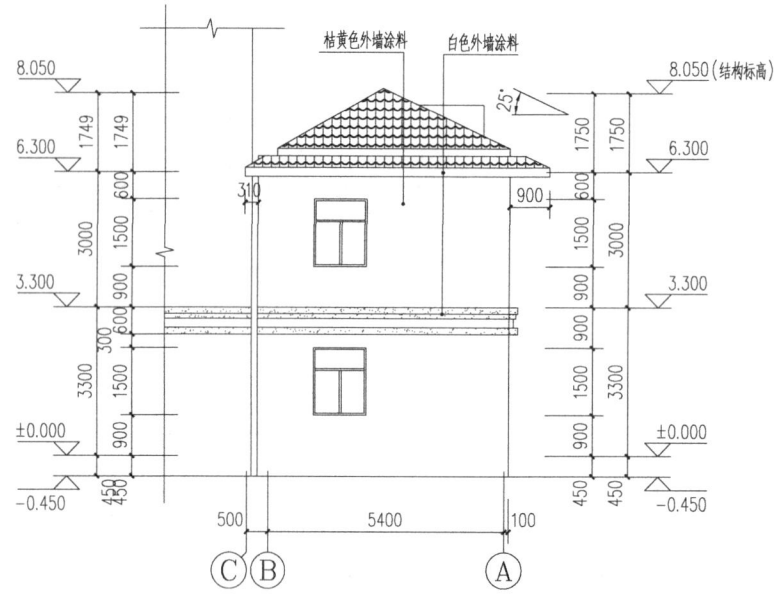

C～A立面图 1:100

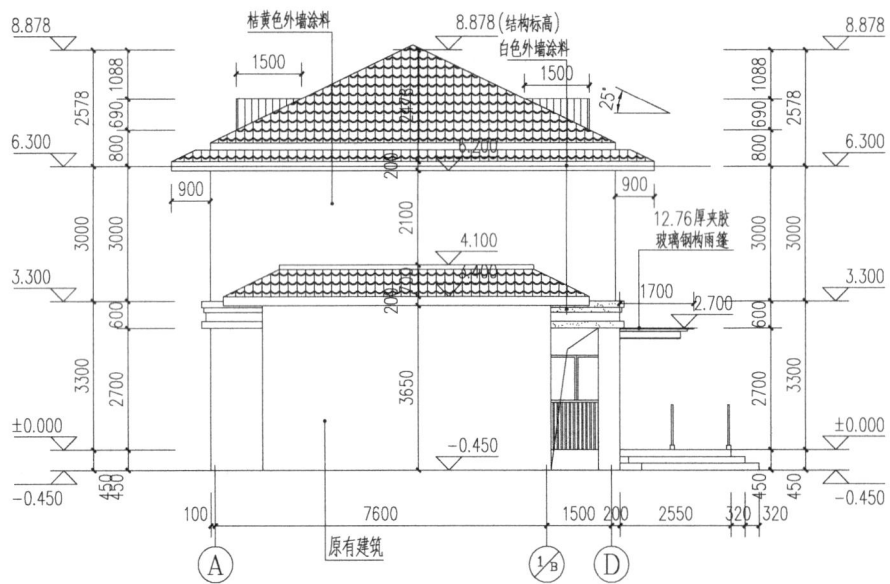

A～D立面图 1:100

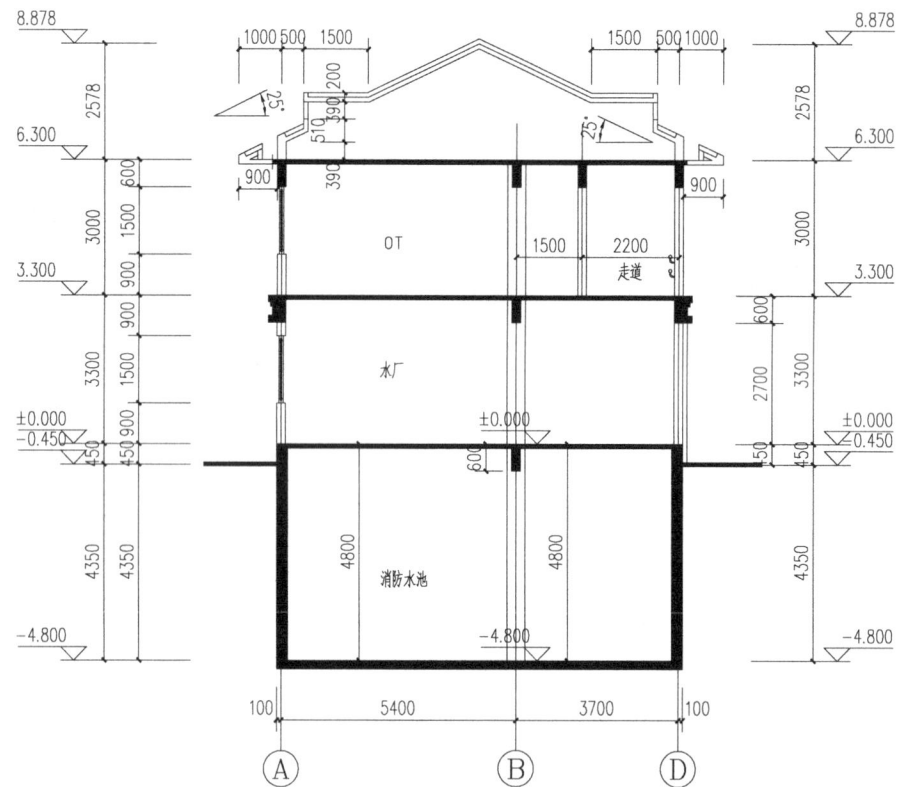

2—2剖面图 1:100

图例：

桔黄色外墙涂料

白色外墙涂料

××城乡建筑设计院有限公司		工程名称	××区社会福利院医疗康复用房改扩建工程
		项目名称	××区社会福利院医疗康复用房改扩建工程
审　定	校　对	A～D立面图	工程编号
审　核	设　计	D～A立面图	日　期
工程主持	制　图	1—1剖面图	图　号　建施 08
专业负责	资质证书编号	2—2剖面图	总　数

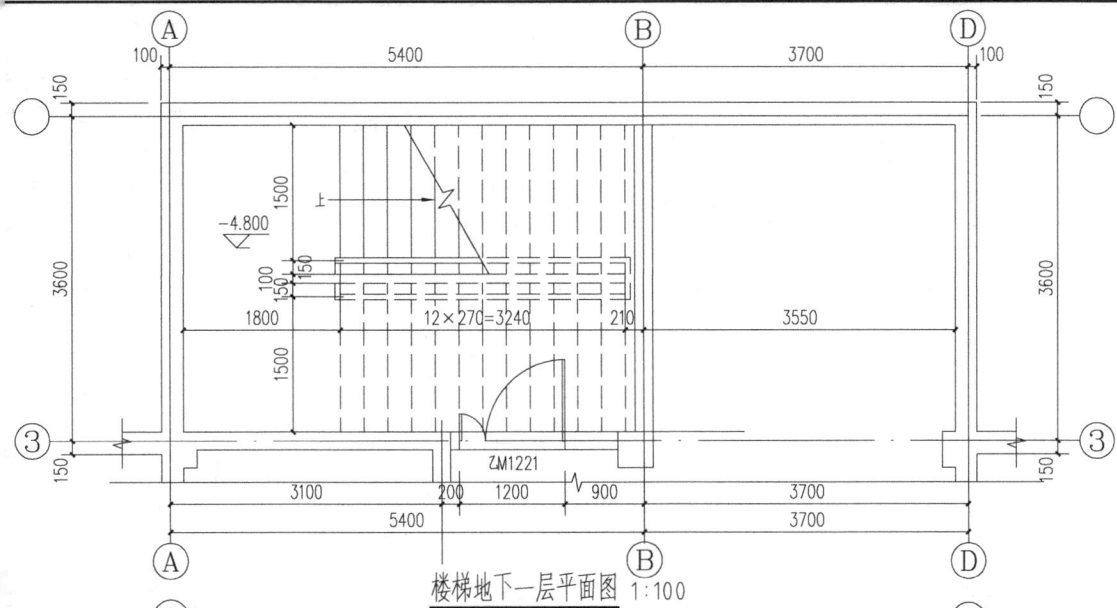

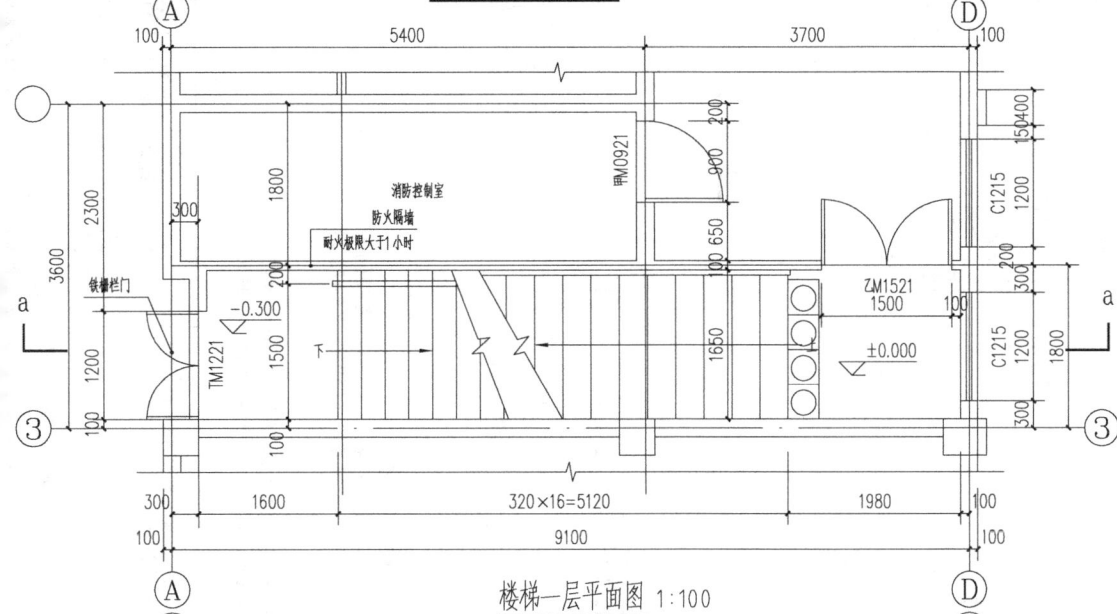

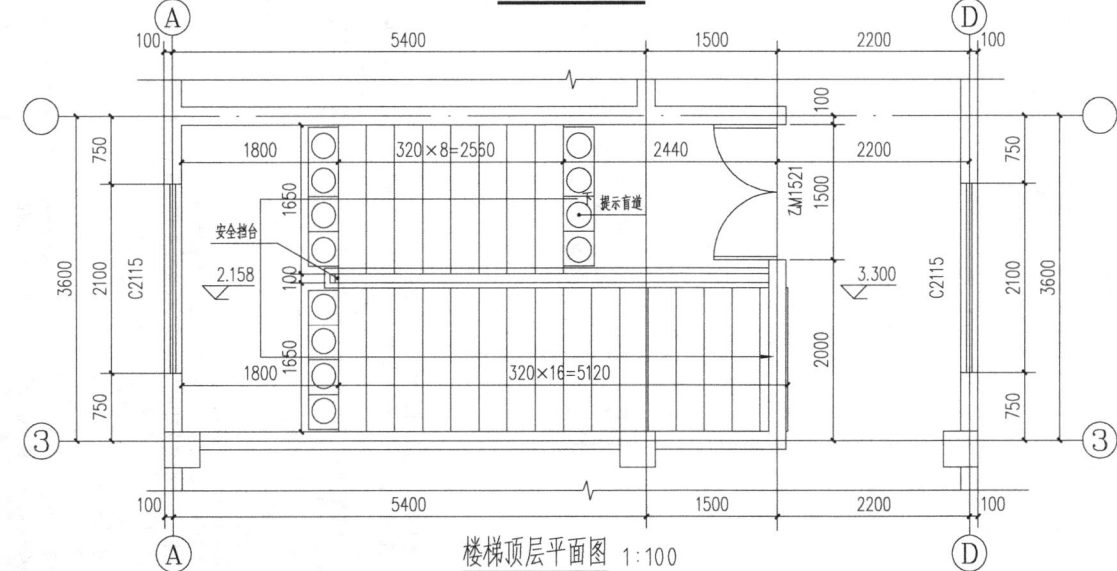

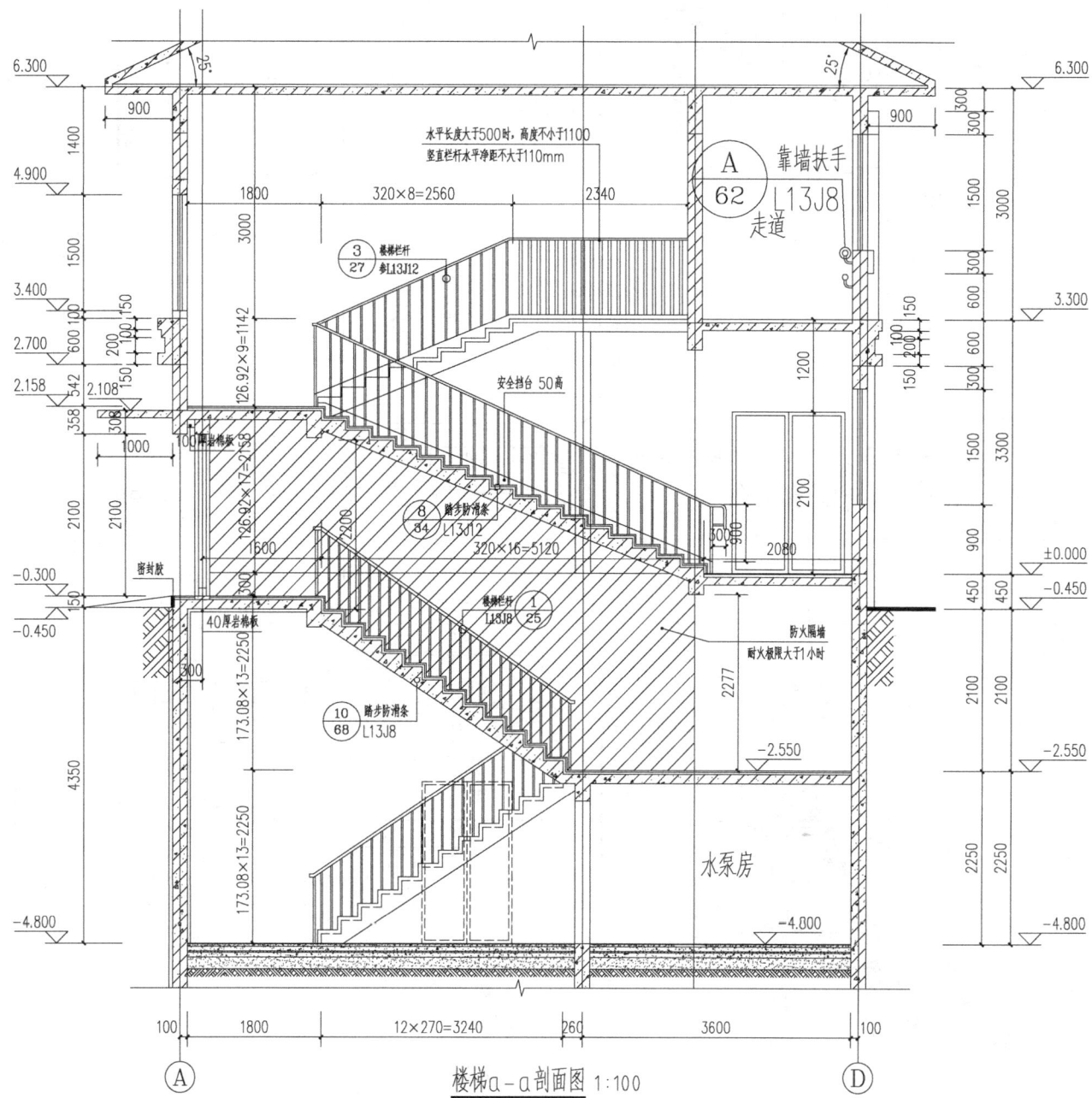

楼梯地下一层平面图 1:100

ZM1221

12×270=3240

楼梯一层平面图 1:100

消防控制室
防火隔墙
耐火极限大于1小时

铁栏杆门
TM1221
ZM1521 1500

C1215
C1215

320×16=5120

9100

楼梯顶层平面图 1:100

安全挡台
提示盲道
ZM1521 1500

C2115

320×8=2560

320×16=5120

楼梯a-a剖面图 1:100

水平长度大于500时,高度不小于1100
竖直栏杆水平净距不大于110mm

A/62 靠墙扶手 L13J8 走道

3/27 楼梯栏杆 剑L13J12

320×8=2560

安全挡台 50高

8/34 踏步防滑条 L13J12
320×16=5120

楼梯栏杆 1/25 L13J8

防火隔墙 耐火极限大于1小时

126.92×9=1142

126.92×7=2158

173.08×13=2250

10/68 踏步防滑条 L13J8

173.08×13=2250

水泵房

说明:
1.楼梯靠墙扶手做法详 L13J12-27-3(木扶手)。
2.楼梯踏面及防滑条做法详 L13J12-68-10。
3.防护栏杆最薄弱处承受的最小水平推力应不小于1.0kN/m。

××城乡建筑设计院有限公司	工程名称	××区社会福利院医疗康复用房改扩建工程		
	项目名称	××区社会福利院医疗康复用房改扩建工程		
审　定	校　对		工程编号	
审　核	设　计		日　期	
工程主持	制　图	楼梯详图	图　号 建施	09
专业负责	资质证书编号		总　数	

门窗表

类型	设计编号	洞口尺寸(mm)	数量	图集名称	页次	类型号	备注
普通门	M0721	700×2100	4				成品木门
	M0921	900×2100	12				成品木门
	M1221	1200×2100	1	L13J4-1	7	HM-1421	成品木门
	M1421	1400×2100	1		7	HM-1521	成品木门
	M1521	1500×2100	1		7	HM-1524	成品木门
	M2724	2700×2400	1		3	GFM01-1221	乙级防火门
	M1021(W)	1000×2100	2	L13J4-2	5	MFM02-1521	乙级防火门
	ZM1221	1200×2100	2		5	MFM02-1521	甲级防火门
	ZM1521	1500×2100	2				
普通窗	甲M1521	1500×2100	2	详窗详图			
	C1215	1200×1500	2				
	C1315	1300×1500	2				
	JYC1515	1500×1500	8				
	C1515	1500×1500	3				
	HC2115	2100×1500	20				
	C2115	2100×1500	2				
洞口	JFC2115	2100×1500	2				

西向:6+12+6 Low-E隔热铝合金窗(传热系数2.26W/(m²·K))
其余朝向:6+12+6隔热铝合金窗(传热系数2.7W/(m²·K))

C1315 1×50
救援C1515 1×50
JYC2115 1×50
HC2115 1×50
C1215 1×50
M1524 1×50
C1515 1×50
C2115 1×50
M1421 1×50
M1521 1×50
M2724 1×50

老虎窗详图(b) 1:50
老虎窗立面详图 1:50
老虎窗立面详图(一) 1:50

卫生间一 1×50
无障碍卫生间 1×50
墙身 1:25
详L13J5-2 K5

成品隔断大样图 1×50
卫生间详图

防火玻璃及玻璃隔断应满足耐火极限1.2h,详见图集

××城乡建筑设计院有限公司

审定		定对	工程名称	××区社会福利院医疗康复用房改扩建工程
审核		设计	项目名称	××区社会福利院医疗康复用房改扩建工程
工程主持		制图		门窗详图 墙身详图 卫生间详图
专业负责		资质证书编号	工程编号 / 日期 / 图号 建施10 / 总数

结 构 设 计 总 说 明 (一)

一、工程概况

主体为地上二层，地下一层框架结构，基础类型为独立基础。

二、建筑结构的安全等级及设计使用年限

建筑结构的安全等级	二级	建筑抗震设防类别	标准设防类(丙类)
建筑结构设计使用年限	50年	地基基础设计等级	丙类
地下室防水等级	二级	建筑物耐火等级	二级
砌体结构施工质量控制等级	B级		

注：1.建筑物附件和自重部件、装修重量、防火墙、围墙、梁、板、柱、楼梯等耐火等级应满足不小于二级，耐火极限详《建筑设计防火规范》GB 50016—2014。

三、自然条件

1.基本条件：

基本风压 (kN/m²)	0.60	基本雪压 (kN/m²)	0.20
设计基本地震加速度值	0.059	抗震设防烈度	6度
设计基本地震加速度值	0.059	设计地震分组	第三组
建筑场地类别	II类	地面粗糙度类别	B类
建筑物场地特征周期	0.45 s	地震影响系数	0.09
季节性土标准冻结深度	0.50m	地面粗糙度类别	B类

2.场地的工程地质及地下水条件：

1) 本工程暂无地质勘察资料，设计时由相邻原有建筑地基承载力特征值暂按f_ak=250kPa进行设计。施工中若与设计不符，应及时通知设计进行变更。

2) 施工时新建独立基础不影响原有建筑，新基底标高不得低于相邻原有建筑，并注意避让。施工中若发现新建独立基础标高高低于相邻原有建筑，应通知设计进行变更。

3) 设计时水头按2m考虑，施工时若地下水大于2m，应通知设计变更。

四、本工程设计使用的主要标准、规范、规程

《建筑结构可靠度设计统一标准》	GB 50068—2001
《建筑结构荷载规范》	GB 50009—2012
《混凝土结构设计规范》	GB 50010—2010
《建筑抗震设计规范》	GB 50011—2010
《高层建筑混凝土结构技术规程》	JGJ 3—2010
《建筑地基基础设计规范》	GB 50007—2011
《建筑地基处理技术规范》	JGJ 79—2012
《地下工程防水技术规范》	GB 50108—2008
《地下工程防水质量验收规范》	GB 50223—2008
《混凝土结构耐久性设计规范》	GB/T 50476—2008
《高层建筑筏形与箱形基础技术规范》	JGJ 6—2011
《蒸压加气混凝土建筑应用技术规程》	JGJ/T 17—2008

五、设计选用主要标准图集

图集编号	图 集 名 称	分类
16G101-1,2,3	《混凝土结构施工图平面整体表示方法制图规则和构造详图》	国标
12G901-1	《混凝土结构施工钢筋排布规则与构造详图》	国标
12G901-2,3,5	《混凝土结构施工钢筋排布规则与构造详图》	国标
11G329-1	《建筑物抗震构造详图》	国标
L03G303	《钢筋混凝土过梁图集》	省标

六、本工程设计计算所采用的计算程序

中国建筑科学研究院PKPM系列分析与设计软件(v1.3)。

七、设计采用的均布活荷载标准值

未注明按《建筑结构荷载规范》GB 50009—2012 取值，活荷载标准值详下表，并不得在楼层梁和板上增设建筑图中未标出的隔墙。

屋面板、钢筋混凝土挑檐、雨篷和预制小梁，施工或检修时荷载每米取1.0kN。
楼梯、阳台和上人屋面等的栏杆顶部水平荷载取 1.0kN/m。

类 别	活荷载值(kN/m²)	类 别	活荷载值(kN/m²)
办公室	2.0	楼梯间	3.5
卫生间(隔墙)	2.5(8.0)	走道	3.5
上人(非上人)屋面	2.0(0.5)	设备房	4.0
休息室、阅览室	2.0	配电室	2.0

八、施工荷载

1. 楼面在施工时所有物料不得集中堆放，较重的设备安装及维修时，应采用加垫木等有效措施，将各种荷载均布分散到梁上，各层楼面施工荷载不得大于该楼层所允许受到的荷载。

2. 现浇板养护期间，当混凝土强度小于1.2MPa时不得继续施工。当混凝土强度大于10MPa时，不宜在现浇板上吊运、堆放重物。吊运、堆放重物时应采取有效措施，减轻冲击。

九、地基基础

1. 基础施工前必须会同勘察、设计等有关部门进行验槽，若发现土层与地质勘察报告不符时，应在现场共同协商解决。

2. 基坑开挖应严格遵守现行《地基与基础工程施工及验收规范》中的有关规定并注意降水对相邻建筑的不良影响，基坑支护应由委托有资质的单位专门设计严格施工以确保安全可靠。地下停止降水时，应确保结构不会因为水浮力而上浮。基础施工时，应保持地下室底板、顶板覆土完成、上部结构施工至3 层楼面高前，可完全停止降水。如需全部停止降水，应征得设计同意。

3. 为减少地下室施工对邻近建筑、道路及地下管线的影响，施工时应对邻近建筑及管线等有关部位采取保护措施，以保安全。

4. 机械挖土时应按有关规定进行，坑底应保留200mm厚的土层人工开挖(岩石基坑除外)。

5. 基础、墙、梁的预留洞及套管应与各工种密切配合施工，避免遗漏，严禁后凿。在土建浇筑混凝土之前，设备工种应通道技术人员核对预留的洞口及套管，不得遗漏。

6. 基础及地下室完工后应尽快回填，回填应在对应两方同时进行，分层夯实，密实土内有机含量不得超过5%，当回填应地下水能渗合材料和条件，基坑开挖回填土和粒径不得大于30mm，回填土宜选用黏性土分层夯，以减免基坑外地下水对地下建筑的长期作用，回填土质虚铺厚度≤300mm，填土压实系数≥0.94，回填土夯实后的干重度不小于16 kN/m³。

7. 基础超密部分换填分层夯填三七灰土，当地基高差变化较大时，可按1:2错合，如大样一。

8. 大体积混凝土施工，应按有关规范施工并采用排温措施使内部温度与表面温度差不超25℃，温度骤降不超过10℃。

9. 施工缝：

(1) 本工程基础底板不得留置施工缝(后浇带除外)，应一次连续分层浇捣。

(2) 地下室侧壁、消防水池水平施工缝之做法见图一。

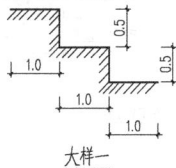

大样一

十、主要结构材料及有关要求（图中注明者除外）

1. 所用材料(水泥、粗细骨料及钢材等)均应有试验报告，并应符合有关质量验收标准方可使用，水泥宜采用普通硅酸盐水泥(供板较厚时宜采用矿渣硅酸盐水泥)。同一构件不得采用两种不同成分的水泥。材料强度标准值均应具有不低于95%的保证率。

2. 混凝土

(1) 地下室的底板、顶板与侧壁、水池等防水工程采用等级为P6防水混凝土，为增加抗裂性，混凝土内参入膨胀纤维抗裂防水剂(SY-K)，参入量按使用说明。

(2) 混凝土强度等级：详见各楼构件。后浇钢筋混凝土栏板、圈梁、过梁、构造柱等采用C20 混凝土。

(3) 混凝土试块的制作与养护按有关标准，混凝土施工应符合《混凝土结构工程施工及验收规范》的有关规定。

(4) 混凝土环境类别：基础、地下室底板及侧壁、地梁、水池为二类b；卫生间室内潮湿环境为二类a；露天面层为二类b；其余为一类。

(5) 结构混凝土材料的耐久性基本要求：

环境类别	最大水灰比	最低混凝土强度等级	最大氯离子含量(%)	最大碱含量(kg/m³)
一	0.60	C20	0.30	不限制
二a	0.55	C25	0.20	
二b	0.50(0.55)	C30(C25)	0.15	3.0
三a	0.45(0.50)	C35(C30)	0.15	
三b	0.40	C40	0.10	

注：1.氯离子含量系指其胶凝材料总量的百分比；
2.预应力构件混凝土中的氯离子含量为0.06%，其最低混凝土强度等级宜按表列规定提高两个等级；
3.素混凝土构件的水胶比及最低混凝土等级的要求可适当放宽；
4.有可靠工程经验时，二类环境中的最低混凝土强度等级可降低一个等级；
5.处于严寒和寒冷地区二b、三a类环境中的混凝土应使用引气剂，并可采用抗冻等级的有关参数。
6.当使用非碱活性骨料时，对混凝土中的碱含量可不做限制。

3. 钢筋及钢材

(1) 钢筋：HPB300钢筋以Φ 表示，其强度设计值f_y=270N/mm²
HRB335钢筋以 Φ 表示，其强度设计值f_y=300N/mm²
HRB400钢筋以Φ 表示，其强度设计值f_y=360N/mm²

(2) 钢板、型钢采用Q235-B,Q345-B。

(3) 焊条：E43XX用于HPB300钢筋，Q235B钢材焊接。
E50XX用于HRB335,HRB400钢筋，Q345B钢材焊接。

(4) 吊筋采用HPB300级钢筋，不得采用冷加工钢筋。

(5) 抗震等级为一、二、三级的框架结构和斜撑构件(含楼梯)，其纵向受力钢筋采用普通钢筋时，钢筋的抗拉强度实测值与屈服强度实测值的比值不应小于1.25；钢筋的屈服强度实测值与屈服强度标准值的比值不应大于1.3；且钢筋在最大拉力下的总伸长率实测值不应小于9%，且纵向受力钢筋及箍筋均应符合抗震性能指标。

(6) 钢筋的品种、规格应按设计采用，钢筋直径不得随意改动，如确实需要进行钢筋替换时，应征得设计单位同意，应按照钢筋受拉承载力设计相等的原则换算，并应满足最小配筋率等有关要求。

4. 砌体

(1) 填充墙采用蒸压加气混凝土砌块(体积密度级别B06，容重≤650kg/m³，强度等级A3.5)采用M5专用砌筑砂浆砌筑，相关构造措施做法详图集 L10J125。

(2) 埋在土中墙采用M1.0水泥砂浆砌MU15标准页岩实心砖。

5. 油漆：凡外露钢铁件必须在除锈后涂刷防锈漆，面漆各两道，并经常注意维护。

十一、钢筋的混凝土保护层厚度

1. 最外层钢筋的混凝土保护层厚度应符合下表的规定(单位：mm)：

环境类别	板、墙、壳	梁、柱、杆
一	15	20
二a	20	25
二b	25	35
三a	30	40
三b	40	50

注：1.混凝土强度等级不大于C25时，表中保护层厚度数值应增加5mm。
2.地下室底板、顶板和侧壁、水池的墙迎水面最外层钢筋保护层厚度为40mm，地下室顶板、顶板的迎水面最外层钢筋的保护层厚度为35mm。
3.基础：从垫层顶面算起至混凝土保护层为40mm。
4.构件中受力钢筋的保护层厚度不应小于钢筋的公称直径d，钢筋保护层应从箍筋外侧算起。

十二、钢筋搭接及锚固

1. 受拉钢筋的锚固长度、搭接长度详见国家建筑标准设计图集16G101-1。

2. 受力钢筋宜优先采用机械连接接头，当受拉钢筋的直径d≥28mm时，不宜采用绑扎搭接接头。焊接接头性能应符合《钢筋焊接及验收规程》JGJ 18 — 2012 的要求。机械连接的接头性能应符合《钢筋机械连接技术规程》JGJ 107—2016 的II级接头性能。当在同一连接区段内必须实施100%钢筋接头连接时，应采用I级接头。机械连接接头连接件的混凝土保护层厚度宜满足纵筋最小保护层厚度要求。

3. 受力钢筋接头的位置应相互错开，梁中(包括基础)钢筋接头允许位置(图中斜纹部分)详见图二。当钢筋采用绑扎搭接接头时，在任一搭接中心至1.3倍搭接长度区段范围内或采用机械连接接头在连接长度为35d(d为连接钢筋的较小直径)且其长度为500mm区段范围内，纵向受力钢筋接头面积百分率应符合下表要求：

接头形式	受拉区数量	受压区数量
机械连接焊接	50	不限
绑扎连接	25	50

4. 轴心受拉及小偏心受拉构件的受力钢筋不得采用绑扎搭接接头。

5. 框架柱、梁应采用机械连接，同一截面内受拉钢筋截面面积不应超过全部纵筋截面面积的50%，框架接头位置应避开上部楼体开间部位，梁上托柱部位及受力较大部位，应采用I级接头。

6. 悬臂梁钢筋不允许有接头或套接。

7. 凡从平面不规则的梁、板中钢筋应足尺断下料，确保钢筋的搭接和锚固长度。

8. 十字交叉梁及板的支承钢筋弯起如下图三所示，其中d同主梁纵筋直径(详细注明按详图施工)。放置双向主筋。十字交叉梁及板支座无图示时按附加箍筋设置附加箍筋于垂直方向梁内侧，共设二道。转角窗两方向搭起需相交相主梁相交处均应设置附加箍筋于垂直方向梁内侧，共设二道。

9. 当梁的箍筋在支座内锚固长度不满足要求时应按机械锚固连接施工详图集16G101-1。

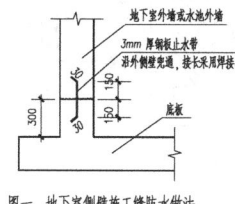

图一 地下室侧壁施工缝防水做法

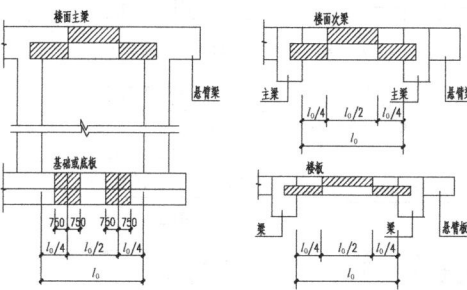

图二 梁中受力钢筋接头允许位置

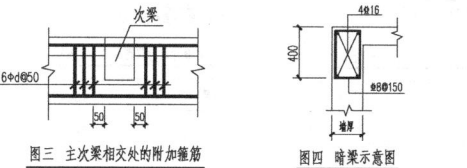

图三 主次梁相交处的附加箍筋

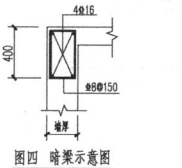

图四 暗梁示意图

××城乡建筑设计院有限公司		工程名称	××区社会福利院医疗康复用房改扩建工程
		项目名称	××区社会福利院医疗康复用房改扩建工程
审定	校对		工程编号
审核	设计	结构设计总说明(一)	日期
工程主	制图		图号 结施 01
专业负	资质证书编号		总数

结 构 设 计 总 说 明（二）

十三、平法制图规则
本工程梁、柱、剪力墙均采用平面整体表示方法，有关制图规则和构造要求详见《16G101-1》，基础有关制图规则和构造要求详见《16G101-3》，楼梯详图有关规则和构造详见《16G101-2》，有关混凝土楼梯制图规则和构造详见图集《12G901-1》，《12G901-2,3,5》，图中未注明的梁顶面标高均为板底标高。

十四、剪力墙、柱
1. 墙体混凝土应分层浇筑振捣，第一层浇筑高度不应超过500mm，以后每次浇筑高度不应超过1000mm，连续浇筑时，施工缝宜留在板顶，浇筑前应将施工缝清理干净，一般情况下不能留竖向施工缝。混凝土墙体浇筑到顶应比结构标高适当放高再凿掉。
2. 剪力墙和连梁除本注明者外，不准垂直穿管或留洞，管线穿混凝土墙时，均应预埋套管。剪力墙和柱内不允许留槽或留洞，若在墙或柱内穿管，其管径不大于100mm且相邻孔洞净距不小于300mm，混凝土墙及梁严禁埋设PVC管。
3. 顶层剪力墙连梁伸入墙内钢筋锚固长度范围内，应配置箍筋，直径和间距同该连梁箍筋，有关构造详见图标集《16G101-1》，顶层剪力墙顶按图四设置暗梁。
4. 当剪力墙上洞口较大的门窗洞口过大时，可按图五所示处理，并保证填充砌体与剪力墙有可靠的拉结。
5. 剪力墙开孔洞和凹槽，应采用加强措施，见图六所示，洞口每侧补强钢筋面积不小于被切断钢筋面积的50%，剪力墙开洞口埋设孔径≤300mm时箍筋可绕不断，由水电专业施工，且相邻孔洞净间距不小于3倍最大孔径。孔径≥300mm时，经结构同意后方可预留，所留孔洞不得随意伤害墙和柱的受力钢筋。
6. 连梁留置孔洞，应加配置加强筋，见图七所示。
7. 梁柱节点部位混凝土应连续浇筑，当节点钢筋密集时，可采用同强度等级的细石混凝土。
8. 梁混凝土、剪力墙及柱钢筋之间应采用拉筋连接，墙厚>250mm时直径φ8，墙厚≤250mm时φ6，间距不大于600mm（呈梅花形布置），有关构造详见《16G101-1》。
9. 施工过程中，应严格控制墙与柱的垂直度，其偏差值应满足规范要求。
10. 地下室外墙构造详见图16G101-1.

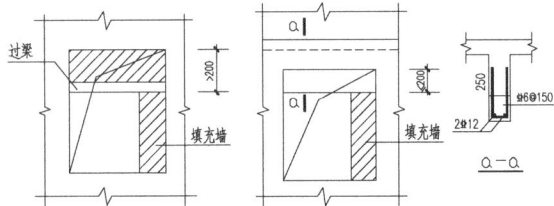
图五 洞口示意图

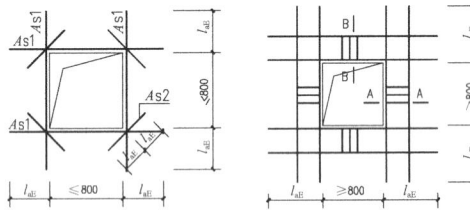
图六 抗震墙开洞补强图（一）

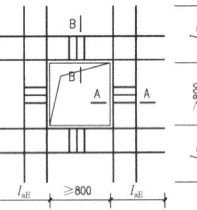
图六 抗震墙开洞补强图（二）

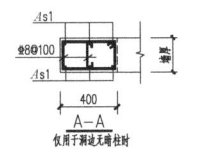
A-A
仅用于钢结构无柱时
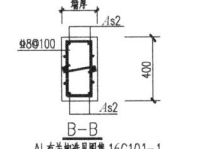
B-B
AL有洞造筋见16G101-1

抗震墙开洞补强图（一）配筋表
h(墙厚)	As1	As2
160,180	2φ18	2φ14
200,250	2φ20	2φ16
300	3φ22	2φ18

抗震墙开洞补强图（二）配筋表
h(墙厚)	As1	As2
160,180	3φ14	2φ20
200,250	3φ16	2φ20
300	3φ18	3φ20

分布筋表
板厚度h	楼板分布筋	板厚度h	楼板分布筋
h<100	φ6@180	150<h≤180	φ8@180
100<h≤120	φ6@150	150<h≤220	φ8@150
120<h≤150	φ8@200	220<h≤250	φ10@200

分布筋表

十五、梁、板
1. 卫生间楼板留管洞、屋面雨水管留洞参照给排水专业图纸留设，卫生间、厨房、阳台应沿墙做高出相邻楼面120mm的返边见图八，通门口处返边取消。
2. 梁侧及预留套管详见图九。
3. 板缝支座上有受力钢筋的楼面板，在梁支座与梁配筋搭接时考虑，锚固构造详见图集16G101-1.
4. 双向板底筋，短向钢筋置于下层，长向钢筋置于短向钢筋之上，当板底与梁底平时，板的下部钢筋伸入梁内须按1:6弯折后置于梁的下部纵筋之上。
5. 楼板上预留孔洞
   (1) 当板上预留孔洞的直径d及矩形孔洞d（或h）不大于300mm时，可将受力钢筋绕过洞口不得切断。
   (2) 当300<d（或h）<1000，应在孔洞每侧设置附加钢筋，详图中未注明者均按下施工。
6. 楼板起拱
   (1) 悬臂梁（板）长度L>2000时，起拱值为L/150.
   (2) 当梁、板跨度4000≤L<6000时，起拱值为L/500，L>6000时，起拱值为L/400.
7. 挑梁转角处应配置放射钢筋见图十一，其间距不大于L/2且不大于200mm，钢筋的直径与支座处受力钢筋相同，当楼板为异形板时，其各转角的阳角处也应比放置附加放射钢筋，此时L=板短跨/3。挑梁转角附加配筋详图集图二设加强板。
8. 建筑物沿周转角处，其底板面应置7φ8@150附加钢筋的放射钢筋，钢筋平行于该板的角平分线，长度为0.5l（l0为板的短向净跨度）详见图十三。
9. 图中未注明的梁均与轴线居中或剪力墙贴板外，未注明的预埋件、套管及留洞均标志中心位置。
10. 除说明者外，楼板中支座钢筋的分布钢筋均为φ6@200，屋面及外露构件为φ8@200。按照单向板（长边与短边长度之比不小于3.0）设计时应在垂直于受力方向的方向配置分布筋，详单向楼板分布筋（除特殊说明外），且大于受力钢筋截面面积的15%。
11. 外露的混凝土女儿墙、现浇混凝土雨篷、挑檐、凸窗及栏板，其混凝土沿长方向每隔12米设一道伸缩缝，缝宽为20mm，缝内混凝土断开，钢筋不断，特每缝施工后期不小于一个月后沥青麻丝嵌实。
12. 板内理设机电管线时，管径不得大于板厚的1/4，位置宜于板厚中心，交叉管处处管线置至板上下这部筋处应不小于30mm，且在交叉叉点处板上下增设500×500双向钢筋（4φ4@150）。
13. 板负筋部伸入长度除说明外按图施工。
14. 凡在墙上砌隔墙时，应在墙内底部增设加强筋（图纸中另有要求者除外），当板跨L<1500时：2φ14，当1500≤L<2500时：3φ14，当2500<L<时，3φ16，并锚固于两端墙座内。
15. 梁、柱中心线与柱外的偏移距大于柱截面在该方向宽度值b的1/4时，梁底应水平加腋如图十五。
16. 梁折角处大挑梁本说明外按图四施工，屋面为折坡做详图十七。
17. 主次梁高度相同时，次梁钢筋应按1:6弯折置于主梁钢筋上。
18. 非框架梁在过支座设计时按搭接考虑，楼梯板在墙支座配筋时按搭接考虑。
19. 当梁两端仅设置构造措连接过梁构件时，墙体水平钢筋应贯通过的，梁侧面应附加φ8@200钢筋，连接纵筋两端锚固应按抗扭钢筋要求锚固，锚固长度不小于36d。

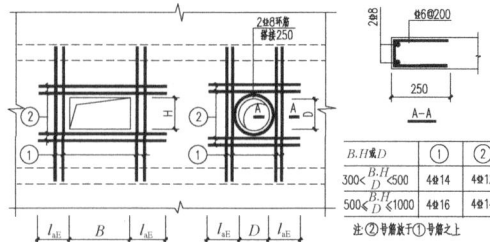
图十 楼板留洞加强筋示意图
注：每边加强筋不小于洞口范围被切断受力钢筋的一半

B,H(或D)	①	②
300≤B,H<500	4φ14	4φ12
500≤B,H<1000	4φ16	4φ14
注：①号筋放于②号筋之上

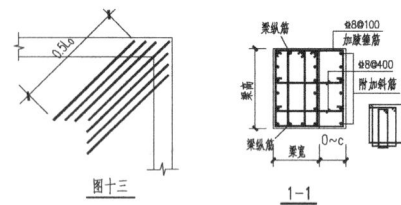
图十三

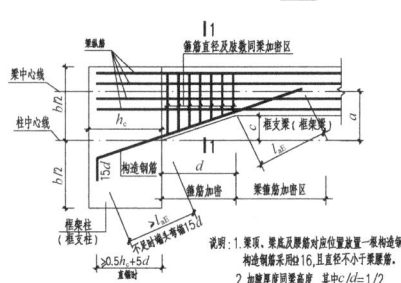
1-1

图十四 板负筋标注长度示意
梁、墙中线	梁、墙中线	梁、墙中线
1200 1200	1200 1200	1200
悬挑板
1200 1200	20 1200	悬挑板 1200

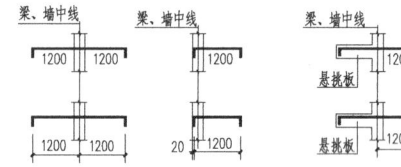

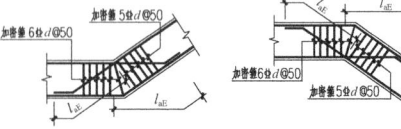
图十五 梁水平加腋大样

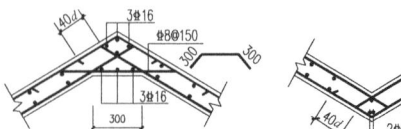
图十六 折梁配筋构造详图
d同主梁箍筋

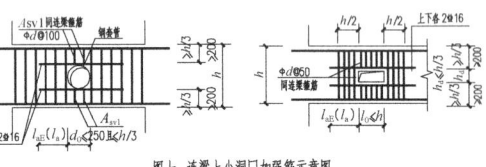
图七 连梁上小洞口加强筋示意图

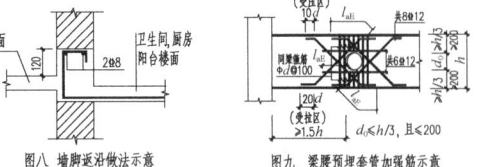
图八 墙脚返沿做法示意图

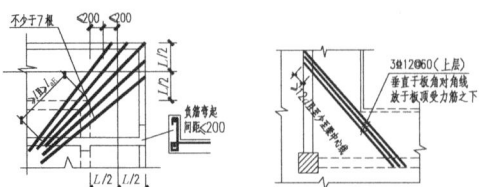
图九 梁侧预理套管加强筋示意图

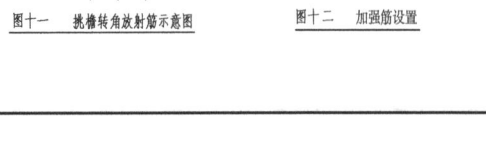
图十一 抗槽转角放射筋示意图
图十二 加强筋设置

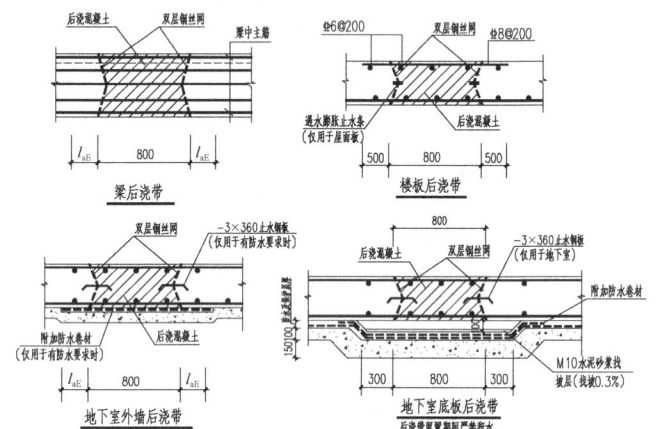
图十七 坡屋顶现浇板折角大样

十六、后浇带、膨胀带做法
1. 基础底板、梁及地下室外墙侧向的后浇带具体做法详见图十八，后浇带处的钢筋必须贯通，后浇带应采用原混凝土高一个强度等级的膨胀混凝土浇筑，浇筑前应将接缝处的膨胀混凝土凿毛翻新冲刷剔除浮浆并清扫干净，浇洗干净，保持湿润。后浇带浇筑时间：后浇带A（伸缩后浇带）应在两侧混凝土浇筑完，间隔两个月后浇筑，后浇带B（调整不均匀沉降）应在主体结构封顶后一个月内两侧构筑物趋于稳定后方可浇注。施工期间同后浇带两侧构件应妥善支撑，以确保构件的结构整体在施工阶段的承载能力和稳定性。后浇带混凝土宜在低温下浇注。
2. 膨胀带两侧混凝土浇筑时，做法参照后浇带。后浇带内掺加膨胀纤维抗裂防水剂(SY-K)10%，膨胀带内SY-K掺加12%。延长施工应根据施工中各技术措施及要求并应在浇注及规范要求基础上由SY-K提供厂家按产品要求指导施工单位进行。

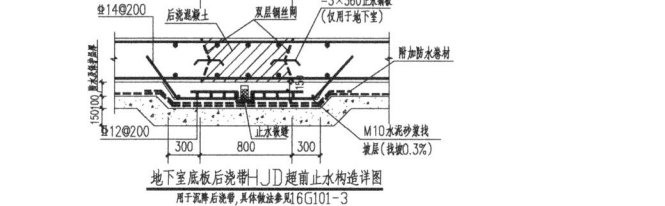
图十八 后浇带构造详图

十七、填充墙拉接及圈梁、过梁、构造柱要求：
1. 填充墙的拉结：凡在框架柱或剪力墙与填充墙交接处有填充墙，应沿柱高和墙每隔500mm用两根直径Φ6钢筋与柱或墙拉结，钢筋锚入柱或墙不小于250mm，拉结筋入墙的长度应沿墙全长贯通。填充墙顶部特砌墙砌筑实夯后（至少间7天后），采用斜砌与梁底填塞密实。
2. NALC加气混凝土隔墙应必须与框架、剪力墙有牢固连接，具体做法详见图集03SG715-1.
3. 填充墙墙体圈梁、过梁设置：
   (1) 当墙体高度大于4.0m时，在距身楼面3.0m（圈梁底标高）处设一道钢筋混凝土圈梁，详见图十九，相应位置梁子应预设拉结钢筋4φ12.
   (2) 加气混凝土填充块墙填墙长度大于5.0m时，墙顶与梁应有拉结，详见图二十，墙长≥1.5倍层高或墙长超过6m应在中间设置构造柱，构造柱间距不大于4m。
   (3) 填充墙体洞口应设钢筋混凝土过梁，详见图二十一。
   (4) 当最大高度于500mm的女儿墙与楼层高度大于6.0m间矩形窗台墙时，应设构造柱，阳台方栏板下部角处应设构造柱，构造柱间距不大于2.0m，顶部应设压顶，详见图二十二。
4. 填充墙端部不能与柱接时，剪力墙与柱拉结，应设置拉结构造柱，并拉结墙与墙接处，详见图二十三。
5. 填充墙与人过道通的填充墙，应采用钢丝网砂浆面层加固，钢筋网采用φ4@150点焊钢筋网，抹灰砂浆采用M7.5水泥砂浆，厚度35mm，钢筋网采用形φ6钢筋穿墙拉结，拉钩预应间900mm梅花放置布置。坚向构造柱下设楼梯，施工时先立墙上拉结后封顶。钢筋网砂浆面层应加强，竖向墙体均应在墙梯槽φ6横向或布置，以便与网片连接布置各错开400mm。预留钢筋的墙梯槽φ6横向或布置，以便与网片连接布置。钢筋网砂浆面层应加强布置。下。地下部分砂浆厚度应大于50mm。楼梯间填充墙构造柱间距应不大于层高且不大于4m。

××城乡建筑设计院有限公司

工程名称	××区社会福利院医疗康复用房改扩建工程
项目名称	××区社会福利院医疗康复用房改扩建工程

审定		校对	
审核		设计	
工程主		制图	
专业负		资质证书编号	

结构设计总说明（二）

工程编号	
日 期	
图 号	结施 02
总 数	

结 构 设 计 总 说 明 (三)

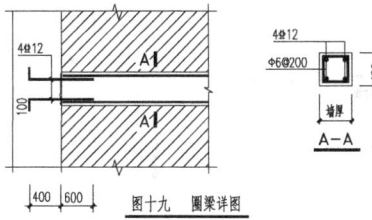
图十九 圈梁详图

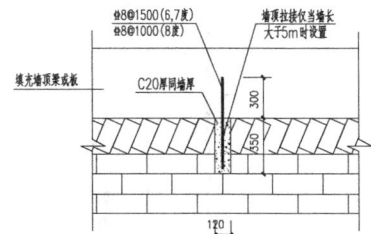
图二十 填充墙与墙顶连接构造

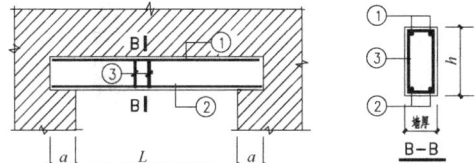
图二十一 过梁详图

L	a	h	①	②	③
≤900	250	120	2φ10	2φ12	φ6@150
1200	250	120	2φ10	2φ12	φ6@150
1500	250	180	2φ10	2φ14	φ6@150
1800	250	180	2φ10	2φ14	φ6@150
2400	300	240	2φ12	2φ16	φ6@150
3000	300	300	2φ12	3φ16	φ8@150
4200	300	400	3φ12	3φ18	φ8@150

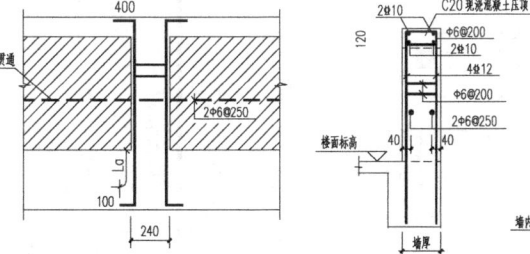
图二十二 女儿墙、窗台墙构造柱详图

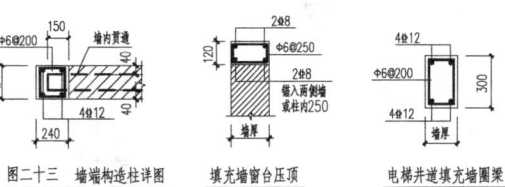
图二十三 墙墙构造柱详图　填充墙窗台压顶　电梯井道填充墙圈梁

6. 填充墙与混凝土构件接缝处、墙面剔槽部位、临时施工洞口两侧等易开裂部位，应加设钢丝网片抵抗墙体裂缝。钢丝网片与基体搭接宽度≥100mm，门窗洞口等应力集中区包应在角部敷设钢丝网片。钢丝网片的网孔尺寸不应大于20mm×20mm，其钢丝直径不应小于1.2mm，且应采用热镀锌。钢丝网用钢钉或射钉每隔200～300mm加铁片固定，钢网应做到平整、牢固，如图二十四。底层抹灰完成后，在基层抹灰面层表面满涂一遍墙面海砌剂或碱玻璃纤维网布等，方可进行面层抹灰，面层抹灰灰层厚度宜控制在7～9mm之间，抹灰时须压实抹光。

7. 填充墙砌筑应停止养护龄期不宜低于28d，上墙含水率宜为5%～8%，严禁采用干砖和含水饱满的砖砌块。天气干燥需雨水，应提前1d进行。强度等级、相对含水率达不到设计要求及龄期不足28d的砌块不得上墙砌筑。砌筑时应分次砌筑，每天砌筑高度不应超过1.5m。灰缝砂浆应饱满密实，敲缝应做到密实，严禁使用落地砂和扫地砂浆砌缝。

8. 填充墙砌体临时施工洞处在墙体两侧预留2φ6@500拉结筋，补砌时应凿除已砌筑的墙体连接处，补砌时与原墙体搭接处顶实。在填充墙上剔凿设备空洞、槽时，先用切割锯切出边线后，后墙内砌块剔除，应轻拆，留存砌块完整，如有松动或破损应进行补强处理，剔槽深度应保持线管背壁外面距面基层15mm，并用M10水泥砂浆抹实。剔槽及施工洞加设钢丝网片做法均详图二十四。

9. 当门或窗洞与梁底较近时，采用梁局部加高斜面的做法，当门或窗洞为圆洞时，采用梁下挂混凝土做法，其示意图如下：

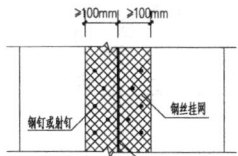
图二十四 钢丝挂网做法大样

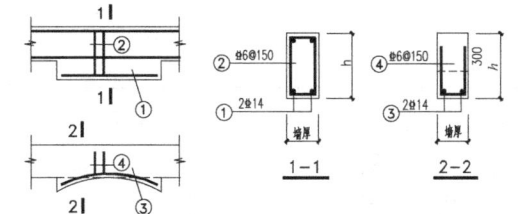
1-1　2-2

10. 凡圈、过梁上建筑要求预留的线条，参照建筑节点及节点配筋施工。

11. 凡电梯门道为填充墙时，均需在门洞边及斜角处设构造柱，并按电梯样板的要求设置圈梁。

12. 构造柱混凝土为C20，构造柱应先砌墙后浇柱，墙体应留好马牙槎，详见图二十五。图纸中构造柱断面及配筋未标注者按详图施工。圈梁和构造柱构造参照图集 L03G313 施工。

13. 宽度≤300mm的窗间墙设置构造柱GZ1，GZ1从各层梁上升起，留后浇。

14. 当防火分区防火卷帘无法做过梁时，按图二十六吊墙施工。

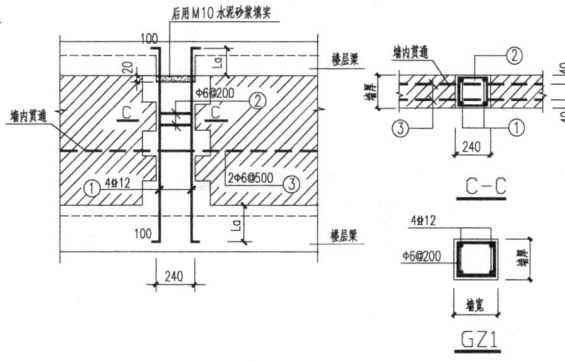
图二十五 构造柱做法示意

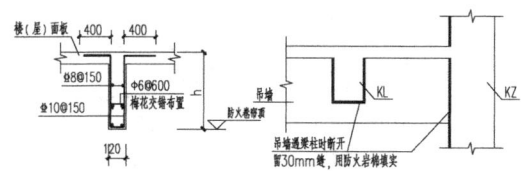
图二十六 防火卷帘顶吊墙剖面　吊墙位置详见建筑图

十八、设备管线的布置与预留洞施工要求

1. 所有楼板、梁、连梁、剪力墙均应满足结构设计总说明中的相应要求。

2. 所有梁、连梁、剪力墙上预留孔洞净距应大于3倍洞口预埋套管中径的较大者。

3. 不满足本说明中要求的洞口，其孔洞周边应配箍详见施工图纸。对照不满足本结构总说明中要求，且在结构施工图纸中未出现的洞口，严禁设置。必须设置者，应经结构设计人员确认后，方可按设计人员提出的具体要求进行施工。

4. 除结构施工图纸中特殊注明外，严禁在柱(KZ,KZZ,AZ)上开洞或预留设备槽(电器照明开关除外，但不得破坏柱内钢筋)。

5. 严禁设备管线沿梁(KL,KZL,L,LL)方向在梁中预留。

6. 在柱内沿柱高方向埋设设备管线时，预留套管直径不应大于40mm。

7. 预留洞口与设备图校对无误后，方可施工。

十九、超长结构及大体积混凝土裂缝控制专篇(本专篇适用于±0.000及以下所有现浇混凝土构件)

1. 大体积及超长结构混凝土施工前应编制专项施工方案，并进行大体积混凝土温控计算，必要时设置抗裂钢筋(丝)网。

2. 粗、细骨料的质量(颗粒级配、含泥量、泥块含量、强度、坚固性、碱含量及氯离子含量等)应符合《普通混凝土用砂、石质量及检验方法标准》JGJ 52—2006的规定。其中粗骨料配应采用连续级配，含泥量不大于1.0%(≥C60时小于0.5%)，泥块含量不大于0.5%(≥C60时小于0.2%)；细骨料选用天然砂，不采用人工砂，含泥量不大于3.0%(≥C60时小于2.0%)，泥块含量不大于1.0%(≥C60时小于0.5%)。

3. 水泥应优先选用低水化热的品种，每立方混凝土水泥用量不宜超过350kg，不应采用早强水泥。

4. 混凝土的配合比应符合《普通混凝土配合比设计规程》JGJ 55—2011的规定，并经试配确定。

5. 大体积混凝土的骨料、水泥、配合比等应符合《大体积混凝土施工规范》GB 50496—2009的规定。

6. 混凝土应掺加粉煤灰等矿物掺合料和缓凝型外加剂。矿物掺合料的掺量应经试验确定，并符合《普通混凝土配合比设计规程》、《大体积混凝土施工规范》、《粉煤灰混凝土应用技术规范》等国家现行标准规范中的有关规定。

7. 地下室基础底板标高、地下室外墙，以及大底盘地下室的顶部楼板等，采用60d龄期的强度指标作为其混凝土设计强度，施工时按60d进行配合比设计和施工。

8. 混凝土浇筑后及时养护。按施工技术方案采取有效的养护措施，并应符合《混凝土结构工程施工质量验收规范》第7.4.7条的规定。对于大体积混凝土的养护，除满足《大体积混凝土施工规范》的规定外，尚应符合《地下工程防水技术规范》第4.1.27条的规定，其浇筑、振捣应符合《高层建筑混凝土结构技术规程》第13.9.5条的规定，养护、测温应符合《高层建筑混凝土结构技术规程》第13.9.6条的规定。大体积混凝土可采用跳仓法浇筑、留置后浇带等方法。

9. 混凝土外加剂：±0.000及以下所有现浇混凝土均采用补偿收缩混凝土，同时地下室外墙、底板、迎土顶板等为防水混凝土。补偿收缩混凝土的限制膨胀率和干缩率应符合《混凝土外加剂应用技术规范》第8.3.1条的规定。对于地下室外墙、底板、迎土顶板等，混凝土中应掺加SY-K膨胀纤维抗裂防水剂；对于大底盘多层地下室的中间楼层，混凝土中应掺加膨胀剂及抗裂剂；对于±0.000及以下所有现浇混凝土，应加掺膨胀剂及缓凝减水剂。混凝土外加剂的选用、质量控制及施工、检测等，须满足《混凝土外加剂应用技术规范》的规定。外加剂的掺量应按供货单位推荐掺量、使用要求、施工条件、混凝土原材料等因素通过试验确定，其中膨胀剂的掺量应>6%，且≤12%。

10. 按图纸要求的位置设后浇带。当后浇带间距大于40m时，应在中部设置膨胀加强带。

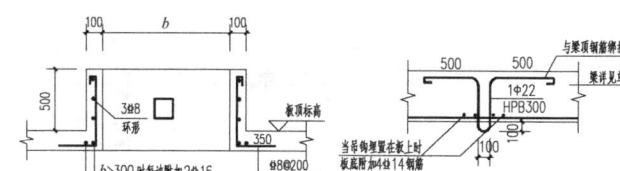
图二十八 屋面洞口泛水大样

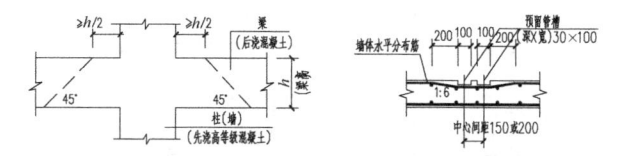
图二十七 梁、柱混凝土等级不同处理大样　位置详见设备图　剪力墙预留管槽做法大样 位置详见设备图

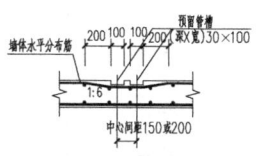
电梯吊钩大样 (根据电梯样板对吊钩位置及施工)吊钩吊重≤30kN

二十、其他要求及注意事项

1. 本工程图示尺寸以毫米(mm)为单位，标高以米(m)为单位。

2. 电梯、及公用设备的基础，留洞及预埋件等均须待设备订货到到和设备厂家提供可靠资料核对无误后方可进行施工。本工程在主体结构施工中央须由建设单位的水、暖、电等有关工种进行密切配合，在暖、电、水等工种有关工作对所预埋铁件、套管、预留扎钢片等进行技术确认无误后方可浇捣混凝土，严禁安装时临时凿洞。

3. 本工程防雷引下线接地详见电气图，土建施工过程中防雷等系统装置应按电气专业有关设计图纸施工。

4. 所有管道非特殊要求均应安装完后封板，封板厚为h=100mm，配筋为φ8@200双层双向。

5. 本工程在主体结构施工时应按要求设置沉降观测，按要求进行沉降观测。

6. 当柱(墙)混凝土强度等级高于梁混凝土一个等级时，梁柱节点处混凝土可随混凝土楼板浇筑，当柱(墙)混凝土强度等级高于梁混凝土两个等级以上时，梁柱节点处混凝土应高于梁(板)混凝土强度等级浇筑。此时，梁混凝土应在柱(墙)混凝土初凝前浇筑，并加强混凝土的振捣和养护，详见图二十七。

7. 屋面洞口处泛水大样详见图二十八。

8. 通用图与平法图集同时采用，以子项图为准。

9. 本设计未考虑冬季施工，如有冬季施工应采取相应措施。

10. 柱、框架梁钢筋不应与箍筋、拉结筋及预埋件等焊接。

11. 未尽事宜，均应按现行国家设计规范、规程及施工验收规范、规程有关规定执行。

12. 未经有关审查机构审查通过本图纸不得作为施工依据使用。

13. 开工前应做好图纸交底工作，施工中遇有与图纸设计不符时应通知设计人员协调解决。

14. 在设计使用年限内未经技术鉴定或设计许可，不得改变结构的用途和使用环境。不得拆改主体结构构件和进行卡层改造。

15. 本工程施工期间及使用期间应进行沉降变形观测，施工期间的观测日期和次数按施工进度确定，竣工后第一年内，每隔2～3月观测一次，以后延长至4～6月一次，直至沉降变形稳定为止。

工程名称 ××区社会福利院医疗康复用房改扩建工程
项目名称 ××区社会福利院医疗康复用房改扩建工程
工程编号
期 日
图号 图
总号 数 04
结 施

基础平面布置图

××城乡建筑设计院有限公司
校 对
设 计
制 图
资质证书编号
审 定
审 核
工程主持
专业负责

-4.850至-0.050标高墙柱平面布置图

未示意的框柱均为KZ1。

未示意的板厚均为200，未示意的配筋为Φ10@150双层双向。
-0.050顶梁、板配筋图

未示意的板厚均为200，未示意的配筋为Φ10@150双层双向。

KZ1
GBZ2
GBZ1
基础顶~-0.120
16Φ25
Φ10@100
12Φ25
Φ10@100

基础平面布置图

基础平面布置图 1:100

未示意的独立基础底标高为-1.900。

说明：
1. 防水底板、JL及混凝土外墙混凝土均为C30抗渗混凝土，抗渗等级为P6。
2. 防水板板厚600mm，配筋为：1）板顶钢筋均为Φ16@150双向；2）板底钢筋Φ16@150双向。
3. 本工程未示意的混凝土梁、板混凝土强度等级均为C30。
4. 地下施工应采取降水措施，在主体施工完成且消防水池验收设计要求注水后，才可停止降水。

集水坑盖板大样
（盖板留洞见水型）

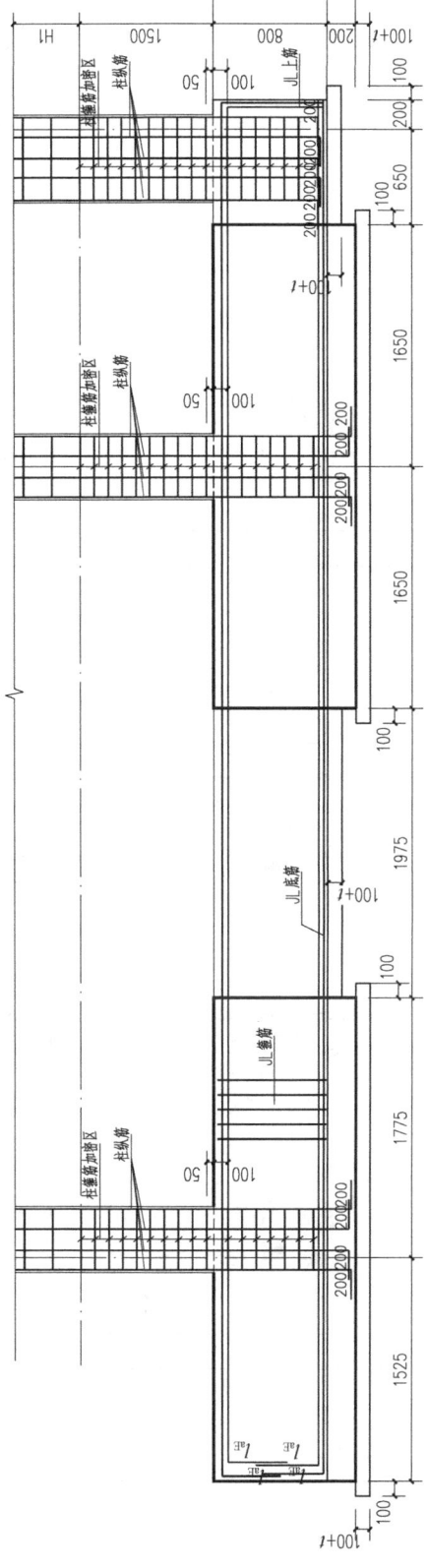

集水坑盖板配筋图

注 t 为防水层厚度

水池壁配筋图

混凝土 C30
检查口盖采用8mm
钢板制作，并加活动吊钩
700×700
4Φ14
板底加强筋
盖板：板厚h=150mm
板钢筋 Φ10@150
双层双向

隔墙基础
地下部分墙体两侧抹25厚防水砂浆
M10水泥砂浆砌筑页岩砖
C15素混凝土

L—b 1:20

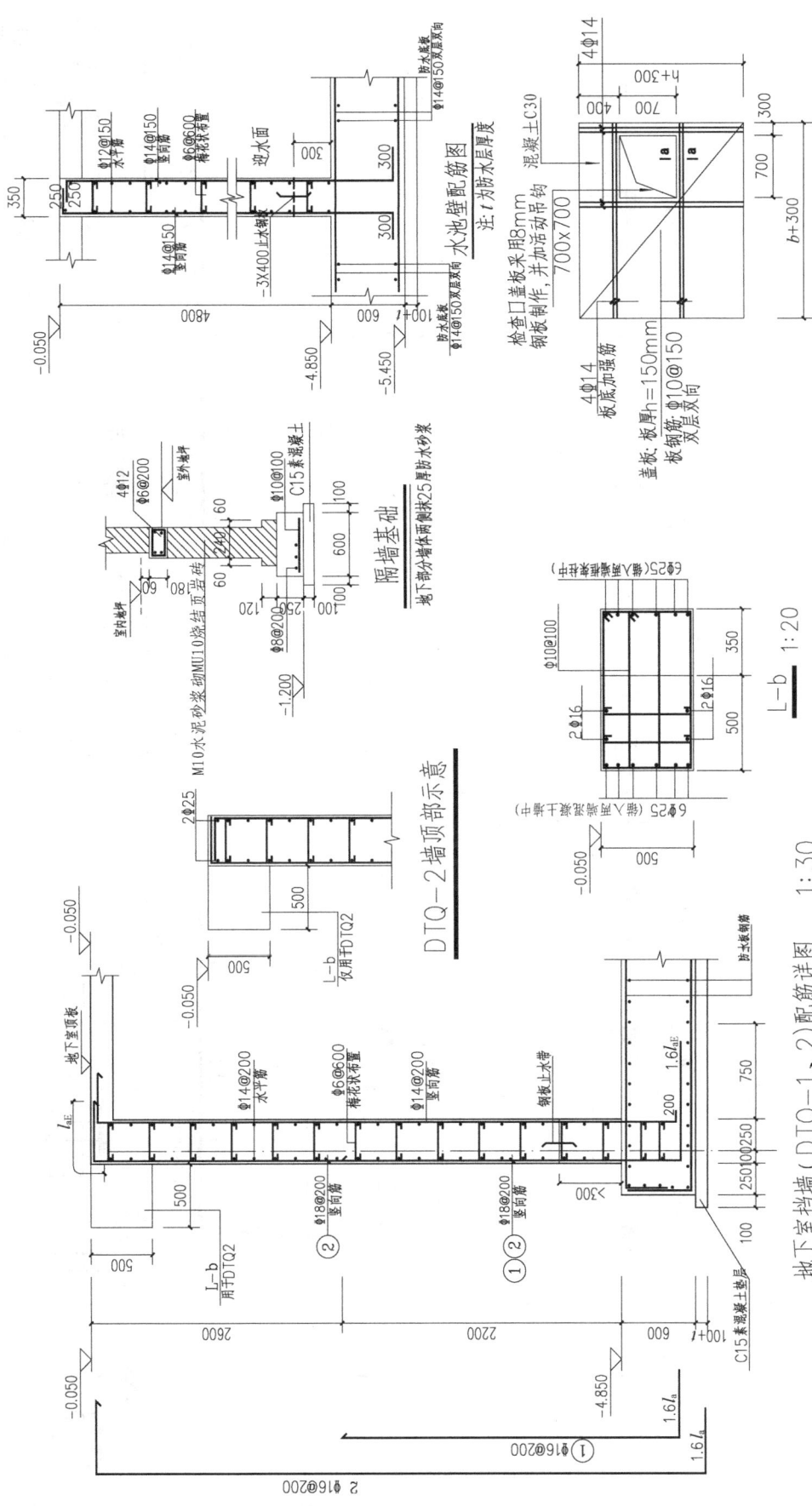

DTQ-2墙顶部示意

L—b
农用于DTQ2

地下室挡墙（DTQ-1、2）配筋详图 1:30

地下室顶板
防水板钢筋
钢板止水带
C15素混凝土垫层

柱插筋在基础中锚固详图 1:30

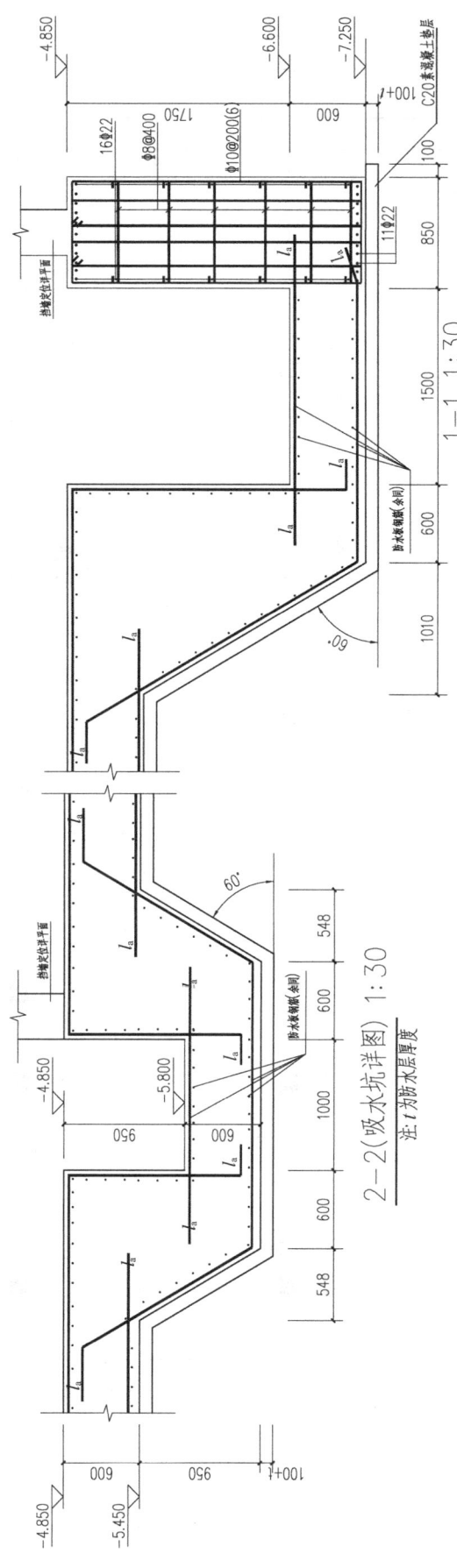

柱箍筋加密区

基础详图

基础垫层平面

2-2（吸水坑详图） 1:30
注 t 为防水层厚度

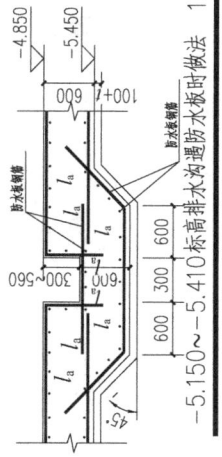

1-1 1:30
注 t 为防水层厚度

-5.150~-5.410标高排水沟遇防水板时做法 1:30
注 t 为防水层厚度

×× 城乡建筑设计院有限公司

工程名称	×× 社会福利院符康复用房改扩建工程
项目名称	×× 社会福利院符康复用房改扩建工程
图名	基础详图

审定		设计		工程编号	
审核		校对		日期	
工程主持		制图		图号	05
专业负责		资质证书编号		总张数	

3.250 屋顶标高柱高平面布置图

未示意的框柱均为KZ1，且6.210~屋顶处框架柱箍筋均为φ8@100

基础顶至3.250标高柱平面布置图

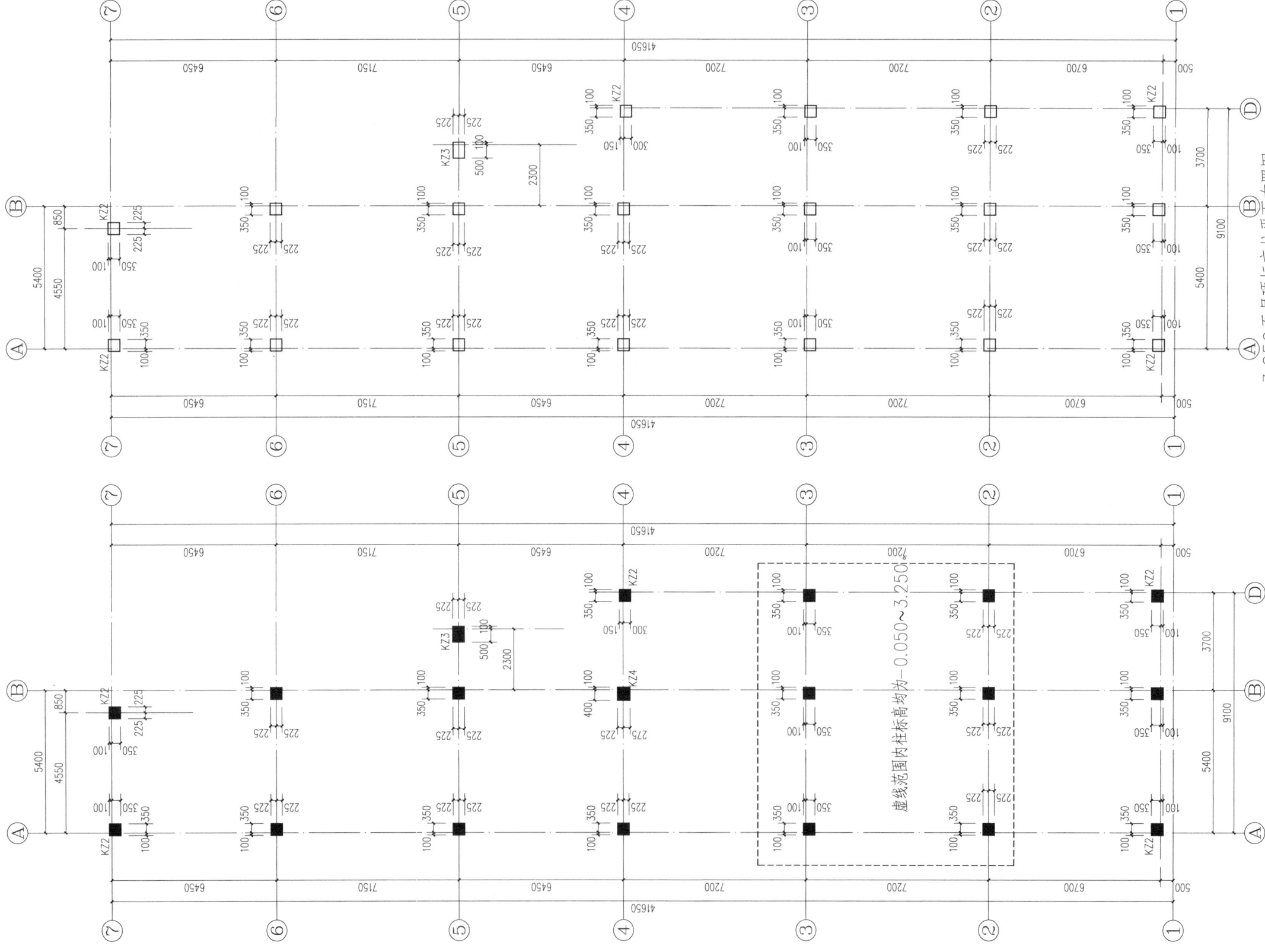

虚线范围内柱标高均为-0.050~3.250。

未示意的框柱均为KZ1。

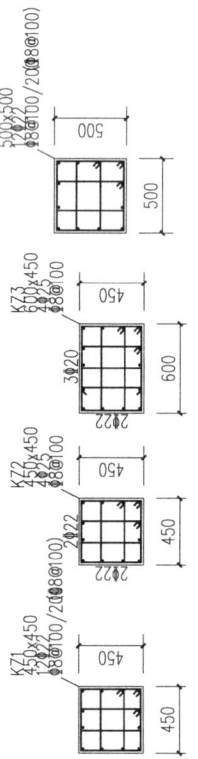

XX城乡建筑设计院有限公司

| 工程名称 | XX社会福利院医疗康复用房改扩建工程 |
| 项目名称 | XX社会福利院医疗康复用房改扩建工程 |

审 定		工程编号	
校 核		日 期	
设 计		图 号	06
制 图		总 数	
资质证书编号	

柱平面布置及配筋图

工程主持
专业负责

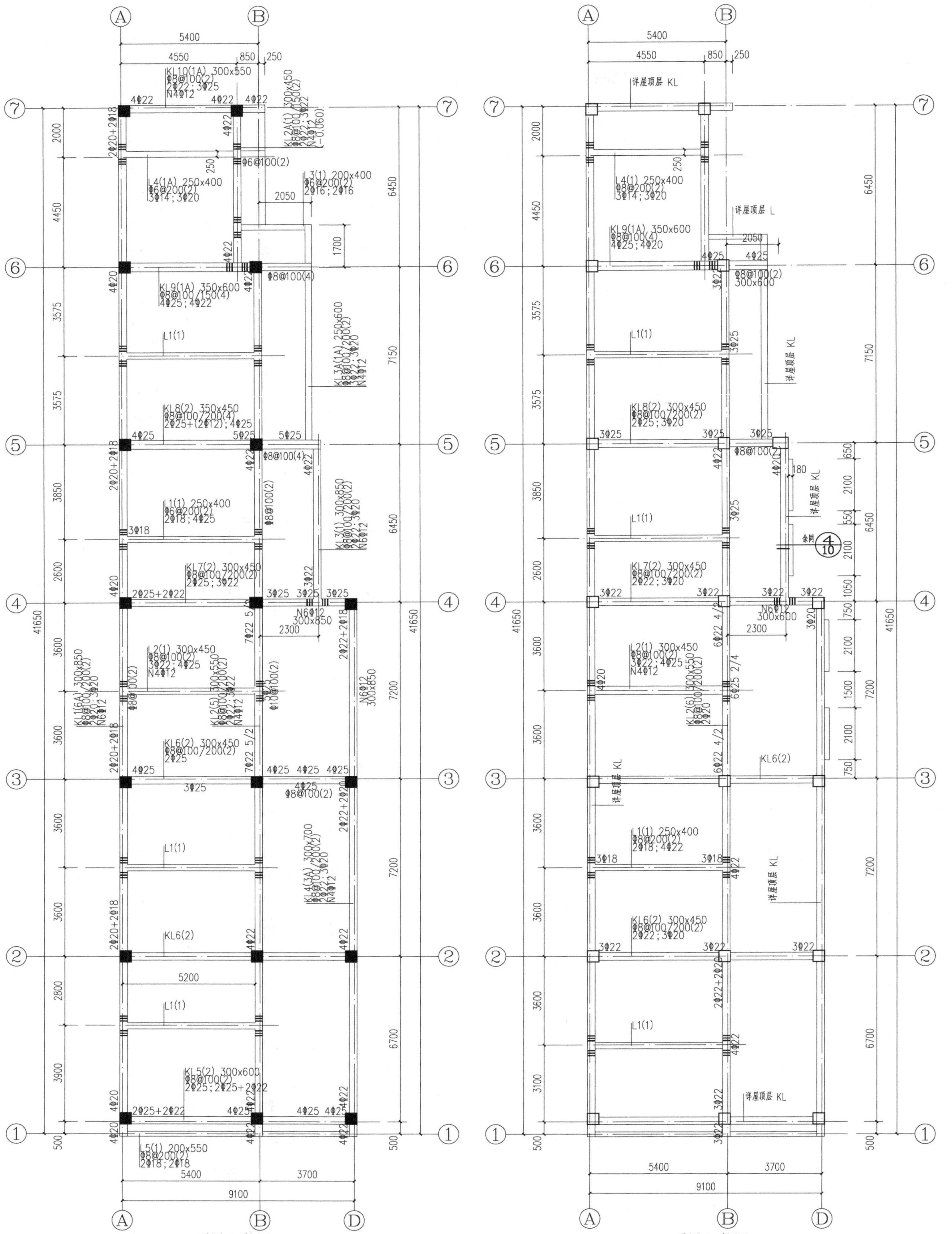

3.250顶梁配筋图 1:100

6.300顶梁配筋图 1:100

说明：1. 图中未标注的梁均为沿轴线居中或沿柱边齐。

2. 框架梁贴柱边设置时，梁主筋位于柱主筋内侧 未标注附加箍筋为3Φ20@50mm，箍筋直径、肢数同主梁箍筋。

3. 主次梁相交处，次梁钢筋置于主梁钢筋内侧。

××城乡建筑设计院有限公司				工程名称	××社会福利院医疗康复用房改扩建工程
				项目名称	××社会福利院医疗康复用房改扩建工程
审　定		校　对		梁配筋图	工程编号
审　核		设　计			日　期
工程主持		制　图			图　号 结施 07
专业负责		资质证书编号			总　数

6.300顶板配筋图 1:100

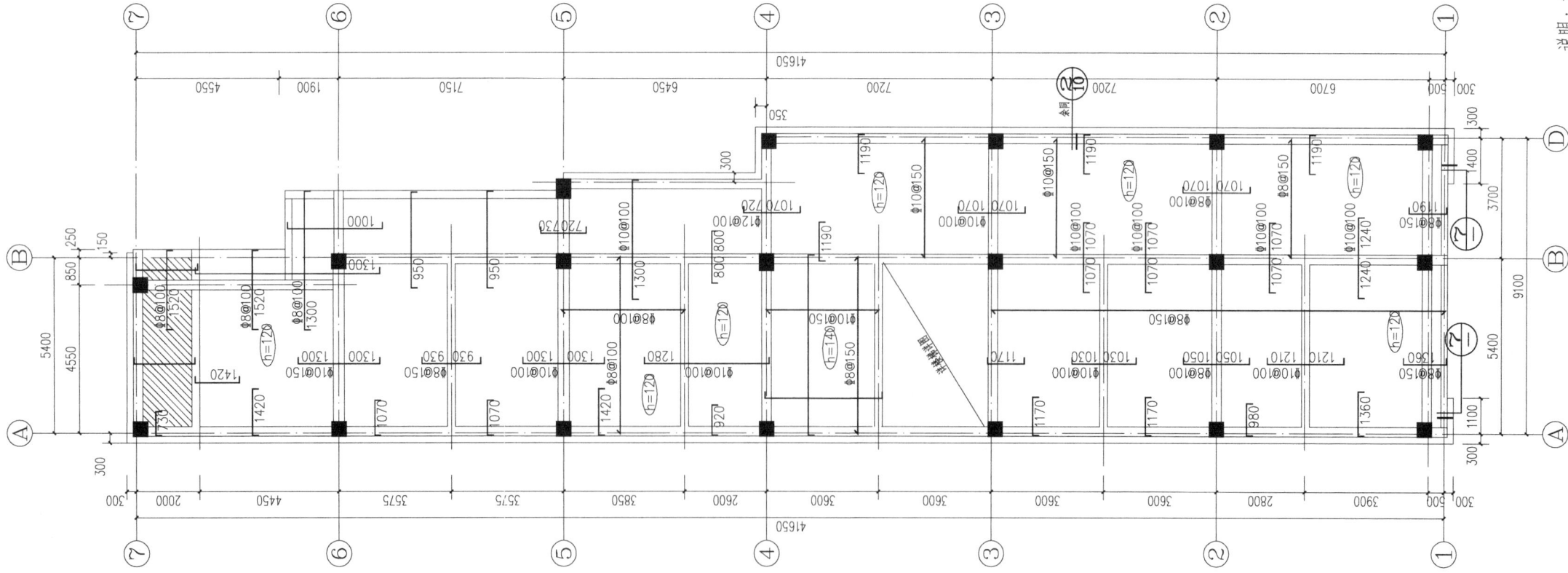

3.250顶板配筋图 1:100

XX城乡建筑设计研究院有限公司

			工程名称	XX社会福利院医疗康复用房改扩建工程	工程编号	
审 定			项目名称	XX社会福利院医疗康复用房改扩建工程	日 期	结施 08
审 核			图 名	3.250&6.300板配筋图	图 号	
工程主持					总 数	
专业负责			资质证书编号			

说明：1. 未注明现浇混凝土板厚均为120mm，未示意的板底钢筋均为Φ10@200双向。
2. 所有未注明的板顶钢筋均为Φ10@200双向。图中所示负筋为附加钢筋。

说明：1. ▨▨ 区域楼板标高比相邻楼板标高降60mm。
2. 未注明现浇混凝土板厚均为100mm，板底钢筋均为Φ8@200双向。
3. 所有未注明的板顶钢筋均为Φ8@200。

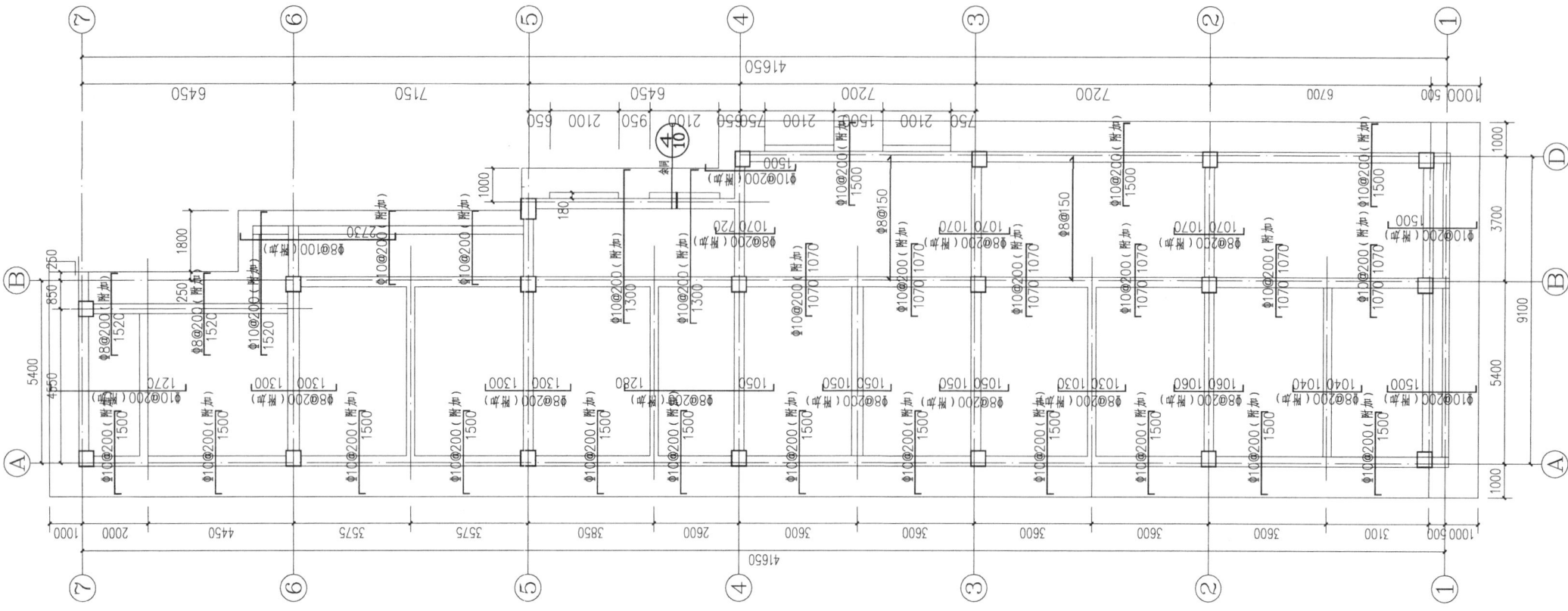

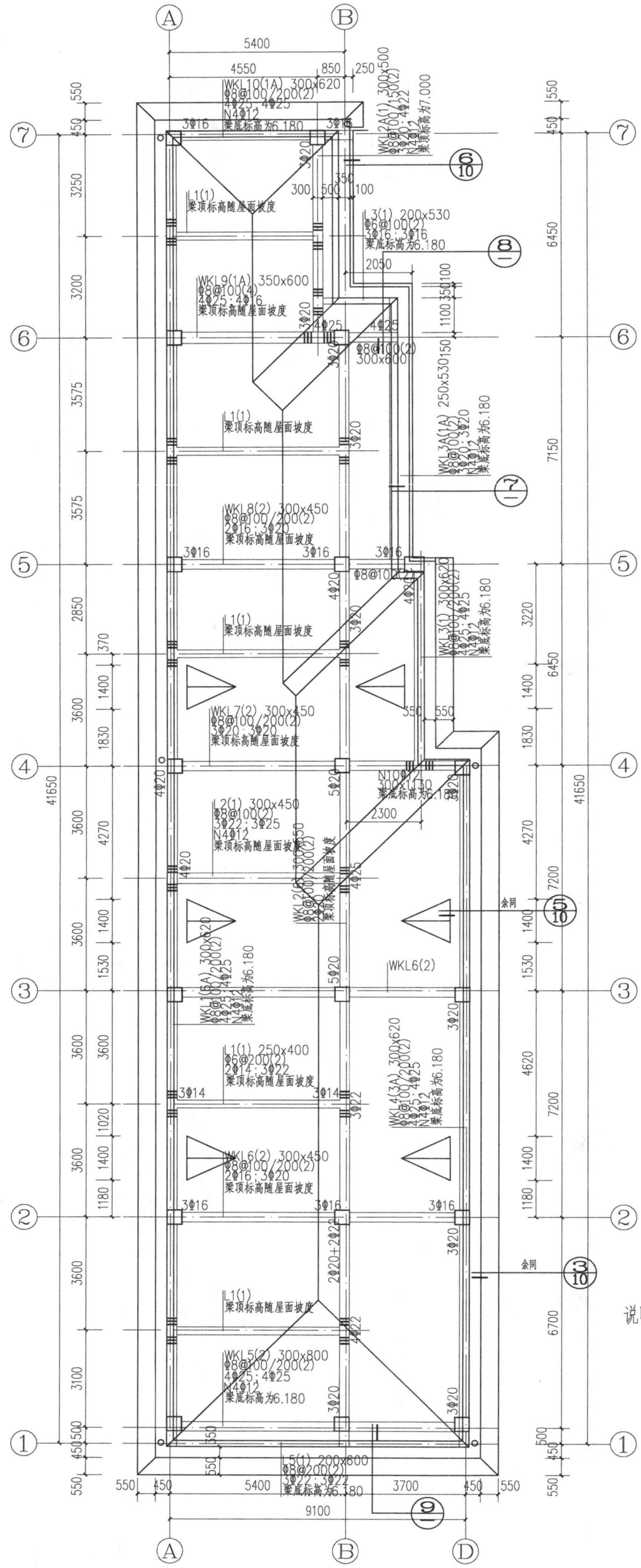

坡屋面顶梁、顶板配筋图 1:100

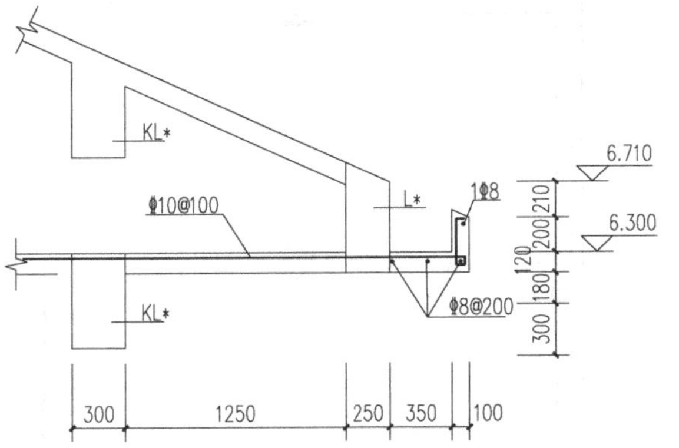

说明：1. 图中未标注的梁均为沿轴线居中或沿柱边过齐。

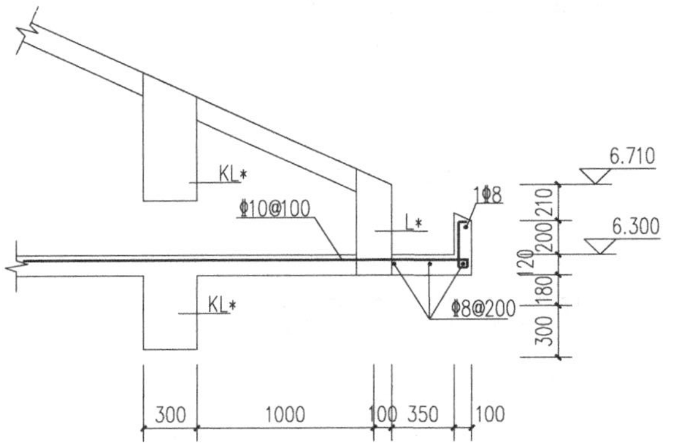

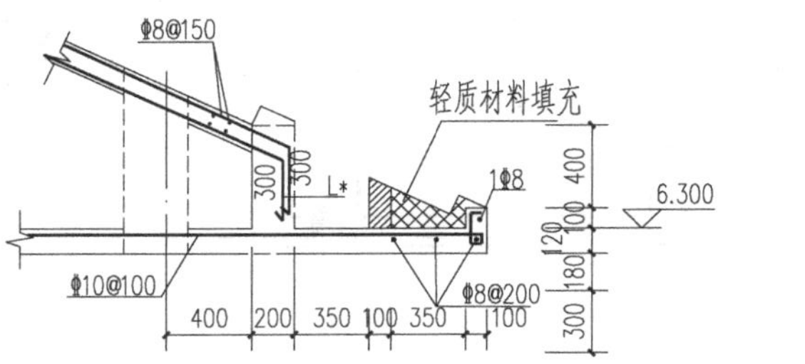

2. 框架梁贴柱边设置时，梁主筋位于柱主筋内侧，未标注附加箍筋为3@50mm，箍筋直径、肢数同主梁箍筋。

3. 主次梁相交处，次梁钢筋置于主梁钢筋内侧。

4. 未注明现浇混凝土板厚均为120mm，未注明的板筋均为Φ8@150双层双向。

工程名称	××社会福利院医疗康复用房改扩建工程	工程编号	
项目名称	××社会福利院医疗康复用房改扩建工程	日 期	
		图 号	结施
		总 数	09

坡屋面顶梁、顶板配筋图

××城乡建筑设计院有限公司

审 定			定 板	
审 核			校 对	
工程主持			设 计	
专业负责			制 图	
			资质证书编号	

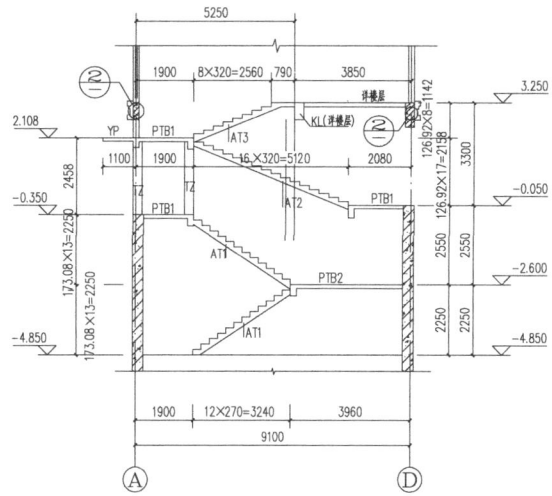

楼梯 −4.850至−2.600标高平面图

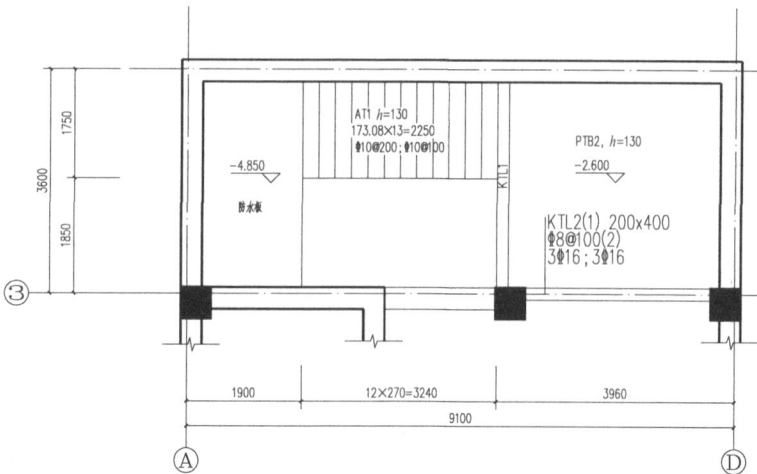

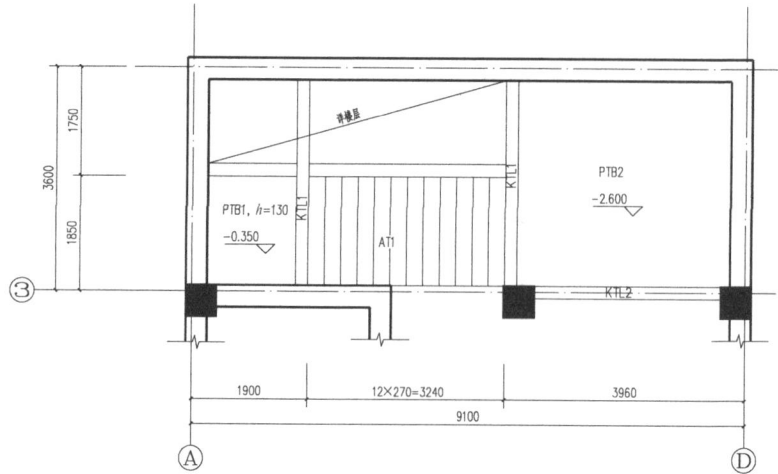

楼梯 −2.600至−0.350标高平面图

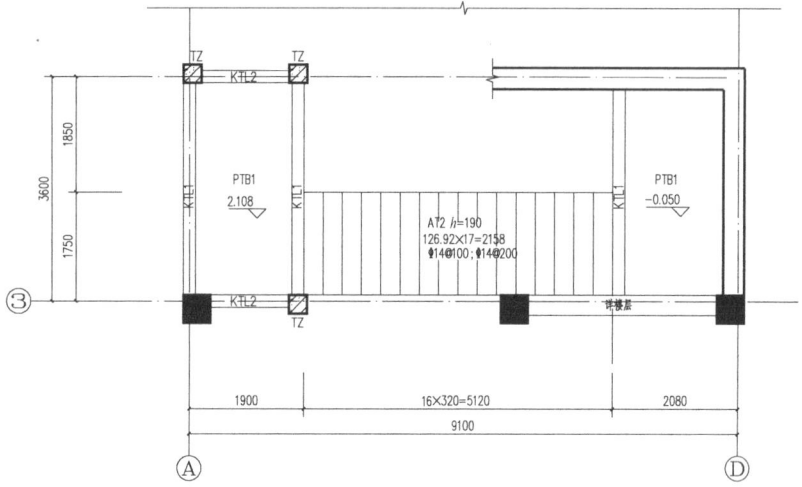

楼梯 −0.050至2.108标高平面图

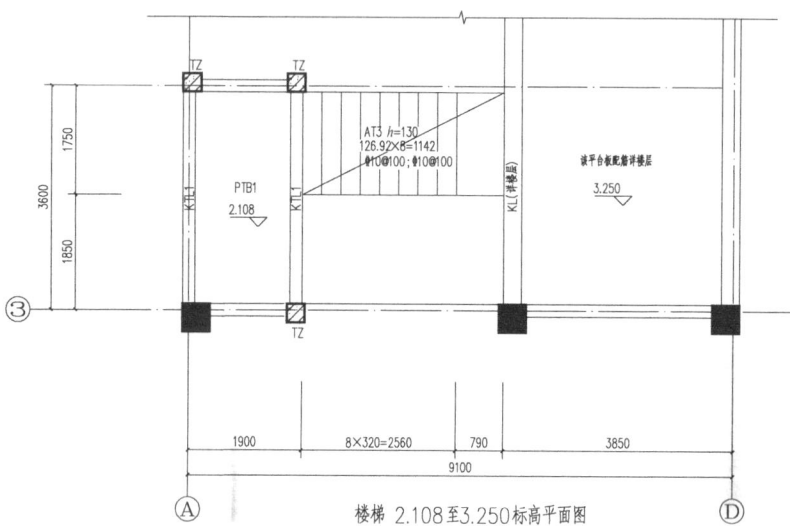

楼梯 2.108至3.250标高平面图

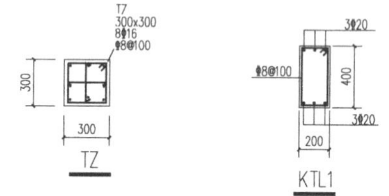

说明：1.本楼梯详图采用平法表示，见图集16G101-2。
2.分布筋均为φ8@200。
3.休息平台板配筋均为φ8@150双层双向。
4.KTL1纵向受力钢筋按KL构造要求锚固。
5.楼梯踏步板负弯矩钢筋通长布置。

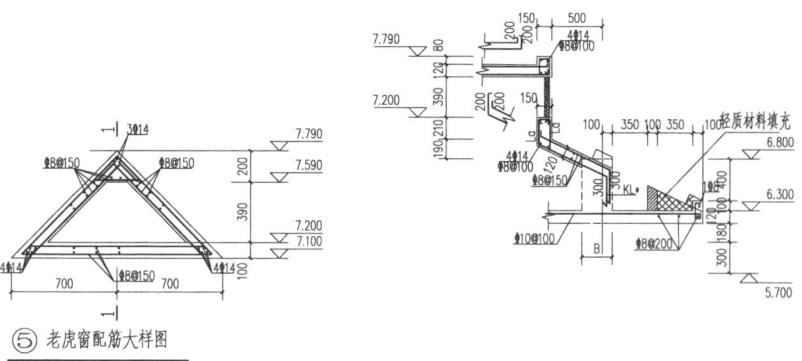

⑤ 老虎窗配筋大样图

1-1 1:30

④

⑥

YP详图

③

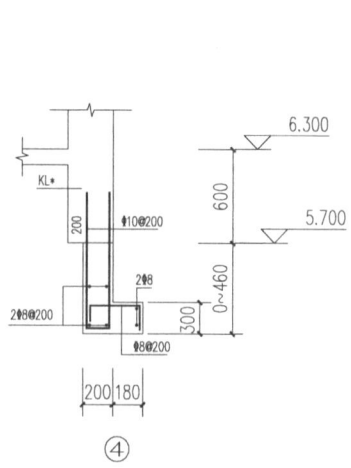

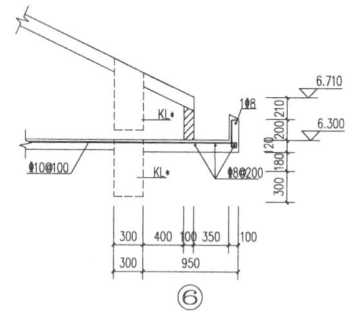

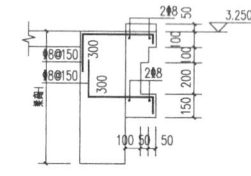

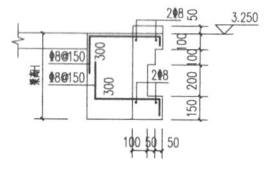

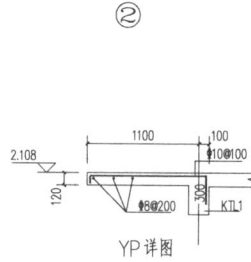

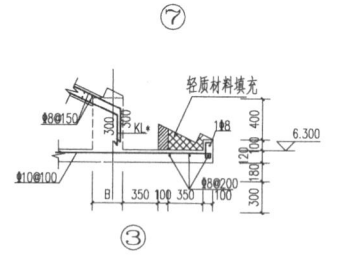

		工程名称	××社会福利院医疗康复用房改扩建工程
××城乡建筑设计院有限公司		项目名称	××社会福利院医疗康复用房改扩建工程
审　定	校　对	工程编号	
审　核	设　计	日　期	
工程主持	制　图	楼梯详图	图　号 结施 10
专业负责	资质证书编号		总　数

参 考 文 献

［1］ 山东省住房和城乡建设厅. SD 01-31-2016 山东省建筑工程消耗量定额 ［S］. 北京：中国计划出版社，2017.

［2］ 山东省工程建设标准定额站. 山东省建筑工程消耗量定额交底培训资料.

［3］ 山东省住房和城乡建设厅. 山东省建设工程费用项目组成及计算规则 ［M］. 北京：中国计划出版社，2016.

［4］ 任波远，曹文萍. 建筑工程预算（第二版）［M］. 北京：机械工业出版社，2012.

［5］ 黄伟典. 建设工程计量与计价 ［M］. 北京：中国环境科学出版社，2007.

［6］ 张建平. 建筑工程计量与计价 ［M］. 北京：机械工业出版社，2017.

［7］ 马丽华，王秀英. 建筑工程计量与计价 ［M］. 北京：机械工业出版社，2017.

［8］ 张国栋. 一图一算之建筑工程造价（第2版）［M］. 北京：机械工业出版社，2014.